井下作业井控技术

主　编　王　林
副主编　唐少峰　陈显进　李　娜

石 油 工 业 出 版 社

内 容 提 要

本书为井下作业井控技术培训教学用书，书中系统地介绍了井下作业井控基本知识、井涌井喷机理及分析、井控设计、井控技术措施、井控装置、防喷演习及井喷失控应急预案、井喷案例和井下作业 HSE 基本知识等。

本书通俗易懂，注重实用，可作为井下作业人员取得井下作业井控操作合格证的培训教材，也可供石油院校相关专业师生学习参考。

图书在版编目（CIP）数据

井下作业井控技术/王林主编.

北京：石油工业出版社，2007.7

ISBN 978 - 7 - 5021 - 5867 - 5

Ⅰ. 井…

Ⅱ. 王…

Ⅲ. 井下作业（油气田）－井控技术

Ⅳ. TE 358

中国版本图书馆 CIP 数据核字（2006）第 151256 号

出版发行：石油工业出版社

（北京安定门外安华里 2 区 1 号　　100011）

网　址：http://pip.cnpc.com.cn

发行部：(010)64523620

经　销：全国新华书店

印　刷：北京中石油彩色印刷有限责任公司

2007 年 7 月第 1 版　2013 年 9 月第 4 次印刷

787×1092 毫米　开本：1/16　印张：20

字数：508 千字

定价：45.00 元

（如出现印装质量问题，我社发行部负责调换）

序

　　井下作业在油气勘探开发中发挥着重要作用。近年来，井下作业工作量逐年增加，井下作业过程中发生井喷事故的风险加大，使得井下作业井控工作显得尤为重要。特别是勘探目标的复杂化、油田开发规模的不断扩大和井下作业技术逐步走向国际市场，这些都对井下作业井控工作提出新的更高的要求。为了适应不断发展的井下作业井控工作的需求，各油田根据《中国石油天然气集团公司石油与天然气井下作业井控规定》的要求，陆续开展了井下作业井控培训，以提高广大员工井控技术素质。2003年大庆油田在调研了井下作业井控技术发展状况和总结过去井控工作经验的基础上，参考钻井井控培训教材，编写了《井下作业井控技术》培训教材。该教材在大庆油田井下作业培训中发挥了重要作用，三年来共培训3600多人，提高了井下作业操作人员、技术和管理人员的井控技术水平，井控操作持证率明显提高。随着井控技术的不断发展，结合井下作业的生产实际，以及中国石油天然气集团公司对井控工作的新要求，近期大庆油田又对原教材进行了增编和修改，使内容更丰富，更符合生产实际。本教材是一本系统阐述井下作业井控技术的教材，必将为井下作业人员提高井控技术水平发挥积极作用。

吴奇

2006 年 10 月

目　　录

第一章　井控的基本知识

第一节　井控的概念

一、井控的概念

井控，有的人叫做井涌控制（Kick Control），还有的人叫做压力控制，各种叫法虽说有些不同，但是本质上是一样的，就是指采取一定的方法控制井内压力，基本保持井内压力平衡，以保证井下作业的顺利进行。总而言之，井控就是实施油气井压力的控制，就是用井眼系统的压力控制地层压力。

井下作业井控内容主要包括井控设计、井控装备、作业过程的井控、防火防爆防污染防硫化氢措施和井喷失控的处理，井控技术培训和井控管理制度等。

井下作业井控技术是保证井下作业安全的关键技术。主要工作是执行设计，利用井控装备、工具，采取相应的措施，快速安全地控制井口，防止发生井涌、井喷、井喷失控和着火事故。

二、井控的分级

根据井涌的规模和采取的控制方法不同，把井下作业井控分为三级，即初级井控（一级井控）、二级井控、三级井控。

初级井控：依靠井内液柱压力来平衡地层压力，使得没有地层流体侵入井筒内，无溢流产生。

二级井控：依靠井内正在使用的压井液不足以控制地层压力，井内压力失衡，地层流体侵入井筒内，出现溢流和井涌，需要及时关闭井口防喷设备，并用合理的压井液恢复井内压力平衡，使之重新达到初级井控状态。

三级井控：发生井喷，失去控制，使用一定的技术和设备恢复对井喷的控制，也就是平常所说的井喷抢险，可能需要灭火、邻近注水井停注等各种技术措施。

一般地说，在井下作业时要力求使一口井经常处于初级井控状态，同时做好一切应急准备，一旦发生溢流、井涌、井喷，能迅速地做出反应加以解决，恢复正常修井作业。

三、与井控有关的概念

1. 井侵

当地层压力大于井底压力时，地层中的流体（油、气、水）侵入井筒液体内，这种现象通常称之为井侵，最常见的井侵为气侵。

2. 溢流

当井侵发生后，地层流体过多地侵入井筒内，使井内流体自行从井筒内溢出，这种现象称之为溢流。

3. 井涌

严重的溢流使井内液体过多地溢出井口，出现的涌出现象称之为井涌。

4. 井喷

地层流体（油、气、水）无控制地涌入井筒，喷出地面的现象称之为井喷。

5. 井喷失控

井喷发生后，无法用常规方法控制井口而出现敞喷的现象称之为井喷失控，这是井下作业中的严重事故。

综上所述，井侵、溢流、井涌、井喷、井喷失控反映了地层压力与井底压力失去平衡后井下和井口所出现的各种现象及事故发展变化的不同严重程度。

第二节　井下各种压力及相互关系

井控问题实际上就是井内压力控制问题，了解压力的概念及各种压力之间的关系对于掌握井控技术和防止井喷是非常重要的。

一、井下各种压力的概念

1. 压力

压力是指物体单位面积上所受的垂直力。压力的单位是帕，符号是 Pa。1Pa 是 $1m^2$ 面积上受到 1N（牛顿）的力时形成的压力，即 $1Pa = 1N/m^2$。

根据需要，压力的单位通常用千帕（kPa）或兆帕（MPa）。

$1kPa = 1 \times 10^3 Pa$，$1MPa = 1 \times 10^6 Pa$。

2. 静液压力

静液压力是由静止液体重力产生的压力，其大小取决于液柱密度和垂直高度。

静液压力的计算公式为：

$$p = \rho g H \tag{1—1}$$

式中　p——静液压力，Pa；

　　　ρ——液体密度，kg/m^3；

　　　g——重力加速度，$g = 9.81 m/s^2$；

　　　H——液柱垂直高度，m。

3. 压力梯度

压力梯度指的是单位深度或高度液体所形成的压力，即每米（或每百米）井深压力的变化值。

压力梯度的计算公式为：

$$G = \frac{p}{H} = \rho g \tag{1—2}$$

式中　G——压力梯度，kPa/m；

　　　p——压力，kPa 或 MPa；

　　　H——深度，m 或 100m；

　　　g——重力加速度，$g = 9.81 m/s^2$；

　　　ρ——液体密度，g/cm^3。

4. 压力系数

压力系数是指某深度的地层压力与该深度的静水柱压力之比。地层压力系数无单位，其数值等于平衡该地层压力所需修井液密度的数值。

5. 地层压力

地层压力是地下岩石孔隙内流体的压力，也称孔隙压力。

地层压力又分为正常地层压力和异常地层压力。

正常地层压力是指地下某一深度的地层压力等于地层流体作用于该处的静液压力，正常地层压力梯度为 9.8～10.496kPa/m 或压力系数为 1.0～1.07。

异常地层压力不同于正常地层压力，它分为异常高压和异常低压。一般情况下，地层压力梯度小于 9.8kPa/m 或地层压力系数小于 1 的地层即为异常低压；地层压力梯度高于 10.496kPa/m 或地层压力系数大于 1.07 的地层即为异常高压。

6. 地层压力的表示方法

目前在井下作业现场有四种压力表示方法：

（1）用压力的具体数值表示地层压力，如：10MPa，20MPa 等。

（2）用地层压力梯度表示地层压力。说到某点的压力时，可直接说该点的压力梯度。

对于某地区来说，由于地层水密度是一定的，所以此地区的正常地层压力梯度是一个固定不变值。正常地层压力梯度能够较直观地表示某地区的正常地层压力。

例 1　某地区 3500m 以上为正常地层压力，测得地层深度为 2500m 的地层压力为 26.215MPa，求该地区的正常地层压力梯度。

解： $G = \dfrac{p}{H} = \dfrac{26.215}{2.5} = 10.486\text{kPa/m}$。

例 2　某地区地层水密度为 1.05g/cm³，求该地区的正常地层压力梯度。

解：$G = \rho g = 1.05 \times 9.81 = 10.3\text{kPa/m}$。

在井下作业施工前，如果已经了解本地区的正常地层压力梯度，那么在井下作业过程中，要想知道某地层深度地层压力的具体数值，只要将正常地层压力梯度乘以地层深度即可。

例 3　某地区正常地层压力梯度为 11.8kPa/m，当井深为 2km 时，地层压力为多少？

解： $p = GH = 11.8 \times 2 = 23.6\text{MPa}$。

（3）用流体当量密度表示地层压力。地层压力梯度消除了地层深度的影响，如果同时消除地层深度和重力加速度的影响，那么地层压力便可直接用流体当量密度来表示。这个密度通常称为压井液的当量密度。

因为

$$\rho_0 = \frac{p}{gH}$$

又因为

$$p = \rho g H$$

所以

$$\rho_0 = \frac{\rho g H}{g H} = \rho \tag{1—3}$$

式中　ρ_0——压井液的当量密度，g/cm³。

由式（1—3）可知，正常压井液的当量密度的数值等于形成地层压力的地层水密度。由此，只要知道某地区的地层水密度，就能直接得到正常压井液的当量密度，井下作业人员便可以采用相应的压井液密度实现平衡作业，或者采用比地层流体当量密度略高的压井液密度，实施近平衡修井。由于流体当量密度易与井下作业中所用的压井液密度形成对比，因此用流体当量密度表示地层压力的大小较之地层压力梯度更为直观。

例 4　地层深度为 2km 时，地层压力为 20.972MPa，问地层流体当量密度为多少？

解： $\rho_0 = \dfrac{p}{gH} = \dfrac{20.972}{9.8 \times 2} = 1.07\text{g/cm}^3$。

由于各地区的地层水矿化度各不相同，有的是淡水，有的是含有不同量各种盐分的盐水，因此，各地区的地层水密度也不相同。所以，各地区的正常地层流体当量密度也各不相同。例如，胜利油田为 1.02g/cm^3，东南亚为 1.03g/cm^3，墨西哥为 1.07g/cm^3。

（4）用地层压力系数表示地层压力。当用地层流体当量密度表示地层压力时，人们在叙述时要说某地区正常地层压力为 1.07g/cm^3，为了叙述方便起见，人们往往把单位去掉，而说某地层压力为 1.07，这就是地层压力系数。

地层压力系数是指某地层深度的地层压力与该深度处的静水柱压力之比。地层压力系数无单位，其数值等于平衡该地层压力所需压井液密度的数值。

如 2km 深度的地层压力为 20.972MPa，相同深度的淡水静液柱压力为 $1 \times 9.8 \times 2 = 19.6\text{MPa}$，则

$$\text{地层压力系数} = \frac{20.972}{19.6} = 1.07 \tag{1—4}$$

在井下作业中谈到地层压力的大小时，上述四种表示方法都可能用到，虽然表示某一点的压力有不同的方法，但意思说的是同一个压力。如 2km 深度的地层压力为 20.972MPa，也可以说压力梯度是 10.49kPa/m，也可以说当量密度是 1.07g/cm^3，或说压力系数是 1.07。

7. 上覆岩层压力

上覆岩层压力是某深度以上的岩石和其中流体对该深度所形成的压力。地下某一深处的上覆岩层压力就是指该点以上至地面岩石的重力和岩石孔隙内所含流体的重力之总和施加于该点的压力。

上覆岩层压力与地层孔隙压力的关系是：

$$p_\text{o} = M + p_\text{p} \tag{1—5}$$

式中　p_o——上覆岩层压力，MPa；

　　　M——基体岩石重力，MPa；

　　　p_p——地层孔隙压力，MPa。

上式也可写成：

$$G_\text{o} = G_\text{M} + G_\text{p} \tag{1—6}$$

式中　G_o——上覆岩层压力梯度，kPa/m；

　　　G_M——基体岩石压力梯度，kPa/m；

　　　G_p——孔隙压力梯度，kPa/m。

G_o 一般在 $17.3 \sim 30.1\text{kPa/m}$ 之间，多为 23.1kPa/m。

8. 地层破裂压力

地层破裂压力是指使地层岩石发生变形、破碎或裂缝时的压力。破裂压力通常以梯度或密度来表示，常用单位是 kPa/m 或 g/cm^3。

破裂梯度一般随井深的增加而增大，较深部的岩石受着较大的上覆岩层压力，可压得很致密。

在进行井下作业时，压井液压力的下限要能够保持与地层压力平衡，既不污染油气层，又能实现安全生产，实现压力控制。而其上限则不应超过地层的破裂压力以避免压裂地层造

成井漏。

9. 井底压力

井底压力是指地面和井内各种压力作用在井底的总压力。

井底压力以井筒液柱静液压力（静液柱压力）为主，还有压井液的环空流动阻力（环空压力损失）、侵入井内的地层流体的压力、激动压力、抽汲压力、地面压力等，这个压力随作业工序不同而变化。

10. 压差

压差是指井底压力和地层压力之间的差值：

$$\Delta p = p_{\mathrm{L}} - p_{\mathrm{R}} \tag{1—7}$$

式中　p_{L}——井底压力；

　　　p_{R}——地层压力。

当井底压力大于地层压力，即 $\Delta p > 0$，称为正压差；当井底压力小于地层压力，即 $\Delta p < 0$，称为负压差。正压差通常可称为超平衡，负压差可称为欠平衡。

在作业过程中控制井底压差是十分重要的，井下作业就是在井底压力稍大于地层压力，保持最小井底压差的条件下进行的，既可提高起下管柱速度，又可达到保护油气层的目的。

11. 抽汲压力

上提管柱时，管柱下端因管柱上升而空出一部分环形空间，井内液体应该向下流动而迅速充满这个空间，但由于管柱内外壁与井内液体之间存在有摩擦力，并且井内液体具有一定的粘度，从而对井内液体向下流动产生一定的阻力，不能迅速地充满空出的空间，从而使井底压力降低。

抽汲压力就是由于上提管柱而使井底压力减小的压力。抽汲压力值就是阻挠井内液体向下流动的阻力值。由于抽汲压力的存在，使得井内液体不能及时充满上提管柱时空出来的井眼空间，这样在管柱下端就会对地层中的流体产生抽汲作用，而使地层流体进入井内造成油气水侵。

影响抽汲压力的主要因素：

（1）起管柱速度越快，随同管柱一同上行的液体就越多，抽汲压力就越大；

（2）井内液体粘度、切力越大，向下流动的阻力就越大，抽汲压力越大；

（3）井越深，管柱越长，随管柱一同上行的液体就越多，越不能及时充填空出的井筒空间，因此抽汲压力就越大。

12. 激动压力

下放管柱时，挤压管柱下端的液体向上流动，同样由于井内液体具有一定的粘度与切力，管柱内外部与井内液体之间存在摩擦力，从而对井内液体向上流动产生一定的流动阻力，使井内液体难于向上流动，从而使井底压力增加，形成激动压力。

激动压力就是由于下放管柱而使井底压力增加的压力，激动压力值就是阻挠井内液体向上流动的阻力值。

影响激动压力的主要因素：

（1）下放管柱速度越快，下入井内的管柱体积就越多，被挤出的液体就越多，向上流动的速度就越大，引起的流动阻力也越大，激动压力也越大；

（2）粘度、切力越大，对井内液体产生的流动阻力也越大，激动压力也越大。

二、井下压力系统的平衡关系

在一口井的各种作业中，始终有压力作用于井底，该压力主要来自于井内流体的静液柱压力。同时，将井内流体沿环形空间反循环泵送时，所消耗的泵压也作用于井底，这个压力即循环修井液（压井液）时的环形空间压力损失，通常很小。其他还有侵入井内的地层流体的压力、激动压力、抽汲压力、地面回压等。在不同的作业情况下，井底压力是不相同的，简要介绍如下。

（1）静止状态：

$$井底压力 = 静液柱压力$$

（2）正常循环：

$$井底压力 = 静液柱压力 + 环形空间压力损失$$

如果是反循环，则有：

$$井底压力 = 静液柱压力 + 管柱内压力损失$$

（3）起管柱时：

$$井底压力 = 静液柱压力 - 抽汲压力$$

如果不及时关修井（压井）液，则有：

$$井底压力 = 静液柱压力 - 抽汲压力 - 因液面降低减小的压力$$

（4）下管柱时：

$$井底压力 = 静液柱压力 + 激动压力$$

（5）冲砂、钻塞作业时：

$$井底压力 = 环形空间阻力 + 岩屑或砂粒在修井液中产生的附加压力 + 向下送管的激动压力$$

（6）发生气涌循环时：

$$井底压力 = 静液柱压力 + 环形空间压力损失 + 节流阀压力$$

（7）溢流关井时：

$$井底压力 = 静液柱压力 + 井口回压$$

或者

$$井底压力 = 静液柱压力 + 套管压力$$

当井内有气侵时：

$$井底压力 = 静液柱压力 + 井口回压 + 气侵附加压力$$

（8）用旋转防喷器循环修井（压井）液时：

正循环：

$$井底压力 = 油管液柱压力 + 井口回压$$

反循环：

$$井底压力 = 环形空间液柱压力 + 环形空间阻力 + 旋转防喷器回压$$

（9）空井时：

$$井底压力 = 静液柱压力$$

从上述几种情况来看，起管柱时，在其他情况相同时的井底压力最小，发生井喷的可能性较大；尤其是起管柱且不及时向井内灌注修井（压井）液的情况最为危险。

复 习 题

一、名词解释

1. 井控

2. 井侵

3. 溢流

4. 井涌

5. 井喷

6. 井喷失控

7. 初级井控

8. 静液压力

9. 地层压力

10. 井底压力

二、填空题

1. 人们根据井涌的规模和采取的控制方法不同，把井控作业分为三级，即（　　　）、（　　　）和（　　　）。

2. 三级井控是指发生井喷，失去控制，使用一定的技术和设备恢复对井喷的控制，也就是平常所说的（　　　）。

3. 在井下作业时要力求使一口井经常处于（　　　）状态，同时做好一切（　　　）准备，一旦发生溢流、井涌、井喷，能迅速的做出反应，加以解决，恢复正常修井作业。

4. 压力系数是指某深度的（　　　）与该深度的（　　　）之比。

5. 异常地层压力不同于正常地层压力，它分为（　　　）和（　　　）。

6. 在进行井下作业时，压井液压力的下限要能够保持与（　　　）平衡，而其上限则不应超过地层的（　　　）以避免压裂地层造成井漏。

7. 井底压力以（　　　）为主，其他还有环空流动阻力、抽汲压力、激动压力、地面压力等。

8. 压差是指（　　　）和（　　　）之间的差值。

9. 抽汲压力就是由于（　　　）管柱而使井底压力（　　　）的压力。

10. 激动压力就是由于（　　　）管柱而使井底压力（　　　）的压力。

三、判断题（对的画√，错的画×）

（　　　）1. 井控工作就是为了防喷，只要井不喷，井控工作就做好了。

（　　　）2. 正常地层压力是指地下某一深度的地层压力等于地层流体作用于该处的静液压力。

（　　　）3. 井底压力随作业不同而变化。

（　　　）4. 井底正压差大则不易发生井喷，因此应保持较大的井底正压差。

四、选择题（每题4个选项，只有1个是正确的，将正确的选项填入括号内）

1. （　　　）反映了地层压力与井底压力失去平衡后井下和井口所依次出现的各种现象及事故发展变化的不同严重程度。

（A）井侵　溢流　井涌　井喷　井喷失控

（B）溢流　井侵　井涌　井喷　井喷失控

（C）井涌　井侵　溢流　井喷　井喷失控

（D）井喷　井侵　溢流　井涌　井喷失控

2. 压力的单位名称是帕，符号是（　　　）。

（A）Pa　　　　　　　（B）Pb　　　　　　　（C）T　　　　　　　（D）Ta

3. 1MPa 等于 （　　） Pa。

(A) 10^2　　　　　　(B) 10^4　　　　　　(C) 10^6　　　　　　(D) 10^8

4. 静液压力的大小取决于（　　）。

(A) 液柱粘度和高度　　　　　　　　　　(B) 液柱密度和粘度

(C) 液柱密度和高度　　　　　　　　　　(D) 液柱密度和垂直高度

5. （　　）井底压力等于井筒液柱静液压力。

(A) 循环时　　　　　(B) 起管柱时　　　　　(C) 下管柱时　　　　　(D) 空井时

6. 在井底压力（　　）地层压力条件下的修井过程为近平衡修井。

(A) 小于　　　　　　(B) 等于　　　　　　(C) 稍大于　　　　　　(D) 大于

五、简答题

1. 地层压力的表示方法有哪几种？

第二章 井涌井喷机理及分析

井下作业井喷失控是施工过程中的一种严重工程事故。在井下作业施工过程中，由于预防措施不当，补救工作不及时，往往会造成严重井喷或无控制井喷。严重井喷或无控制井喷之后，轻者可造成油气资源浪费，环境污染，地层压力下降，生产能力降低；重者可导致全井报废或对整个油气田的严重破坏，给国家财产和人民的生命安全带来重大损失。因此，为防止井喷失控现象的发生，有必要了解和掌握井涌井喷机理，以便采取相应的技术措施。

第一节 井侵的特点

在井下作业过程中，如果措施不当，会使井底压力小于地层压力，造成油、气、水侵入井筒内液体中的现象，即造成井侵。井侵主要有油侵、水侵和气侵，油侵和水侵没有气侵那样危险。由于气体密度比压井液的密度低得多，因此，压井液中的气体总有一个向上运移的趋势，不管是关井或开井，气体运移总是可以发生的；另外气体是可以压缩的，体积随压力的变化而变化，因此这更增加了井控工作的复杂性。为了更好地控制气侵，防止井喷，本节重点讲述气侵的特点。

一、井侵的方式

（1）在井下作业过程中，地层孔隙中的石油、天然气、盐水或淡水会不断地释放出来而侵入井内的液体中。侵入井内液体中的油、气、水量与岩石的孔隙度和时间长短有关。如果油、气、水层薄，岩石孔隙度小，时间短，就不会有多少油、气、水侵入井筒内液体中，反之就会有较多的油、气、水侵入井筒内液体中。少量的天然气以小气泡的形式混在井筒内液体中，少量的石油、盐水或淡水以小油滴、小水滴的形式混在井筒内液体中。

（2）在井下作业过程中，气层中的天然气会向井筒内的液体中扩散。侵入井内的天然气量与裸露气层的表面积有关。射开气层较小，只会有一些小气泡侵入井中；当射开气层较多，层位较厚时，就会有一些大气泡侵入井中。如果起下管柱等作业导致井内压井液停止时间较长，就会有许多天然气扩散到井内，在井底积聚成气柱。

（3）在井下作业过程中，如果压井液静液压力接近地层压力时，在起管柱的过程中，就会造成井底压力低于地层压力的现象，这时，天然气会大量侵入井内，形成气柱，油水也会大量侵入井内与井内上返压井液不断混合，形成较多的油迹。较多的盐水侵会使压井液起泡，粘度、切力增加，导致流动困难。

二、天然气泡侵

1. 天然气泡侵入井内的特点

（1）天然气泡向上运移。天然气以微小气泡形式侵入井底后，会因其密度小于压井液密度而与压井液发生重力置换，而在压井液中逐渐滑脱上升运移，就像潜水员呼出的气泡向上运动一样。

（2）天然气泡向上运移时体积膨胀。天然气泡在井底时，受到整个井筒的压井液液柱的

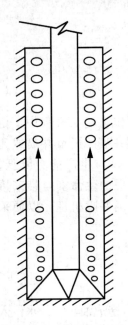

图 2—1 天然气泡在
井内上升的特点

压力，气泡的体积是很小的，对压井液密度的影响也较小。在气泡滑脱上升的过程中，气泡上面的压井液液柱高度越来越小。这样气泡所受到的压井液液柱的压力就越来越小，由于天然气泡的体积与其所承受的压力成反比，这样就引起了气泡的体积逐渐膨胀。如图 2—1 所示，这就像我们刚打开汽水瓶那样，气泡在瓶底体积很小，而越向上升，气泡体积就越大。当气泡向上至接近地面时，气泡体积膨胀到最大。

2. 天然气泡侵入井内后的注意事项

（1）天然气以气泡形式侵入压井液后，压井液的密度随井深自下而上逐渐变小。因此，我们从返至地面池中的压井液测得的压井液密度不是整个井眼的压井液密度，不能用其计算环空的压井液液柱的压力或井底压力。

（2）压井液气侵后，短时间一般不会使井底压力小于地层压力，但必须及时除气，保证泵入井内的压井液密度始终为原浆密度。如果不及时除气，气侵的压井液就会被重新泵入井内，使井底压力进一步减小，导致井底压力小于地层压力，使地层中的天然气大量侵入井内，引起井喷。

（3）在浅气井作业时，气侵使井底压力的减小程度比深井大。其原因是井浅时，侵入井内的气体所受到的压井液液柱压力小。气泡体积大，随着气泡向上运移，气泡会越来越大，这种增大趋势比深井快，这就使浅井气侵后的平均压井液密度比深井小，因而容易降低井底压力，使井底压力小于地层压力，较快地造成溢流与外溢。因此，在浅气井作业时，应密切注视压井液地面的气泡现象，必要时及时停止施工，观察溢流情况或关井观察套管压力，根据井口压力情况进行压井或除气等工作。

三、天然气柱侵

1. 天然气柱侵的特点

由于各种原因而较长时间停泵时，侵入井底的气体往往不是均匀分布，而是产生积聚现象，形成气柱。天然气柱侵与天然气泡侵一样具有向上运移和体积膨胀两个特点。天然气柱上升到井深的一半，气柱所受到的压井液液柱压力就减小一半，气柱体积就增加一倍，当气柱再向上运移一半，气柱体积又增加一倍。每上升到余下路程的一半，气柱体积就增加一倍，当气柱接近地面时，气柱体积增加到最大。如图 2—2 所示。

气柱的上升膨胀，会使接近井口处的压井液排出地面，排出的压井液体积等于气柱膨胀的体积。气柱在井底时，气柱体积小，被排出的压井液体积小，可能使人们检测不出来。随着气柱的逐渐上升膨胀，被排出的压井液体积就越来越大，溢流流速会越来越快，当气柱快升至地面时，被排出的压井液体积会迅速增加，溢流流速会大大增加。

2. 天然气柱侵入井内后的注意事项

（1）气柱在井底或者在井的深部时，对井底压力影响甚微，可以忽略。但是，随着气柱的上升膨胀，井底压力会逐渐减小；当气柱上升到一定高度时，井底压力就会小于地层压力，使井底又发生更大的气侵；当气柱快升到井口时，气柱的膨胀力就会大于气柱上面的压井液液柱压力。这时，膨胀的气柱就会推动其上面的压井液自动外溢。发生压井液自动外溢后，气柱上面的压井液将会很快地全部溢完，造成井喷。

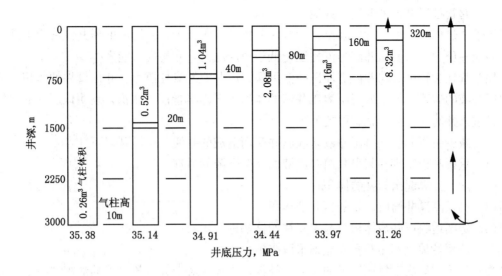

图 2—2　气柱上升膨胀情况

（2）气侵后，如果开泵循环压井液，气柱上升膨胀得更快，更易造成井喷。

下面我们来看一下某井气侵后的溢流情况：某井井深 4000m，气侵量为 1m³，循环压井液时压井液在环空的上返速度为 0.8m/s。

当气柱由 4000m 上升到 2000m 时，气柱体积由 1m³ 增大为 2m³，所需的时间为 38.2min；

当气柱由 2000m 上升到 1000m 时，气柱体积由 2m³ 增大为 4m³，所需的时间为 20.3min；

当气柱由 1000m 上升到 392m 时，气柱体积由 4m³ 增大为 9.8m³，所需的时间为 7.7min；这时，气柱的膨胀力就会推动气柱上面的压井液自动外溢，在此情况下，不到 1min 就会发生井喷。

气柱侵引起的井侵和井喷来势较猛。在上述的例子中，如果气柱体积增大为 2m³ 时，能在地面及时发现 2m³ 的溢流量，那么，从发现溢流到井喷还有 28min 的时间。虽然这 28min 的时间不太长，但却能保证有足够的关井时间。如果在气柱体积为 4m³ 时才发现地面的 4m³ 的溢流量，这时离井喷只有 8min 了，而关井也需要 8min 左右的时间，此时就会使我们感到十分紧张，措手不及，稍慢就会造成严重的井喷。

第二节　溢流产生的原因

当地层压力大于井内液柱压力，井内的液柱压力不足以平衡地层压力，就会造成井口处流体外泻形成溢流、井涌以至于导致井喷的发生。

综观众多造成溢流的原因，其中井底压力失去平衡是导致溢流发生的最本质原因。在井下作业不同工序下，井底压力是由一种或多种压力构成，因此，其中存在任何一个或多个引起井底压力降低的因素，都有可能最终导致溢流和井涌的发生。

下面分析造成井内液柱压力降低的主要原因。

一、起管柱时井内未灌满压井液

起管柱过程中，由于管柱起出，管柱在井内的体积减少，井筒内的压井液液面下降，减小了静液柱压力。只要压井液静液柱压力低于地层压力，井涌就可能发生。

在起管柱过程中，向井内灌注压井液可保持压井液静液柱压力。起出管柱的体积应等于新灌压井液的体积。如果发现所灌压井液的体积小于起出管柱的体积，表明地层内的流体可能已经进入井筒内，井涌就有可能发生。

为了减少由于起管柱时压井液未灌满井筒而造成的井涌，应做到以下几点：

（1）重视和懂得管柱起出井筒井内液面就会下降的道理；

（2）随时计算起出管柱的体积；

（3）测量灌满井筒所需要的压井液体积；

（4）定期地将压井液体积与起出管柱的体积进行比较；

（5）若两种体积不相符合要立即采取措施。

管柱的体积取决于每段管子的长度、外径、内径，对于大多数尺寸的油管和抽油杆可从体积表中查出。

二、过大的抽汲压力

起管柱，特别是起带有封隔器等大直径工具的管柱时的抽汲作用会降低井内的有效液柱压力，致使井底压力低于地层压力，从而造成井涌。一般井内压井液下降没有上提管柱那样快，但这时就可能已产生抽汲作用，在管柱的下方造成一个抽汲空间而产生压力降。无论起管柱速度多么慢，抽汲作用都可能产生。

除了起管柱速度外，抽汲作用也受环形空间大小与压井液性能的影响。在井下作业时，下井管柱和工具与套管管柱之间，应考虑有足够大的间隙。

起管柱时抽汲作用总是要发生的，所以应尽量使压井液液柱压力维持在稍高于地层压力（这种超出的压力叫做起管柱安全值）。因此，在起管柱时降低抽汲作用至最小程度的原则如下：

（1）环形空间间隙要适当；

（2）用降低起管柱速度来减小抽汲作用至最小程度。

三、压井液密度低，不足以平衡地层压力

当压井液密度低，不足以平衡地层压力时，地层流体进入井筒。压井液中混入了密度较低的地层流体产生气侵、油侵、盐水侵等后，使井内液体密度降低，当静液柱压力低于地层压力时，就会发生溢流和井涌，甚至井喷。

压井液气侵有时能够严重影响压井液密度，极大地降低井内液柱压力。

地层油气侵入井筒后，这时井口发生溢流。由于重力分异作用，使油气上升置换压井液，随着油气在井筒内的上移运动，压力逐渐降低，体积不断膨胀，更加降低了液柱压力，直到溢出井口。因此，减小因压井液密度低引起溢流和井涌至最小程度的一般原则是：

（1）在地质设计中应有作业井的目前地层压力、邻近注水井的注水压力、油层连通情况以及与井控有关情况的提示；

（2）分析邻近井资料，特别是有关发生过井喷、套管漏失、固井质量不好或报废等情况；

（3）选择合适的压井液类型和性能，并保持压井液在施工过程中处于良好状态。

四、地层漏失

地层漏失是指井内的压井液漏入地层的现象。当地层压力低于液柱压力时，会造成压井液漏失，漏失使液柱压力降低。当漏失到一定程度，液柱压力减小到不足以平衡地层压力时，地层内较轻的流体（油气）进入井筒，上升并溢出井口，严重时甚至发生井涌和井喷。

减少地层漏失至最小程度的一般原则是：

（1）根据地质设计给出的资料，做好施工设计；

（2）保持压井液处于良好状态，做好随时向井筒内灌注压井液的准备；

（3）停止作业，做好堵漏工艺措施（向地层挤注堵漏剂）的准备。

第三节　溢流的显示

在井下作业中，当发生气侵或者油、水侵后，侵入井内的油、气、水便推动井内修井液从井口向外溢出，可以在地面以上发现从井内溢出的修井液液流的各种显示，即溢流显示。通过这些溢流显示，就可以正确判断井侵情况。

及时发现溢流，并采取正确的操作，迅速控制井口，是防止发生井喷的关键。

现场井下作业人员应能够识别溢流的各种显示，及时发现溢流，并能在各自的岗位上采取正确的行动，迅速控制井口，这是作业队每个工人的重要职责。

一、地层流体侵入井筒内带来的变化

地层流体侵入井筒内会带来各方面的变化，及时注意到这些变化就可以迅速发现地层流体的侵入。这些变化有：修井液池液面升高，修井液从井口溢出，钻速突然变快（侧钻时），循环压力下降和有天然气、油或盐水显示。

1. 修井液池液面升高

侵入井内的地层流体使循环液体的总体积增加，因此，除了其他原因（如增加修井液或重新配置修井液）以外，修井液池中液面升高是修井作业时地层流体侵入的确切信号。

为了迅速发现地层流体的侵入，必须有专人分工负责，经常留心观察修井液池液面有无升降。

在那些重要的生产井或压力高的油气井进行作业时，应该装有液面指示和记录装置，借以迅速发现修井液的增多还是减少。安装的记录卡片应在施工时容易看到的地方，以便能在施工过程中，随时了解修井液池液面的变化。

溢流发生时，压井所需要的地面压力很大程度上决定于能否迅速地关井，在井内保留尽可能多的修井液。溢出的修井液越多，相应的修井液池液面比正常液面上升得越高；而井内留下的压井液越少，则地面井口压力越高，压井时地面的回压也越高。所以，修井液池液面升高是个信号，应立即关井。

2. 修井液从井中溢出

从气侵特点的讨论中知道，由于气体膨胀，气侵修井液越接近地面，其体积越大，但是井筒的断面基本上是一样的，这就意味着越靠近地面，气侵修井液的流速越高。所以，溢流首先表现为出口管返出的修井液流速加快，随即修井液池液面升高，然后在地面出现天然气。因此，可通过仔细观察井口返出修井液的流速变化，及时发现地层流体的侵入。如果泵的排量没有变化，而返出液的流速突然加快，就表明已有地层流体侵入。

修井中如果怀疑有修井液溢出，应停止工作，如果是发生在循环过程中，则应立即停

泵,并检查出口管是否有来自井中的修井液流出。如果没有流出,就说明没有发生溢流。如果在停泵时井口有流出,而循环池液面停止上升,那么应关闭防喷器,以核查井的压力。这也是压井的最重要步骤之一。

3. 钻速突快（旋转钻进时）

钻井或大修侧钻时,往往在钻到深处出现反常的突然快速钻进,表明钻头已到达某一含流体的地层,特别是在地层压力接近或超过钻（修）井液柱压力的时候。因为过平衡压力值的减小或失去,使钻头钻得比较快了。在存在欠平衡压力条件的软地层中,机械钻速的增加也许是很快的,但大多数情况下,钻速只有小量变化,例如从 20min/m 变为 15min/m。在一次钻速突然变快后应时刻注意其变化,特别要注意的是是否有钻（修）井液从井中溢出、钻（修）井液池液面是否升高,以及从井底返出的钻（修）井液中是否有天然气、油或盐水的显示变化。

4. 循环压力下降

循环压力与修井液在油管内的摩擦阻力、修井液在油管和套管环形空间内的摩擦阻力有关。如果遇到天然气在环形空间里上升膨胀,天然气的膨胀置换了环形空间里一部分修井液,因此环形空间里液柱压力要比油管里的低。除非防喷器是关闭的,在油管里的修井液液柱和环形空间里的修井液与天然气的混合流体柱存在着不平衡。循环压力下降,而如果泵的节流阀没有变动,泵速会缓慢提高。如果环形空间有较多的天然气,那么从井中流出的钻井液量增加,而钻井液池液面将会迅速升高。除非防喷器是关着的,否则即会发生井喷。

5. 天然气、油或盐水显示

地层中的天然气、油和盐水进入井中后,从井中循环返出的修井液也可以有各种显示。有些显示是很明显的,例如修井液中出现一股股黑色的油,或者是多泡沫的气泡。而有些显示也可能是不容易发现的。

二、不同井下作业过程中的溢流显示

在不同作业过程中,溢流显示是不同的,下面分别介绍。

1. 下管柱时的溢流显示

1) 返出的修井液体积大于下入管柱的体积

正常情况下,每一单根油管下入井筒内,都会有相当该油管体积的修井液向外返出,如果返出的修井液体积大于下入油管的体积,就说明有一定数量的流体侵入井内。从井口返出的修井液一般流到修井液罐或修井液池中,通过修井液罐中返出修井液体积大于下入管柱体积的增量来判断井侵情况。

2) 停止下放时井口仍外溢修井液

如果停止下放,带负荷吊卡坐在转盘面上时,井口仍向外溢出修井液,说明井底发生了井侵。随着井侵的增加和气体的上升,溢流量会越来越大,有时还会发生井筒不停地外溢修井液的现象。下放管柱中停止下放观察溢流是最直观、最有效的方法。因此,下管柱时应有专人观察停止下放时的溢流情况,下放停止后,一般需要观察 10~15min。

3) 井口不返修井液,井内液面下降

如果下入速度太快,就会产生较大的激动压力,而造成井漏,使修井液外溢量减小。井漏严重时,井口液面会下降,使井内修井液柱高度降低,井底压力减小。在多层位开采的井中,当井底压力小于地层压力时,有可能诱发压力较高地层的溢流。因而,在作业中,有的井井漏也是溢流的前兆。当发现井漏后，必须引起重视，防止溢流的发生。

2. 磨铣、钻塞、洗井时的溢流显示

1）修井液出口流速增加

在排量不变的情况下，地层流体侵入井内后，修井液返出量增多。另外，若为天然气井侵，修井液出口管流速会越来越大。应该用装在修井液出口处的流速测量仪表及时监测修井液返出流速的变化情况。修井液出口流速增加是溢流的第一个显示，当发现修井液出口流速增加时应立即停泵，并认真观察修井液静止时井口是否有外溢现象，如果有外溢，则应立即关井。

在修井液出口管上装上流速测量仪表是早期发现溢流的重要工具，应保证其灵敏可靠。

2）修井液循环罐液面升高

在修井过程中，由于地层流体侵入井内，变成了修井液循环系统的一部分，当整个循环系统的容积不变时，循环罐内的修井液体积就会增加，循环罐液面升高。修井液气侵后，循环罐液面升高速度逐渐加快。当天然气接近地面时，循环罐液面有较明显的升高，这时井喷会很快来临。我们应该在循环罐液面缓慢升高时，就应该判断有否溢流存在，可以利用修井液流速增加和停止循环井液井口仍向外溢流来确定溢流的存在。如果存在溢流，则应立即关井。

为了及时发现溢流，循环作业时，应有专人负责观察修井液液面的变化情况，有条件的应当安装液面监测报警装置来实施监视修井液液面变化的情况。

3）停泵后出口管修井液外溢

在磨铣、钻塞过程中，因接单根、检修设备等工作而停泵后，如果出口管仍然不停地外溢修井液，则说明地层液体在侵入井内，应立即关井。

在开泵循环时，如果怀疑可能有溢流现象，停止冲洗，并检查出口管是否有向外溢流修井液现象，停泵会导致井底压力降低，溢流更容易发生。如果停泵5～15min后没有溢流现象，则表明没有发生井侵；如果有溢流现象，就应立即关井。

在停泵以后，观察出口管是否有修井液外溢现象时，应排除下述情况：

（1）因管柱内修井液比环空修井液重所产生的修井液外溢现象。起管柱之前向井内泵入一段重修井液塞以后，这种现象很明显。

（2）停泵以后，有时修井液会继续流出一段时间，这是由于随修井液被泵入井内的少量空气上升膨胀的结果，如果一点空气也未泵入井中则没有上述现象。

（3）停泵以后，水基修井液继续流动的时间很短，油基修井液比水基修井液继续流动的时间长一些，但不会不停地外溢修井液（一般不超过3min）。其原因有可能是油基修井液比水基修井液的可压缩性大。

4）返出修井液发生变化

（1）井内返出的修井液中含有油滴、油迹、气泡、硫化氢味。一般情况是烃类含量增多、氯根含量增高，稠油井粘度降低等。

井侵量大时，地面显示比较明显，可以发现有一缕缕黑色油斑，一堆堆泡沫或者是修井液变稠；而井侵量小时，就不易发现，只有借助仪器才能测出油、气、水的存在。用气测仪器测出烃类增加时就证明修井液中有油侵，用氯根测量仪器测量出氯根含量增加时就证明修井液中有盐水侵。

硫化氢气体侵入井内并随修井液返至地面时，人们会闻到很刺鼻的硫化氢味。

（2）修井液密度下降。当修井液中侵入油、气、水后，修井液密度均会下降，气侵使修井液密度下降得快且多，油侵使修井液密度下降得较少和缓慢，水侵使修井液密度下降得最少。

（3）修井液粘度的变化。油侵会使粘度下降，气侵会使粘度上升，少量的盐水使修井液粘度变化很小，较大量的盐水侵使修井液粘度大大增加，会使修井液变稠，流动困难。

当发现修井液中有上述显示后，应停泵检查溢流情况。

3. 起管柱时的溢流显示

在高压油气井上作业，可以在正式起管柱前，先从井内起出 5~10 根管柱，然后再下回井底，开泵循环修井液，待井底修井液从井口返出后，认真进行观察与测量。如发现有油气侵现象，应停止起管柱作业。与作业监督研究施工设计方案，调整修井液密度，然后再进行起管柱。这种方法对重点井的井控十分有效。

1）灌入井内的修井液体积小于起出管柱的体积

如果地层流体侵入井内，地层流体就会占据一部分井眼空间，而使灌修井液量减小。在每次灌修井液后都要将实际灌修井液量与起出管柱体积进行对比，如果灌入井内的修井液体积小于起出管柱的体积，就表明有井侵现象，应立即停止起管柱，进一步观察井口液面是否继续上升或者井口是否有溢流现象。如有上述现象，应该采用抢装井口或关井等措施。

2）停止起管柱时，出口管外溢修井液

出口管外溢修井液表明井侵流体能够很快地将修井液排出至井口，这时可能马上就要发生溢流，应立即关井。

3）修井液循环罐液面不减少或者升高

在起管柱时，由于管柱不断地从井筒起出，同时也不断地向井筒中灌入修井液，修井液池的液量应逐渐减少，如果井口起出的管柱总是充满修井液，而池内的修井液体积也不减少，或者起管柱过程中池内液面升高，这就说明地层流体已大量侵入井内，应立即关井。

4. 空井时的溢流显示

1）井口外溢修井液

在空井时，如果出口管或井口发生外溢修井液现象，应立即采取关井等措施。

2）修井液循环罐液面升高

在换入井工具等作业中如果发生上述现象，就应立即采取关井或强行抢装井口等措施。

3）井口液面下降

在空井时，如果发现井口液面逐渐下降，就应立即实施堵漏措施，防止发生井喷。

《中国石油天然气集团公司石油与天然气井下作业井控规定》明确指出：尽早发现溢流显示是井控技术的关键环节，要落实专人观察井口的变化。

修井作业人员应密切监控施工井的情况，并且应考虑到可能出现的井涌问题。有经验、有准备的修井作业人员应能够迅速发现异常情况，有效及时地关井或装好井口，把损失减小到最小程度。

概括来讲，修井作业人员应当做到下列几点：

（1）清楚知道引起溢流的原因。环形空间压井液液柱压力小于地层压力，就有可能发生溢流。

（2）认识到溢流有可能很快发展成井涌、井喷。

（3）一旦发生溢流，应立即采取措施。

三、溢流的控制

1. 正确关井

一旦发生溢流，首先应当按照正确的程序关井。为保证关键时刻能够迅速而正确地关井，需要制定合理的关井程序，并经常性地进行井控演习。一旦发生溢流，应当尽可能快地关井。发现溢流时能够迅速按关井程序控制井口的好处有：

（1）控制住井口，使井控工作处于主动，有利于安全压井、防止发生井喷，有利于保护地面人员和设备及周边的环境。

（2）制止地层流体继续入井。

（3）可保持井内有较多的修井液，减小关井压力，并能求取关井压力数据。

（4）可以比较准确地确定地层压力。

（5）可以准确确定压井液密度，为组织压井做好准备。

2. 关井的关键

1）关井要及时果断

一旦发生井涌，关井越迅速，井涌就越小；井涌越小，就越容易控制，一般控制程序也越安全。

要想达到迅速、果断地关井，就必须经常进行防喷演习，使各岗位明确自己的职责，熟练掌握各种工况下的关井程序。按照《中国石油天然气集团公司石油与天然气井下作业井控规定》（见附录一）的要求，井下作业队伍应根据作业内容，如进行旋转作业时，起下油管、杆（钻杆、抽油杆）时，起下钻铤、工具时，井内只有少量管串时，电缆（钢丝）射孔时及空井时发生溢流等六种工况，分岗位、按程序定期进行防喷演习。作业班组应进行不同工况下的防喷演习，并做好防喷演习的讲评和记录工作。演习记录包括：班组、日期和时间、工况、演习速度、参加人员、存在问题和讲评等。只有达到班组成员能够默契配合，在实际有井涌或井喷发生时，才能做到迅速准确地关井。

2）不能在超过最大极限套压下关井

关井允许的最大极限套管压力是指不破坏防喷设备、套管或地层条件下，该井所能承受的最大压力。

防喷器压力等级的选用，原则上应不小于施工层位目前最高地层压力和所使用套管的抗内压强度，以及套管四通额定工作压力中的最小者。

套管抗内压强度又称为内压屈服压力，大多数数值很容易查到。它的大小取决于套管外径、壁厚与套管材料。在《中国石油天然气集团公司石油与天然气井下作业井控规定》中，明确要求允许关井最大套管压力不能超过套管抗内压强度的80％。

地层所能承受的关井压力取决于其破裂压力、深度及该深度下的井液柱压力。套管鞋通常是裸眼井段最薄弱的部分。

3. 关井方法

目前采用的关井方法主要有有两种：软关井和硬关井。

软关井是当发生溢流或井喷后，在节流阀通道开启、其他旁侧通道关闭的情况下关闭防喷器，然后关节流阀。这种关井方法的优点是可以避免因突然关井而产生的水击效应，万一套管压力变得过高，还可以采取其他的井控方法（如低压节流压力法等），所以关井比较安全。缺点是关井时间较长，在关井过程中地层流体仍会继续进入井内。

硬关井是当发生溢流或井喷后，在节流阀、四通等旁侧通道全关闭的情况下关闭防喷器。这种关井方法的优点是关井时间比较短，可以迅速制止地层流体进入井内。缺点是关井时容易产生水击效应，使井口装置、套管和地层所承受的压力急剧增高，甚至超过井口装置的额定工作压力、套管抗内压强度和地层破裂压力，从而造成井口失控。

至于具体采用哪种方法关井，一方面是要按照甲方的要求；另一方面要取决于井上防喷器的配置及井喷（或井涌）规模的大小来决定。

4. 分工负责

发现井涌或井喷，决定关井时要考虑许多因素，如井深、井涌大小、套管鞋位置、防喷器能力、周围环境、修井机和井队人员安全等。监督、队长、技师和各班班长都应在发生井涌之前，讨论好各工况下的关井程序。全队人员要分工负责、密切配合，能够在最短的时间内，安全迅速地把井关好。

第四节　井喷失控的原因和危害

一、井喷失控的原因分析

综观各油气田井喷失控的实例，分析井控失控的直接原因，大致可归结为以下几个方面。

（1）井控意识不强，违章操作。

① 井口不安装防喷器。其主要是认识上的片面性：其一，片面追求节省修井作业成本，想尽量少地投入修井作业设备，少占用折旧；其二，认为是老油田（或者地层压力低），不会发生井喷，用不着安装防喷器；其三，井控设备不足，只能保证重点井和特殊工艺井；其四，认为修井作业工艺简单，用不着安装防喷器。

② 井控设备的安装及试压不符合要求。

③ 空井时间过长，无人观察井口。空井时间过长一般来说是由于起完管柱修理设备，或是等技术措施。由于长时间空井不能循环修井液，造成气体有足够的时间向上滑脱运移。当运移到井口时已来不及下油管，这时候闸板防喷器不起作用，环型防喷器又没有安装或虽安装但胶芯失效，往往造成井喷。

④ 洗井不彻底。

⑤ 不能及时发现溢流或发现溢流后不能及时正确地关井。

（2）起管柱时产生过大的抽汲力。起管柱速度过快使得产生的抽汲力过大，尤其是起带有大直径的工具（如封隔器等）的管柱时，必须控制上提速度。

（3）起管柱时不灌或没有灌满修井液。

（4）施工设计方案中片面强调保护油气层而使用的修井液密度偏小，导致井筒液柱压力不能平衡地层压力。

（5）井身结构设计不合理及完好程度差。有些部位套管腐蚀严重或其他原因导致抗压强度大大下降，如浅气层部位的套管腐蚀致使浅层气由腐蚀产生的裂缝处侵入井内，因气侵部位距井口近，液柱压力小，浅层的油气上窜速度很快，时间很短就能到达井口，很容易让人措手不及。所以，对于生产时间长的井或腐蚀严重的井且有浅气层的井，要特殊对待。

（6）地质设计方案未能提供准确的地层压力资料，造成使用的修井液密度低，致使井筒液柱压力不能平衡地层压力，导致地层流体侵入井内。

（7）发生井漏后，未能及时处理或处理措施不当。因为发生井漏后，液柱压力降低，当液柱压力低于地层压力时就会发生井侵、井涌以及井喷。

（8）注水井不停注或未减压。由于油田经过多年的开发注水，地层压力已不是原始地层压力，尤其是遇到高压封闭区块，其压力往往大大高于原始的地层压力。如果采油厂只考虑原油产量，不愿意停掉相邻的注水井，或是停注但不泄压，往往会造成井喷等修井作业的复杂事故。

二、井喷失控的危害

由于客观或主观原因，井喷事故屡有发生。大量的事实告诉我们，井喷失控是井下作业中性质严重、损失巨大的灾难性事故，其造成的危害可概括为以下几方面：

（1）损坏设备。极易造成整套设备陷入地层中或被大火烧毁。

（2）造成人员伤亡。会因井喷失控着火或喷出有毒气体而伤亡人员。

（3）浪费油气资源。无控制的井喷不仅喷出大量的油气，而且对油气藏的能量损失是难以计算的，可以说是对油、气藏的灾难性破坏。

（4）污染环境。喷出的油气对周围的环境造成严重的污染，特别是喷出物含有硫化氢的时候，搅得四邻不安，人心惶惶。

（5）油、气井报废。井喷失控到了无法处理的时候，最后不得不把井眼报废。

（6）造成重大经济损失，处理井喷事故将投入大量的人力、物力、财力来灭火、压井等，还要赔偿因井喷而造成的其他一切损失。

复 习 题

一、填空题

1. 及时发现（　　）并采取正确的操作，迅速（　　），是防止发生井喷的关键。

2. 天然气泡侵入井内的特点是（　　）和（　　）。

二、判断题（对的画√，错的画×）

（　　）1. 在起管柱过程中，管柱起出井筒，井内液面就会下降。

（　　）2. 只要减小上提管柱的速度，就能消除抽汲压力。

（　　）3. 在上提大直径管柱时，应尽量快提，以防造成抽汲现象，出现井喷。

（　　）4. 造成溢流的惟一原因是压井液密度过低。

（　　）5. 地层漏失不能导致溢流的产生。

（　　）6. 下油管时如果激动压力过大就可能导致地层漏失。

（　　）7. 天然气以气泡形式侵入修井液后，修井液的密度随井深自下而上逐渐变小。

（　　）8. 修井液气侵后，一般不会使井底压力小于地层压力，但必须及时除气。

（　　）9. 在浅气井作业时，气侵使井底压力的减小程度比深井小。

（　　）10. 在不同作业过程中，溢流的显示不同。

三、选择题（每题 4 个选项，只有 1 个是正确的，将正确的选项填入括号内）

1. 当地层压力（　　）井筒内液柱压力时，在井口无控制情况下就要造成井喷事故。

（A）大于　　　　　（B）等于　　　　　（C）小于　　　　　（D）不大于

2. 溢流产生的根本原因是地层压力（　　）井内液柱压力。

（A）小于　　　　　（B）大于　　　　　（C）等于　　　　　（D）稍小于

3. 地层射开后，在提油管时，为避免井喷，应（　　）。

（A）边提油管边向井内灌压井液　　　（B）提完油管后再向井内灌压井液

（C）每提出 1000m 向井内灌一次压井液　（D）不用向井内灌压井液

4. 当地层压力（　　）井筒内液柱压力时，就可能造成井漏。

（A）大于　　　　　（B）等于　　　　　（C）小于　　　　　（D）不小于

四、简答题

1. 起管柱时减少抽汲作用至最小程度的原则是什么？

2. 下管柱时如何发现溢流？

3. 洗井时如何发现溢流？

4. 起管柱时如何发现溢流？

5. 空井时如何发现溢流？

6. 井喷失控的原因是什么？

7. 井喷失控的危害有哪些？

第三章　井下作业井控设计

按照《中国石油天然气集团公司石油与天然气井下作业井控规定》（见附录一），井下作业施工应具有"三项设计"，即：地质设计、工程设计、施工设计。对维护作业项目来说，地质设计和工程设计可以合并，用工程设计代替地质设计。"三项设计"中应有相应的井控要求或明确的井控设计，涉及的主要内容包括：满足井控要求的各种资料数据、井场周围环境的描述、合理的井场布置、压井液的选用、井控装置的选用以及其他井控要求。设计完毕后，按规定程序进行审批，未经审批同意不准施工。

第一节　地质和工程设计井控内容

一、地质设计井控内容

井下作业地质设计是根据油田开发需要，结合油田综合调整方案，针对生产井的地质条件而编制的。主要内容包括：明确施工目的、确定施工层段、提供基本数据、说明历次施工情况和井身状况以及井控内容。井控内容主要包括：

（1）提供本井的地质、钻井及完井基本数据，包括井身结构、套管钢级、壁厚、尺寸、水泥返高等资料。提供本井和邻井的油、气、水层深度，目前地层压力，气油比，注水注气区域的注水注气压力，与邻井油层连通情况，地层流体性质，井控提示。

（2）提供本井近期作业简况，套管技术状况，近三个月的生产情况，当前井内生产管柱。

（3）对于射孔井提供地层压力系数，油层解释情况，气层或含气层有无明显提示内容。

（4）提供井场周围一定范围内（含硫油气田探井井口周围 3km、生产井井口周围 2km 范围内）居民、住宅、学校、厂矿、人口积聚场所、养殖场（池）、滩涂等环境敏感区域勘察和调查资料。

（5）提供固井质量情况，浅气层情况，异常高压层，有毒有害气体状况，对高危区域提出具体井控要求。

二、工程设计井控内容

工程设计是在地质设计的基础上，根据不同的施工项目，优化施工工艺，计算施工参数，合理选择材料、设备和工具，提出井控技术措施，以保证实现施工目的。其井控内容主要包括：

（1）明确作业井压井液类型、性能、施工压力参数；

（2）明确作业井井控装置类型和压力级别，选择内防喷工具；

（3）明确提出含硫区块的本井或邻井生产和近几次作业中有毒有害气体检测情况，含硫化氢等有毒有害气体的井有相应的防范措施；

（4）对于地下情况不清及敏感区域等作业井，考虑采用有利于井控及安全环保的成熟工艺技术，如油管传输射孔等；

（5）对作业过程提出具体井控及安全环保要求。

第二节 施工设计井控内容

施工设计应根据地质设计、工程设计的内容，细化施工工序及具体的工艺要求。主要内容包括：施工目的、基本数据、生产数据、目前井下技术状况、历次施工情况、施工要求、施工步骤以及井控内容。井控内容主要包括：

(1) 现场勘察井场周围的环境状况；

(2) 配套相应压力等级的井控装置，包括井控设备、工具、材料的明细及有关要求；

(3) 按工程设计的要求准备压井液，现场检测密度和数量；

(4) 明确井控装置的操作要求；

(5) 明确单井应急预案；

(6) 高危井的防范要求。

井下作业施工是一项复杂的工艺过程，不同的施工项目，有不同的施工过程，不同的施工设计，不同的井控要求。

一、射孔作业井控要求

(1) 根据射孔井段、层位、渗透率等地质参数进行地层压力预测，选择合理密度的压井液，并优化射孔次序及射孔方式；

(2) 压井液密度按下面公式选择：

$$\rho = 9.81 \frac{(1+A)p_{地}}{D_{深}}$$

式中　ρ——压井液密度，g/cm^3；

$p_{地}$——目前地层压力，MPa；

$D_{深}$——油层中部深度，m；

A——附加压力（参见附录一第二章第九条），MPa。

(3) 射孔方式选择：气井、水平井等特殊井必须应用油管输送射孔，遇到中高压区块井可根据井况及实际条件适当选用油管输送射孔，其他井可选用电缆射孔；

(4) 根据井况配备安装防喷器；

(5) 电缆射孔过程安装电缆射孔防喷器；

(6) 采用管输射孔，需要吊装点火时，安装半封防喷器和油管旋塞；

(7) 下完井油管时，配备油管旋塞；

(8) 施工过程严密监测井口动态；

(9) 射孔过程如有井涌、溢流现象，应及时提出枪身，关闭防喷器，来不及起出枪身时，应剪断电缆，迅速关闭防喷器；

(10) 下完井油管过程如有井涌、溢流现象，应打开闸门，及时安装油管旋塞，等待压井后再施工；

(11) 施工过程中发生井喷失控，立即起动《应急预案》，防火、防爆，尽量减轻污染，降低损失。

二、试油（气）作业井控要求

(1) 注明地层预测压力系数；

(2) 注明使用防喷器的压力等级；

（3）施工前安装好井口控制器及采油树等必备器材，下管柱作业前要准备好适当压力等级旋塞；

（4）远程液压防喷器控制台距井口15m以外，并摆放在上风头的位置，施工期间防喷器控制台内的蓄能器必须保持足够的工作压力来满足操作要求；

（5）检查提升设备、井口设备，保证性能处于正常工作状态；

（6）起下作业的动力系统、气动卡瓦系统、刹车系统在施工期间保持完好状态；

（7）试油队将井场杂物清理干净，保持紧急撤离通道畅通，并设风向标；

（8）施工中若发生溢流，立即停止施工，关闭防喷器，采取压井措施；

（9）测气过程中应密切观察井口压力变化情况，发现异常应立即停止施工，进行处理；

（10）测气过程中分离器罐体压力无法控制时，分离器操作人员应立即撤离，迅速关闭井口；

（11）分离器操作人员发现测气管线或分离器管线有冻堵现象发生时，操作人员应迅速关闭井口，并立即采取解堵措施；

（12）分离器操作人员发现测气管线或分离器管线有刺漏现象发生时，操作人员应迅速关闭井口，并立即处理，试压后再开井测气；

（13）测气施工中，操作人员如发现测气管线有抖动情况发生时，操作人员应迅速关闭井口，并立即处理；

（14）在起管柱及地面连接、拆卸工具时，绝不允许猛烈击打油管及工具，避免引起火灾及爆炸。

三、气井作业及压裂施工井控要求

1. 应提供井身结构的情况

（1）套管规范、钢级、壁厚以及下入深度；

（2）套管完好程度，是否有套变点、套损情况；

（3）套管修复情况。

2. 应提供固井质量情况

（1）管外水泥返高；

（2）固井质量是否合格；

（3）固井时发生的异常情况的叙述。

3. 应提供压力情况

该井原始地层压力及目前地层压力的数据，若没有目前地层压力的数据应提供该井所在区块的目前地层压力。

4. 应提供邻井连通情况

（1）油井连通水井注入压力以及连通情况；

（2）邻井以往施工时异常情况的描述及对本井施工的影响和相关提示。

5. 提供详细气层的描述

（1）施工井段是否有气层；

（2）气层的压力情况；

（3）气层对以往施工的影响以及本次施工的有关提示。

6. 对压井液的选择提出要求

若该井地层压力较高，则应根据地层压力情况选择压井液，提供压井液的种类、密度及数量。

7. 提供井控装置的选择及安装要求

(1) 井控装置的类型；

(2) 井控装置安装的技术要求；

(3) 井控装置试压的技术要求。

8. 提出作业施工过程中的压力监控要求

(1) 需要监控的压力情况；

(2) 压力监控的方法及需配备的设备仪器等。

9. 提出作业施工过程中异常情况的应急措施

(1) 施工时属于异常情况的描述，如油管或套管出现溢流；

(2) 不同异常情况所执行的应急措施。

四、普通大修作业井控要求

(1) 要有地层压力、油气层资料、气油比、井深、油层位置等相关资料，并确定本井的压井液性能及数量；

(2) 应提供本井及邻井准确的高压层、地层压力、漏失层资料及是否发生过井喷等异常情况，凡已射开的层位必须提供初期生产情况和近期生产情况；

(3) 要提供完井时固井质量和油层套管等井身结构资料；

(4) 要根据地层压力梯度配备相应压力等级的防喷装置及井控管汇等设施，根据不同井型和类别，对井控装置和消防设施的配备指标和数量要有明确要求；

(5) 对有高压油气层、高气油比层的井要做出明确提示，要提出可行的井控防喷措施，并向参加施工人员进行详细的技术交底；

(6) 对各岗位的井控工作要有明确分工，关键岗位执行坐岗制度；

(7) 对井内带有大直径工具（工具外径超过油层套管内径80％以上）的钻具，设计中应规定钻具上提的速度以及详细的防喷措施，严禁高速提钻抽汲井筒；

(8) 要有安全注意事项，同时要根据施工井井况在确保施工安全的情况下，充分考虑保护油层的要求；

(9) 应有发生井喷后的应急措施。

五、取套和侧斜作业井控要求

(1) 井场备用重晶石粉不得少于50t；

(2) 按工程设计准备修井液，并保持修井液性能稳定。配备的修井液全套性能测试仪器齐全完好，每班检测一次并做好记录；

(3) 要保证修井泵上水良好，不抽空。严格执行修井设计的钻进参数，钻进时要达到设计排量，适当控制钻速，防止钻具和钻头泥包；

(4) 注意观察修井液池液面变化情况，如发生溢流，及时汇报；

(5) 钻开油层前把修井液密度加至设计上限，并保持修井液性能稳定；

(6) 钻到加重点，要停钻进行修井液加重，严禁边加重边侧钻；

(7) 油气层部位上提钻具时严禁用高速挡，起钻时修井液密度达到设计上限，要按规定灌满修井液，并设专人坐岗；

(8) 井漏时应注意井筒内修井液的液面高度，液面下降时要及时灌好修井液；

(9) 起钻至油层部位时要用Ⅰ挡车，防止发生抽汲，每起3柱灌一次修井液，并做好计量；

（10）下完套管后必须灌满修井液后再循环，严禁用方钻杆灌注修井液；

（11）在有浅气层区域内取套和侧斜作业要求下表层套管，并装好防喷器，严防浅气层井喷；

（12）全套井控设备在井场要进行清水试压，闸板防喷器、压井管汇、节流管汇均应试压到额定工作压力，以稳压时间不少于 10min，压降不超过 0.7MPa，密封部位无渗漏为合格；

（13）在完井作业过程中，应保证防喷器完好，不得提前将防喷器拆除。

六、油水井维护性作业井控应有的资料和措施

（1）井身结构（套管）、采油树型号；

（2）本井的油层深度；

（3）本井的目前地层压力；

（4）根据地层压力安装相应等级的井控装置，该装置经井控车间检验合格的产品；

（5）本井所选择的压井液参数、性能；

（6）本井及邻井有毒有害气体情况，出现有害气体时应采取的措施；

（7）起、下油管失控的防范措施；

（8）人口密集区及安全要害区域要有厂领导批准的井控预案、配备相应井控设备待命；

（9）明确作业班组的井控负责人，发生井控失控事件的处理方案；

（10）井场现状，是否满足井控设备的摆放。

复 习 题

简答题

1. 井下作业地质设计中井控内容包括哪些？

2. 井下作业工程设计中井控内容包括哪些？

3. 井下作业施工设计中井控内容及要求包括哪些？

第四章　井下作业井控技术措施

在井下作业过程中，为防止井喷失控事故的发生，采取了多种井控技术措施，以确保施工安全。这些技术措施有：用压井液压井，以平衡地层压力；对注水井防喷降压，使井口压力降低为零；为降低作业对油气层的伤害，保护环境，采用带压作业技术；为防止作业过程操作不当而引发井喷，制定严格的操作规程；当发生井喷时及时采取各种手段和有效措施等。特别是近几年来随着井下作业技术的提高，井控技术措施也得到了较快的发展。

第一节　压井工艺

井下作业一般是在井口敞开的情况下进行起下管柱和处理井下事故的。一旦井内液柱压力低于地层压力，势必会造成井内流体无控制地喷出，既有害于地层，又不利于施工，甚至会发生井喷失控，造成更大的损失。通常会采取压井工艺，平衡地层压力，以便于作业施工。

一、压井的概念

压井就是采用设备从地面往井里注入密度适当的液体（即压井液），使井筒里液柱在井底造成的回压与地层的压力平衡，恢复和重建压力平衡的作业。

压井是井下作业中一项最基本、最常用的工序，是其他作业项目的前提。压井作业的成败，直接影响到该井施工质量和效果。其关键是正确选择足够满足性能要求的压井液、一套合理的施工方法和有效的施工设备。压井目的是把井暂时压住，使油层内的油气在施工作业过程中不能流动，以便于施工作业的进行。压井要保护油层，要遵守"压而不喷，压而不漏，压而不死"的原则，并应采取以下产层保护措施：

（1）选用优质压井液。

（2）地面液罐干净无杂物，作业泵车及管线及时进行清洗。

（3）加快施工速度，缩短作业周期，完井后及时投产。

（4）投产前要及时替喷，尽快恢复井底地层压力。

二、压井前资料

1. 目前井下管柱结构状况

（1）油管规范及深度；

（2）井下工具规范及深度；

（3）抽油泵、螺杆泵、抽油杆等井下设备的规范及组合情况，潜油电泵的规范及深度。

2. 井身结构现状

调查套管规范及完好情况。查阅历次施工作业情况，如有套变记载应考虑压井后替喷的可行性。

3. 近期生产现状

（1）产液量、气油比、综合含水率；

（2）油压、套压和流压；

（3）静压。

三、压井液的选择

压井液是指在井下作业过程中，用来控制地层压力的液体。要想压住井，压井液的密度不能小但也不能过大。压井过程不能过猛，否则压井液会挤入油层，污染油层，甚至把油层压死。因此，正确选择压井液是保证压井质量的重要环节。实际工作中就是根据油层静止压力的大小，选择不同密度的压井液，使所选取的液体密度既能满足压住井要求，使井在作业时不喷，又不损害油层。

1. 压井液的选择原则

（1）根据油层物性选择对油层损害程度最低的压井液。

（2）在有条件情况下应优先选用无固相压井液。

无固相压井液是由一种或多种无机盐与水配制而成的不含固体颗粒物质的压井液，一般含有 20% 左右的溶解盐类。无固相压井液的种类很多，根据作业的需要，其相对密度可在 1.06～2.30 范围内选择。常用的无机盐可配制的压井液相对密度如下：

① 氯化钾可配制的压井液相对密度最大为 1.17；

② 氯化钠可配制的压井液相对密度最大为 1.20；

③ 溴化钠可配制的压井液相对密度最大为 1.50；

④ 氯化钙可配制的压井液相对密度最大为 1.39；

⑤ 溴化钙可配制的压井液相对密度最大为 1.39～1.70；

⑥ 溴化钙和氯化钙不同配比可配制的压井液相对密度最大为 1.33～1.80；

⑦ 溴化锌、溴化钙和氯化钙不同配比可配制的压井液相对密度最大为 1.80～2.30。

2. 压井液密度选择

压井液相对密度按下列公式计算：

$$\gamma = \frac{p \times 102}{H}(1 + K) \tag{4—1}$$

式中　γ——压井液的相对密度；

　　　p——油井近 3 个月内所测静压值，MPa；

　　　H——油层中部深度，m；

　　　K——附加量，一般作业施工取 $K = 0 \sim 0.15$；修井作业施工取 $K = 0.15 \sim 0.3$。

3. 压井液液量确定

压井液液量按下列公式计算：

$$V = \frac{1}{4}\pi D^2 h(1 + K) \tag{4—2}$$

式中　V——压井液用量，m³；

　　　D——套管内径，m；

　　　h——压井深度，m；

　　　K——附加量，取 $K = 0.15 \sim 0.3$。

四、压井方式的选择

在压井之前，除了选择合适密度和性质的压井液外，对于不同条件的井，选择适当的压井方式也是保证压井成功的一个重要因素。

目前，现场上常用的压井方法有循环法、灌注法和挤注法三种。

1. 循环法

循环法是目前油田修井作业应用最广泛的方法。是将配制好的压井液用泵泵入井内并进行循环，将井筒中的相对密度较小的井内液体用压井液替置出来，使原来被油、气、水充满的井筒被压井液充满。压井液液柱在井底产生回压，平衡油层压力，使油层中的油气不再进入井筒，从而将井压住。

循环法压井的关键是确定压井液的相对密度和控制适当的井底回压。可分为反循环压井和正循环压井两种方法。

1) 反循环法

反循环压井是将压井液从油套管环形空间泵入井内，使井内流体从油管管柱上升到井口并循环的过程。

反循环压井多用在压力高、产量大的油气井中。因为反循环压井时，液流是从截面积大、流速低的油套管环形空间流入截面积小、流速高的管柱内。根据水力学原理，在排量一定的条件下，当压井液从管柱与套管的环形空间泵入时，压井液的下行流速低，沿程摩阻损失较小，压降也小，而对井底产生的回压相对较大。可见，反循环压井从一开始就产生较大的井底回压。所以，对于压力高、产量大的井，采用反循环压井法不仅易成功，而且压井后，即使油层有轻微损害，也可借助于投产时油井本身的高压、大产量来解除；相反，如果对低压井采用反循环法压井，则将会产生较大的井底回压，易造成产层损害，甚至出现压漏地层的现象。反循环压井有排除液流时间短、地面压井液增量少、压井成功率高等优点。

2) 正循环法

正循环压井是将压井液从油管管柱泵入井内顶替井内流体，由油、套管环形空间上升到井口的循环过程。

正循环压井适用于低压和产量较大的油井。在排量一定的条件下，当压井液从油管泵入时，压井液的下行流速快，沿程摩阻损失较大，压降也大，对井底产生的回压相对较小。所以，对于低压井，采用正循环压井法不仅能达到压井目的，还可以避免压漏地层。在使用正循环压井时，应先将井筒内气体放空。因为此类井一般压力低，气量大，突然放空，会造成暂时停喷。然后，立即从油管内将压井液泵入，这样，压井液受气侵的可能性小，也不至于造成漏失，故压井可以得到成功。但对高产井、高压井、气井的压井成功率比反循环压井低。

2. 灌注法

灌注法就是往井筒内灌注一段压井液，用井筒液柱压力平衡地层压力的压井方法。此方法多用在井底压力不高、修井工作难度不大、工作量小、修井时间短的简单修井作业，如更换油井采油树总闸门、解除井口附近卡钻事故、焊接井口、更换四通法兰等作业。其特点是压井液与油层不直接接触，基本排除了油层受损害的可能性。这种压井方法设备简单，操作方便，使油井恢复正常生产快。

3. 挤注法

挤注法是在既不能用循环法，又不能用灌注法压井的情况下采用的，如井下砂堵、蜡堵或因某种事故不能进行循环的高压井等。其方法是压井时井口只有压井液进口而没有返出口，在地面用高压将压井液挤入井内，把井筒内的油、气、水挤回地层，以达到压井的目的。

挤注法不同于灌注法，它是利用高压泵往井内泵入压井液，而且将井内的油、气、水挤回地层。它也不同于循环法，在压井时只有进口没有出口。这种压井方法的缺点是：在用高压将井筒内流体（油、气、水）挤回地层的同时，也有可能将井内的脏物（如砂、泥等）挤入地层，从而造成井底油层堵塞，而污染油层。

五、压井作业施工

压井工艺比较简单，但是施工比较繁琐，应当十分谨慎，否则，不仅压井不成，还会给油层带来损害。正确确定压井方式、严格按照压井工序操作、保持和调配好压井液性能、及时录取各项资料是压井成功的重要条件。

1. 保持井内液体密度

由于油层中天然气的影响，压井过程中可能会发生压井液气侵，使压井液密度降低，导致井内液柱在井底产生的回压下降，当井底回压降至低于地层压力后，便会发生井喷。因此，为了防止井喷，必须在一定时间内将井内已气侵的液体全部替出，以保持井内液柱在井底产生的回压，将井压住。

2. 控制出口

保证进口排量大于出口溢流量，采用高压憋压方式压井，让井内的含气井液逐步被压井液所代替。

3. 防止压漏及压井液注入油层

如在压井过程中发现井口压力很低或者有下降的趋势，同时又发生压井液泵入量多排出量少的现象，就说明井有漏失。特别是一些地层吸水能力很强，压井开始时泵压很高，排量又大，很容易造成压漏现象，结果使压井液大量进入油层。如果井已压住，仍旧继续不停地往井内高压挤入压井液，也会使压井液进入油层。所以，在压井过程中，正确判断井是否被压住是一项重要工作。井被压住的特征主要有以下几点：

（1）井口进口与出口压力近于相等；

（2）进口排量等于出口溢量；

（3）压井液进口的相对密度约等于出口相对密度；

（4）出口无气泡，停泵后井口无溢流。

4. 防止井喷

在压井过程中，井口泵压平稳，泵入的液量和井口返出的液量大致相同，进出口液体密度几乎不变，返出液体无气泡。关井30min后井口无溢流，井筒内没有异常声音，这些都是判断井是否压住的方法。如果出现以下情况则是井喷的预兆：

（1）进口排量小，出口溢流量大，出口溢流中气泡增多；

（2）压井液进口相对密度大，出口相对密度小，相对密度有不断下降的趋势；

（3）出口喷势逐渐增加；

（4）停泵后进口压力增高。

如遇上述现象，应立即进行压井液循环和调整压井液性能（如提高密度等），及时采取必要的防喷措施，保证安全。

5. 压井施工中应注意的事项

无论采用何种方法压井都要注意以下问题：

（1）根据设计要求，配制符合条件的压井液。对一般无明显漏失层的井，配制液量通常为井筒容积的1.5～2倍。

（2）压井进口管线必须试压达到预计泵压的 1.2～1.5 倍，不刺不漏。高压和放喷管线须用钢质直管线，禁止使用弯头、软管及低压管线，并固定牢固。

（3）循环压井作业时，水龙头（或活动弯头）、水龙带应拴保险绳。

（4）压井前对气油比较大或压力较高的井，应先用油嘴控制出口排气，再用清水压井循环除气，然后再用密度高的压井液压井。

（5）进出口压井液性能、排量要一致。要求进出口压井液密度差小于 2%，要尽量加大泵的排量（不低于 $0.5m^3/min$）循环压井，并且修井泵的吸入管线要装过滤器。当进口量超过井筒容积 1.2 倍仍不返出而大量漏失时，应停止施工，请示有关部门，采取有效措施。

（6）压井中途一般不宜停泵，出口要适当控制排量，做到压井液既不漏又不被气侵。待井内返出的液体与进口性能一致时方可停泵。若停泵后发现仍有外溢或有喷势时，应再循环排气，或采用关井稳定的方法，使井内气体分离，然后开井放空检查效果。

（7）压井时最高泵压不得超过油层吸水启动压力（挤注法除外）。为了保护油层，避免压井时间过长，必须连续施工，减少压井液对油层污染。

（8）挤注法压井的液体注入深度，应控制在油层顶部以上 50m 处。关井一段时间后，开井检查效果。

（9）若压井失败，必须分析原因，不得盲目加大或降低压井液相对密度。

六、影响压井成败的因素

影响压井成败的因素很多。在现场施工中往往由于施工中的某个方面出现问题就会造成压井失败或损害地层，因此，了解掌握这些影响压井的因素是压井施工的一个重要环节。影响压井成败因素主要有以下几方面。

1. 压井液性能的影响

压井过程中，井内和地层内各种条件都在不断地对压井液进行着作用，促使性能合适的压井液在不断地变化，影响着压井的成功率。压井液性能破坏的主要原因是以下"四侵"：

（1）水侵：在压井过程中，外来水侵入使压井液性能破坏。压井液受到水侵后，其粘度变小，密度降低，应及时调整其性能。

（2）气侵：地层（油井）内的天然气大量混入压井液中，占据井筒内体积，使压井液密度下降，粘度增加，造成压井困难。这种情况的发生，是井喷的"警告信号"，应立即调整压井液性能。

（3）钙侵（水泥侵）：地层中的石膏侵入压井液之中，造成了改性压井液中的钠基粘土性质转变为钙基粘土，称为钙侵。压井液钙侵后其粘度和切力降低，失水量增大；水泥侵是由于水泥侵入使改性压井液性能变坏，其粘度增大，流动性变差，失水增加，造成压井困难，严重时会损害产层。此时，可加入褐煤碱剂、单宁酸粉等，采取沉淀法恢复压井液性能。

（4）盐水侵：地层中盐（水）侵入后，压井液性能发生变化，盐水侵后的压井液粘度增大，易气侵造成密度降低，严重时会发生井喷事故。防止压井液盐水侵的办法是预先提高压井液密度，将盐水层压住，并加入处理剂稳定其性能，使盐水侵不会发生。

2. 设备性能影响

压井时所用的泵注设备必须完好，如果泵注设备性能不好，如泵吸不上水或排量不足，使压井液不能连续注入到井内，将会造成压井作业的失败。上水不足的原因可能是上水管线被压井液中的污物堵塞或冬季施工中管线结冰所致。泵排量过小的主要原因可能是泵的性能达不到要求，或泵本身状况不佳造成的；压井作业的时间过长也会使设备疲劳发生故障，也是造成压井失败的原因。因此，在进行压井作业前，要认真检查施工所需的设备状况，避免在施工中出现上述问题。

3. 施工过程的影响

循环压井施工过程的影响主要有三个方面：

（1）井况不明。如井口压力、井下结蜡情况、井口喷出物的成分、气油比、与周围井连通情况等掌握不清，致使在压井过程中发生预料不到的问题，造成措手不及，使压井作业失败。

（2）施工准备不充分。施工前没有备足压井液，出现问题后没有补充的压井液，致使压井作业失败；压井前对管线没有检查，施工中管线发生破裂导致施工失败；液罐车不足，施工中出现等罐现象等都会造成压井失败。

（3）技术措施不当。如在压井过程中井口阀门控制不当，影响施工进行。如井口出口阀门过大，会使压井液大量无效流失，不仅造成浪费，而且使压井不能成功；出口阀门过小，在压井过程中势必使大量压井液挤入地层造成伤害。施工选择的压井液密度、压井方式不当等都会影响到压井的成功率。

第二节　注水井放喷降压

为了提高原油采收率，油田通常采用注水开发，以水驱油。注水井在长期的注水过程中，不可避免要进行修井作业。在注水井上进行修井施工时一般需要采取放喷降压或关井降压的方法来代替压井，使井口压力降低为零，以便进行作业。

所谓放喷降压，就是指在注水井作业之前，控制油管（或套管）闸门，让井筒内以至地层内的液体按一定的排量喷出地面，直到井口压力降至零的过程。所谓关井降压，是指修井前一段时间注水井关井停注，使井内压力逐渐扩散而达到降压目的的方法。

一、放喷降压的作用

1. 压井作用

因为油层压力很高，井筒内充满高压液体，当打开井口进行井下作业时，井内的高压液体必然以较大的速度和排量源源喷出。为了保护油层，并使井下作业顺利进行，一般在放喷出口安装喷嘴，以控制喷率（单位时间的喷水量）。这就相当于高压密闭容器打开一个小孔，根据水力学射流原理，容器内的高压液体必然以较大的速度和排量源源不断地喷出。随着喷吐时间和喷出量的增加，容器内的压力不断下降，喷势及喷出量也不断减小。注水井喷水降压就是应用这个原理，以使井口压力降为零。降压之后，虽然地层内压力仍较高，但敞开井口作业已不至于发生井喷。用此方法代替压井既能保护油层不受损害，又达到了安全作业的目的。

2. 洗井解堵作用

注水井投注较长时间后，由于水质没有严格保证，以及管线生锈等原因，井底附近地带的地层孔隙常被注入水携带的杂质、污物所堵塞，结果导致油层渗透率降低，吸水指数大大减小，一些井注入量达不到配注指标，甚至有的因堵塞严重而注不进水。

为此，通常对注水井采用放喷措施，可以使地层内高压液体冲刷和携带出岩层孔隙中的堵塞物，解除堵塞，恢复地层渗透率。同时，由于高压液体通过井筒喷出地面，还有洗井的作用。

二、放喷降压工艺

注水井放喷降压工艺比较简单，就是打开油管（套管）闸门，使井筒以至地层内的液体不断地喷至地面。喷出量的大小根据井下油层堵塞情况来决定，用调节井口闸门控制。在喷水出口进行液量及水质分析，直至解除井下堵塞，然后进行洗井，水质合格后便可重新投注。这就是注水井喷水降压解堵工艺。当井口压力趋近于零，喷势变为溢流后，注水井喷水降压的压井目的已经达到，便可以在井口进行井下作业施工。

注水井放喷降压的方式，一般采用油管放喷，在油管不能放喷时才采用套管放喷。油管放喷较套管放喷有以下优点：

（1）见水早，易调节。采用油管放喷时，油管的容积比套管放喷时液流经过的油套环形空间容积小，液流集中。同时，液体在油套管环形空间呈环状液流，在同一井口压力和同样的喷率下，采用油管放喷比用套管放喷地面见水早，观察及时，便于根据水质的变化及时调节井的喷率。

（2）流速高，携带力强。在同一喷率下，采用油管放喷水流速度高，携带能力强，速度快，能将大量杂质及较大颗粒砂子带到地面。而套管放喷流速相对低，携砂及杂质能力低，速度慢，甚至有大量的砂子及杂物留在井底。

（3）不磨损套管。采用套管放喷时，大量水及砂子在油套环形空间流过，容易磨损套管；而用油管放喷时，大量水和砂子经过油管内通道，套管不被磨损，保护了井身。

（4）不易造成砂卡。套管放喷带砂能力弱、速度慢、阻力大，砂子可能在环形空间内沉淀，容易造成砂堵，形成砂桥而将油管卡住。而油管放喷则与其相反，不易产生砂卡。

三、放喷降压的技术措施

（1）初喷率的确定。初喷率是指开始放喷时单位时间内的喷水量，其单位是 L/min 或 m^3/h。初喷率选择的正确与否，不仅影响到喷水降压的成败，还会影响到井况及油层。一般初喷率控制在 $3m^3$/h，含砂量在 0.3% 以下。

（2）喷出量幅度的提高及极限喷率的确定。一般在初喷率的条件下，喷出总水量大于喷水管（油管或油套管环形空间）容积的 2～3 倍后，若含砂量仍不上升，即可以逐渐提高喷率，但每次提高幅度不得超过 $1m^3$/h。如果喷率提高到某一喷率后，发现含砂量突然开始上升并呈连续状况，即说明此时的喷率已达到极限喷率（也叫临界喷率）。

在极限喷率下继续喷水 30min 后，若含砂量不降，应立即控制到极限喷率以下喷水，以减缓井内流体对地层的冲刷，避免造成井底附近地层的坍塌。

（3）取资料及控制调节喷率。采用喷水降压时，要求每隔半小时记录一次井口压力、喷水量、含砂量、含泥量、含杂质量等，以便及时控制和调节适当的喷率。

（4）经长时间喷水后压力仍然不降，井口压力异常高且出水量充足，应立即关闭井口阀门，选用适当密度的压井液进行压井作业。

四、放喷降压的注意事项

（1）放喷降压前要做好放水前的准备工作，不得盲目施工造成生产或安全事故。

（2）放喷降压时要注意环境保护，不得随意乱放毁坏周围的环境。

（3）放喷降压期间要有专人负责监控，及时根据喷出水量及水质情况调节喷水方案。

（4）放喷降压时具体操作人员不得正对着水流喷出方向进行操作，应站在与水流喷出方向的侧面进行操作。

第三节　不压井作业工艺技术

在油田生产过程中,几乎所有的油层在从勘探到开发及后期的维护过程中都会受到不同程度的损害。在现有的油气层保护技术中,大都从优化压井液或井筒工作液方面来尽量减小对油气层的损害。为实现真正意义上的油气层保护,近几年引进不压井作业技术。

一、不压井作业技术简介

1. 概念和意义

不压井作业技术是在带压环境中由专业技术人员操作特殊设备起下管柱的一种作业方法。目前国内外已经广泛应用于欠平衡钻井、侧钻、小井眼钻井、完井、射孔、试油、测试、酸化、压裂和修井作业中。

应用不压井作业技术的意义有以下几方面。

(1) 最大限度保持油气层原始地层状态,正确评价油气藏。压井液进入地层,造成了地层的污染,为后续资料录取、完井作业、试油等环节带来了负面的影响,从而影响到油藏描述的结果,直至影响到采收率。采用带压作业技术可使产层的物性得以最大程度的保护,避免了常规开采过程中对新开采的产层造成的破坏,如新投产油气孔道的堵塞、泥饼现象造成地层解释错误、水敏性矿物膨胀造成产层物性的下降,从而能够在进行油层评价时取得准确的数据。

(2) 最大限度地降低作业风险。压井液在作业过程中受气侵或油侵,降低密度,一方面发生井喷的危险性大,另一方面需要重复压井,工序复杂,费用昂贵。

(3) 解决了常规压井作业的一些疑难问题。如气井作业中,用压井液压井,往往一压就漏,不压就喷,低渗气井则很容易压死。还有由于应用带压作业技术,避免了高压油井中压井液的频繁更换、循环和配套设施的使用,避免了对地面环境的污染,以及可以解决注水井长时间放溢流的难题。

(4) 避免压井液的使用,防止产层受到污染,从而提高了产能和采收率,从而使产层的开采产量和潜能得以最大的保护。

(5) 降低勘探开发成本,提高了油气田的生产效率和经济效益。由于作业时不需要进行压井,一是节约了成本费用,二是缩短了作业周期。压井对地层的危害不言而喻,压井液费用亦十分可观,并且作业后还需抽排压井液。而水井作业时,水井停注放压时间长,有时甚至放两三个月或半年,为了保持地层压力场平衡,周边水井也需停注,造成油井减产或停产,对生产影响较大,经济效益低下。

(6) 保护环境,避免了压井液对地面的污染,符合 HSE 的要求,具有巨大的社会效益。

2. 国外应用现状

1929 年 Herbert C. Otis 提出了不压井作业这一思想,并利用一静一动双反向卡瓦组支撑油管,通过钢丝绳和绞车控制油管升降来实现。1960 年 Cicero C. Brown 发明了液压不压井作业设备用于油管升降,由此,不压井作业机可以成为独立于钻机或修井机的一套完整系统。1981 年 VC Controlled Pressure Services LTD. 设计出车载液压不压井作业机,此项创新使不压井作业机具有高机动性。

40 年来，液压不压井作业机有了很大的改进和发展，应用范围不断扩展。目前，液压不压井作业机的作业速度、效率、适应性和作业能力及其在油田的应用证实，液压不压井作业机已不再仅仅是用于"灾害服务"，而逐渐成为重要的生产工具，并能够有效地用于沙漠、丛林和大型修井机难以行驶的拥挤城市。

目前不压井设备在国外发展已比较成熟，全液压不压井作业机占主导地位。据统计，国外制造不压井作业机、提供不压井技术服务或既制造又提供作业服务的公司超过 10 家。不压井设备应用于陆地和海洋，设备实现了全液压举升，卡瓦和防喷执行机构实现液控远程控制；最高提升力可达 2669kN，最大下推力达 1157kN；行程多以 3m 左右为主，最高作业井压可达 140MPa。

3. 国内现状

我国 20 世纪 60 年代曾研制过钢丝绳式不压井装置，它利用常规通井机绞车起下管柱，靠自封封井器密封油套环空。这种装置结构简单、便于制造、易于掌握，但有操作程序复杂、劳动强度大、安全性能差等缺点。

70 年代末开发出橇装式液压不压井作业装置，可用于井口压力 4MPa 的修井作业。尽管获得了较好的研发经验和作业效果，由于当时对不压井作业的认识不足，以及液压元器件制造水平较低等原因，始终没有得以推广。

80 年代我国研制出了车载式液压不压井修井机，目前可用于井口压力不高于 15MPa 的不压井修井作业。

4. 不压井作业机的应用领域

不压井作业机主要用于注水井、自喷井及天然气井进行常规起下作业和不动管柱分层压裂、酸化作业及完井作业。其主要的应用领域有以下几方面。

（1）用于油气田的高产井、重点井。这些井的特点是产量高、地层压力也高、层间矛盾大，这些井应用不压井作业机进行修井作业可不用高密度压井液压井，从而减轻对地层伤害，减小层间矛盾的影响，缩短产量恢复期，提高原油产量。

（2）用于注水井。不压井作业机在不放喷、不放溢流、不泄压情况下带压起下油管。可解决污水排放问题，降低处理成本，减少作业占井时间，提高注水井生产时效，防止局部地层压力损失。

（3）用于欠平衡钻井。可安全实现地层压力高于钻井液柱压力，有利于保护低压油层，对于探井有利于油气层的发现。

（4）实现不压井状态下的分层压裂。利用配套管柱，不压井作业机在承压情况下，逐层上提分层压裂管柱实现分层压裂，避免使用压井液，不仅避免油层污染，也加快了施工进度。

（5）实现负压射孔完井。可以达到诱喷增产目的，特别是针对重点探井试油完井，可以更真实地反映地层情况。

（6）用于带压完成落物打捞、磨铣等修井作业。由于不压井作业机自身配有转盘设施，可带压完成落物打捞、磨铣等修井作业。

综上所述，由于不压井作业技术有其独特的优势，而且在国外已是作为一项相当成熟的技术在广泛应用，所以根据目前国内油气田状况，该技术作为一项保护油气层和环保的新技术、新工艺有其广阔的应用空间。

总的来讲，不压井作业是对常规压井作业方式的一个挑战，同常规作业方式相比，不压井作业具有不可比拟的优越性。无论从资源的可持续利用、合理开采、提高采收率方面，还是从经济和社会利益方面，都为油气田长期开发、稳定生产和地面环保提供了坚强的技术保障。

二、不压井作业机

不压井作业机是指在井筒内有压力的条件下，进行不压井起下作业，实施增产措施的一种先进的作业设备。在美国、加拿大等国家，该设备的推广应用率达到90%以上，均在不压井情况下作业，大大缩短了停产时间，提高了生产效益。特别是在北美和中东重大油气产区，该设备已为油公司带来了巨大的经济效益和社会效益。

根据不同的使用工况及装备投入，主要有三种不压井作业机。

1. 独立作业型不压井作业机

不用修井机辅助作业的独立作业型不压井作业系统是一种高效率且安全、经济的作业机。在承压条件下可通过弹性密封装置自主起下油管（图4—1），不需要井架或作业机配合，可独立完成作业服务。该修井机一般由不压井作业井口装置、专用运载卡车、泵车、吊车、带拖车的采集车和配有交流发电机的值班房车等组成。

（1）不压井起下作业井口装置见图4—2。井口装置是连接为一体的独立系统，便于快速安装，并能整体吊装在卡车平台上进行运输。

（2）工作程序。先安装环绕井口的固定装置，以确保不压井装置的安全；然后安装Ⅱ型防喷器，不压井装置安装在防喷器之上并由固定装置可靠

图4—1 独立作业型不压井作业机

固定；196.1kN采集车带有索缆绞盘的22m的桅杆，用于协助油管的起下；由泵车加压至21MPa进行不压井装置和防喷器系统的压力检测。整套设备在抵达现场1～1.5h之内可完成组装并工作。该系统可平均1min内把1根油管在不压井情况下下入井中，安全、快速进行3500m井下作业并和其他钻井、完井、修井、固井、压裂、打捞、开窗、侧钻等设备完全兼容。

2. 与井架（或钻机）配合使用的不压井作业机

与井架配合使用的不压井作业机的主体设备是一套专用的液压装置，在井架及其他井下作业工具配合下（液压大钳、钢丝绳和工具等），由油管起下液缸及液压防喷器装置等，完成多种修井和钻井的带压操作，并保证现场作业人员安全。

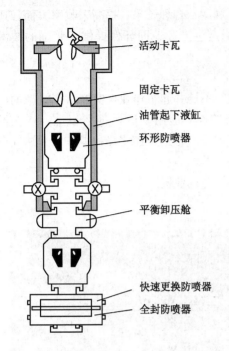

图4—2 独立作业型不压井作业井口装置

图中标注：
- 活动卡瓦
- 固定卡瓦
- 油管起下液缸
- 环形防喷器
- 平衡卸压舱
- 快速更换防喷器
- 全封防喷器

（1）组成。这种作业机系统由动力源、液压系统、油管起下液缸、液压大钳、液压卡瓦、液压防喷器、储能器及氮气罐、上下工作台及梯子、逃生装置、泵车与罐车、值班房、油管平板车等组成。

井口装置为连接成一体的独立系统，可快速安装投入工作，并能整体吊装在卡车平台上运输。

（2）工作程序。准备压入第1根油管→关闭上部环形防喷器→平衡上段压力→打开下部防喷器→安装油管悬挂器→关闭环形防喷器→平衡上段压力→打开底部防喷器→定位油管悬挂器口→缓慢释放不压井作业机内压力，确保井口防喷器没有泄漏→打开不压井作业机内的3个防喷器→移除悬挂器上的管柱→卸装不压井作业机→装回井口。

3. 与液压修井机配合使用的不压井作业机

与液压修井机配合使用的不压井作业机如图4—3所示。与其配套的电动液压修井机，能执行任何常规钻机及修井机的任务，配自动连接、拆开油管装置。在不关井情况下可用油压进行起下油管或钻杆作业。其中 SJ400 电动油压作业机承重 1779.3kN，配备 279.4mm（11in）、68.9MPa 防喷器，可用作常规钻井、欠平衡钻井、开窗侧钻定向井、磨铣等作业。

不压井作业机的缺点：一次性投入巨大，井场就位安装，工作量大，技术复杂。

不压井作业机的国内外技术指标：

国外油田的不压井作业的最高承载压力为 140MPa；最高提升力 2669kN；最大下推力 1157kN；液缸行程 3m 左右。国内油田的不压井作业井的最高压力为 35MPa；最高提升力 658kN；最大下推力 431kN，液缸行程 3m 左右。

三、带压作业装置

目前国内外应用的带压作业装置主要有三大类：低压、中压、高压。

1. 低压带压作业装置

低压带压作业装置如图4—4所示，主要有三大类油管及接箍，在胶件密封条件下，强行通过密封胶件，当井下油管重力大于井下压力对油管的上顶力时，可用作业车大钩起下油管，当井下油管重力小于井下压力对油管的上顶力时，应用固定防顶卡瓦和游动防顶卡瓦

图4—3 与液压修井机配合使用的不压井作业机

及升降油缸导出油管及接箍。油管密封采用自封头和液动筒状胶芯环形防喷器；采用升高短节和下闸板防喷器导出工具。动密封压力不超过 7MPa。整个作业过程由作业车与带压作业装置配合完成。

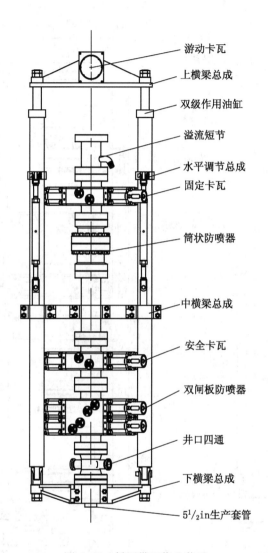

图 4—4　低压带压作业装置

2. 中压带压作业装置

中压带压作业装置如图 4—5 所示，动密封压力不大于 14MPa，静密封压力不大于 21MPa，油管在胶件密封条件下起下，接箍通过上、下两个快速闸板防喷器导出，胶件损伤较轻，寿命长，带压作业装置与作业车配合完成油管起下。

3. 高压带压作业装置

高压带压作业装置如图 4—6 所示，动密封压力为 14～35MPa；静密封压力为 70MPa。

油管及接箍起下，是在防喷器密封条件下，与防喷器、油缸和游动卡瓦一同升降，油管与防喷器密封胶件之间无相对运动，全程靠油缸起降导出油管，最大一次行程可达 10m。

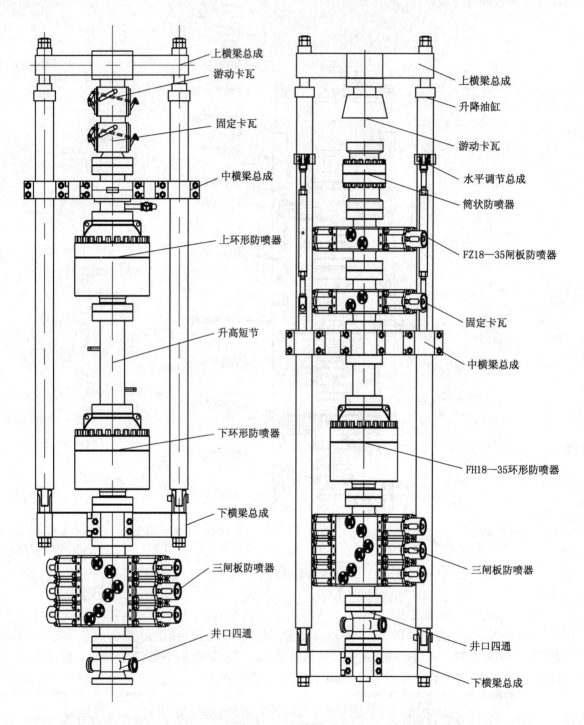

左图标注（从上到下）：
上横梁总成
游动卡瓦
固定卡瓦
中横梁总成
上环形防喷器
升高短节
下环形防喷器
下横梁总成
三闸板防喷器
井口四通

右图标注（从上到下）：
上横梁总成
升降油缸
游动卡瓦
水平调节总成
筒状防喷器
FZ18—35闸板防喷器
固定卡瓦
中横梁总成
FH18—35环形防喷器
三闸板防喷器
井口四通
下横梁总成

图4—5　中压带压作业装置

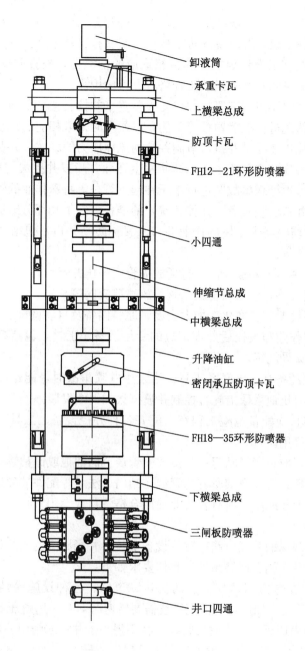

图 4—6　高压带压作业装置

卸液筒

承重卡瓦

上横梁总成

防顶卡瓦

FH12—21环形防喷器

小四通

伸缩节总成

中横梁总成

升降油缸

密闭承压防顶卡瓦

FH18—35环形防喷器

下横梁总成

三闸板防喷器

井口四通

第四节　作业过程井控

为防止作业过程操作不当而引发井喷，制定严格的操作规程；当发生井喷时能及时采取各种手段和有效措施。

一、施工前准备

（1）施工设计应在 48h 前送到施工单位，施工设计部门负责向施工单位进行技术交流，施工单位必须向施工人员交底。没有施工设计不允许施工。

（2）施工单位按施工设计要求备齐防喷装置、制喷材料及工具。

（3）施工单位应按施工设计要求，选择相适应的防喷器，检查并安装井口防喷装置组合，确保防喷装置开关灵活好用，经试压合格后方可应用。

为满足控制油、气井压力的需要，井口防喷装置（井控装置）必须具备在施工过程中监测井口情况、对异常情况进行准确预报等功能，以便及时采取相应的防喷措施。当井涌或井喷发生时，井控装置能迅速控制井口，节制井筒内流体压力的释放，并及时泵入性能合格的加重压井液，恢复和重建井底平衡压力。即使发生强烈井喷或井控失控以致发生火灾事故，井控装置也应具备有效地处理事故及进行不压井起下管柱等特殊作业的功能。

作业施工过程中井口防喷装置（井控装置）的准备由以下几部分组成：

① 以半封和全封防喷器为主体的作业井口（又称防喷井口）包括高压闸门、自封、四通、套管头、过渡法兰等。

② 以节流管汇为主体的井控管汇，包括放喷管线、压井管线等。

③ 井下管柱防喷工具，包括油管旋塞阀、放喷单流阀等。

④ 压井液储备系统要具有净化、加大密度、原料储备及自动调配、自动灌装等功能。

⑤ 能适用于特殊作业和失控后处理事故的专用设备、工具，包括高压自封、不压井起下管柱装置、消防灭火设施等。

⑥ 施工现场必须配备有通讯联系工具。当发生井喷事故时，能迅速报警和及时向有关部门联系汇报，不失时机地采取措施，控制井喷事故的继续发展。

⑦ 大队级施工单位应配备抢险工程车，配齐各种井控设备、工具，有专人负责，按时检查保养，保证灵活好用。

（4）施工作业前，应在套管闸门一侧接放喷管线至储油池或储油罐，管线用地锚固定。

（5）放喷管线、压井管线及其所有的管线、闸门、法兰等配件的额定工作压力必须与防喷装置的额定工作压力相匹配。所有管线要使用合格管材或专用管线，不允许使用焊接管线或软管线。

（6）作业井施工现场的井场电路布置、设备安装、井场周围的预防设施的摆放，都要确保作业正常施工，特种车辆有回转余地。具体要求如下：

① 放喷管线布局要考虑当地风向、居民区、道路、各种设施等情况，并接出距井口30m。管线尽量是直管线，如遇特殊情况管线需要转弯时，要采用耐压高的铸钢弯头，其角度大于120°，转弯处用地锚固定。放喷管线通径不得小于井口或闸门的最小通径。

② 井场平整无积水，锅炉房、发电房、工具房、值班房、爬犁等摆放整齐，间隔合理，距井口和易燃物的距离不得小于25m。

③ 井场电线架设应采用正规绝缘胶皮软线，禁止用裸线，保证绝缘胶皮完好无损，无老化裂纹；线杆高度一致（不低于1.8m），杆距4~5m均布，走向与值班房垂直或平行；线路布置整齐，不能横穿井场，妨碍交通及施工；电线禁止拖地或系在缆绳、井架、抽油机等导体上。照明灯具采用防爆低压安全探照灯或防爆探照灯，距井口不少于5m；电源通过总闸门经防触电保护器后，方可连接其他用电设施；电器总闸门应安装在值班房内专用配电盘上，分闸应距井口15m以外。

④ 井场周围要有明显的防火、防爆标志。按规定配置齐全消防器材，并安放在季节风的上风方向。所有上岗人员要懂消防知识，会使用、会保养消防器材。

（7）含硫化氢油气井的放喷管线要采用抗硫专用管材，不得焊接。

（8）对含有硫化氢的油气井施工要给施工人员配备专用的防毒面具。

（9）施工井场周围要设置安全警示牌，划定安全区域，非施工人员不得入内。

二、压井作业

压井作业是实现一级井控的重要工序，必须按操作规程严格施工。

（1）压井作业前，先用针形阀控制放压；

（2）在压井管汇装单流阀，节流管汇装针形阀，用符合设计要求的压井液循环压井，并控制出口排量保持与进口排量基本平衡，进出口压井液性能达到一致；

（3）观察 30min，无溢流显示，方可进行下步施工；

（4）循环压井中计量增减量，如果漏失严重要采取防漏措施。

三、拆卸采油树（不包括四通）安装防喷器作业

（1）用设计要求的压井液循环压井，进出口压井液性能达到一致；

（2）开采油树油、套管闸门，观察 30min，无溢流显示；

（3）修井动力运转正常，防喷器井控设备及工具准备齐全，处于工作状态；

（4）各岗位人员到位，有带班干部指挥；

（5）拆卸采油树并保持连续灌入压井液至井口；

（6）油管悬挂器可以通过防喷器操作：卸下采油树，将带旋塞阀的提升短节连接在油管悬挂器上，吊装防喷器并上齐上紧全部螺栓，然后提出井内油管悬挂器。

（7）油管悬挂器不可以通过防喷器操作：卸下采油树，用带旋塞阀的提升短节将油管悬挂器提出，卸下油管悬挂器，将带旋塞阀的提升短节穿过防喷器一起吊起，并与第一根油管连接后下放提升短节，安装防喷器，上齐上紧全部螺栓。

四、起管柱作业

（1）起管柱作业前，开井观察 30min，无溢流后，方可进行起管柱作业；

（2）起管柱过程中，必须边起边灌，保持液面在井口。现场的灌注装置必须有水泥车、电潜泵、高架罐三者之一，由资料员坐岗观察，计量、灌注操作并填写坐岗记录。如有溢流，则按程序进行关井。如有漏失则保持连续大排量灌入或停止起管作业采取防漏措施；

（3）在起封隔器等大尺寸工具时，提升速度为 0.2~0.3m/s，如出现抽汲现象，每起 20 根要采取分段循环压井等措施；

（4）在起组合管柱和工具串管柱作业时，必须配备与防喷器闸板尺寸相符合的防喷单根和变扣接头，同时，按操作规程控制起管速度；

（5）施工作业队未接到下步作业方案，不得起管柱作业；

（6）起完管柱后要立即进行下步作业。

五、下管柱作业

（1）在下管柱作业时，必须配备与防喷器闸板尺寸相符合的防喷单根和变扣接头，并按操作规程控制下放速度；

（2）在下管柱作业时必须连续作业，现场灌注装置必须有水泥车、电潜泵、高架罐三者之一，由资料员进行灌注观察，并填写坐岗记录。如计量返出量大于油管体积时，则应按程序进行关井。如漏失则保持连续灌入，漏失严重则停止作业采取防漏堵漏措施。

六、不连续起下作业时的井口控制要求

起下管柱必须连续作业，因特殊情况必须停止作业时，要灌压井液至井口，然后按下述

三种形式控制井口。

（1）油管悬挂器可以通过防喷器操作：

① 不连续起下作业在 8h 以内时，用装有旋塞阀的提升短节将油管悬挂器通过防喷器坐入四通内，对角上紧全部顶丝，关闭旋塞阀、防喷器和采油树两翼套管闸门，油、套管装压力表进行监测；

② 不连续起下作业超过 8h，用装有旋塞阀的提升短节将油管悬挂器通过防喷器坐入四通内，对角上紧全部顶丝，在防喷器上安装简易井口，关闭油、套闸门，油、套管装压力表进行监测。

（2）油管悬挂器不可以通过防喷器操作：

① 不连续起下作业在 8h 以内时，将吊卡坐在防喷器上，油管安装旋塞阀，关闭旋塞阀、防喷器和套管闸门，油、套管装压力表进行监测；

② 不连续起下作业超过 8h，卸防喷器装采油树（按卸防喷器装采油树的程序进行操作），油、套管装压力表进行监测。

（3）不装防喷器的作业井，不连续起下作业时必须安装简易井口，油、套管装压力表进行监测。

七、射孔作业

1. 油管传输射孔

（1）下射孔管柱前要安装防喷器，压井节流管汇、放喷管线、测试流程并进行试压；

（2）定位、调整管柱后安装好试压合格的采油（气）树，按照拆卸防喷器安装采油树的作业程序进行操作；

（3）射孔后检查采油（气）树及地面流程密封部位的密封性，如有渗漏立即采取措施。

2. 电缆射孔

（1）电缆射孔前要在套管四通上安装全封防喷器并按设计进行试压合格；

（2）电缆射孔前要灌满符合设计的压井液；

（3）电缆射孔过程中井口要有专人负责观察井口显示情况，每起一次射孔枪，若液面不在井口，要及时向井筒内灌入符合设计性能要求的压井液，保持液面在井口；

（4）射孔作业时，如发生溢流，应停止射孔，及时起出枪身；来不及起出枪身时，剪断电缆，按关井程序关井；

（5）射孔作业时，如漏失严重，必须停止射孔作业，连续灌入压井液，起出枪身，改为油管传输射孔；

（6）射孔结束，施工单位要有专人负责监视井口 30min，无溢流时才能进行下步作业。

八、诱喷作业

诱喷作业前采油树必须安装齐全，上紧各密封部位的螺栓。

（1）抽汲诱喷作业：

① 必须装防喷盒、防喷管，防喷管长度大于抽子和加重杆的总长的 1.0m 以上；

② 对气层或地层压力系数大于 1.0 的地层，应控制抽汲强度。每抽汲一次，将抽子起至防喷管内，关闭清蜡闸门，观察 5～10min，无自喷显示时，方可进行下一次抽汲；

③ 抽汲出口使用钢制管线与罐连接，并用地锚固定；

④ 抽汲放喷管线出口有喷势时，应停止抽汲作业。如果防喷管刺漏，应强行起出抽汲工具，关闭清蜡闸门。

（2）用连续油管进行气举排液、替喷等作业时，必须装好连续油管防喷器组，排喷后立即起连续油管至防喷管内，关闭清蜡闸门。

（3）油层已经射开的井，不允许用空气进行排液，应采用液氮等惰性气体进行排液。

九、钻塞作业

（1）钻塞前用能平衡目的层地层压力的压井液进行压井；

（2）钻塞作业必须在油管上安装旋塞阀，井口装闸板防喷器和自封封井器；

（3）坐岗观察计量罐的增减情况，增减量为 1m³ 时则停止钻塞作业，循环洗井，出口无灰渣。如条件允许将管柱上提至原灰塞以上，按关井程序进行关井，否则直接关井；

（4）钻穿后，循环洗井一周以上，停泵观察 30min，井口无溢流时方可进行下步施工。

十、测试作业

1. 地层测试作业

下测试管柱前，必须安装防喷器及并试压合格。

（1）APR 地层测试作业，管柱完成后，要安装全套采油树（按卸防喷器安装采油树的程序操作）；

（2）MFE 地层测试作业，开井前安装测试树，并与地面压井节流管汇连接；

（3）下联作测试管柱时，必须按操作规程控制起下管柱速度，防止出现挤压和激动压力；

（4）开井后要观察地面出口显示及压力变化，观察密封部位的密封情况，否则进行井下关井；

（5）开井时如果封隔器失封，环空液面下降，灌满井筒后，应换位坐封，如果无效则立即进行井下关井，压井后重新下测试管柱。

2. 试井作业

（1）试井作业时必须安装全套采油树并安装防喷管；

（2）作业队人员应配合试井人员做好井口的防喷工作；

（3）防喷管如有刺漏应起出试井工具，如果压力过大应剪断钢丝或电缆，关闭清蜡闸门。

十一、套铣、磨铣作业

（1）磨铣前用能平衡目的层地层压力的压井液进行压井；

（2）作业时必须安装闸板防喷器，并按设计试压；

（3）在套铣、磨铣过程中，方钻杆以下必须安装旋塞阀；

（4）坐岗观察计量罐的增减情况，增减量为 1m³ 时则停止套铣、磨铣作业，循环洗井至出口无砂、铁屑。如条件允许将管柱上提至原套铣、磨铣井段以上，按关井程序进行关井，否则直接关井；

（5）环洗井一周以上，停泵观察 30min，井口无溢流时方可进行下步施工。

十二、取换套作业

（1）作业前调查浅层气深度、压力等详细资料；

（2）有表套和技套的井必须安装防喷器；

（3）没有表套和技套的井下入 30m 导管后固井，再安装防喷器，并按设计进行试压；

（4）取换套作业前，注水泥塞封闭已经打开的油层，水泥塞必须试压合格；

（5）取换套作业全过程工作液的液柱压力必须大于浅气层的压力；

(6) 作业时，随时观察井口有无油气显示；

(7) 坐岗观察计量罐的增减情况，增减量为 1m³ 时则按关井程序进行关井；

(8) 取换套作业期间必须连续作业。

十三、起下电泵作业

(1) 起下管柱作业时，执行起下管柱作业的程序；

(2) 井口必须有剪断电缆专用钳子；

(3) 一旦发生紧急情况，立即剪断电缆，按程序关井。

十四、冲砂作业

(1) 冲砂前用能平衡目的层地层压力的压井液进行压井；

(2) 冲砂作业必须安装闸板防喷器和自封封井器，油管要装旋塞阀；

(3) 坐岗观察计量罐的增减情况，增减量为 1m³ 时则停止冲砂作业，循环洗井，出口无砂。如条件允许将管柱上提至原砂面以上，按关井程序进行关井，否则直接关井；

(4) 循环洗井一周以上，停泵观察 30min，井口无溢流时方可进行下步施工。

十五、丢手封隔器解封作业

(1) 解封前用能平衡目的层地层压力压井液进行压井；

(2) 丢手封隔器解封作业前，井口要安装防喷器，油管装旋塞阀；

(3) 丢手解封后，进行洗压井作业，观察 30min 无溢流后，方可进行下步作业。

十六、拆卸防喷器安装采油树（不包括四通）作业

(1) 用设计要求的压井液循环压住井。

(2) 开井观察 30min，无溢流显示。

(3) 修井动力工作正常，采油树及配件工具准备齐全。

(4) 施工人员到位，有带班干部指挥。

(5) 保持连续灌压井液至井口。

(6) 油管悬挂器可以通过防喷器：

① 用带旋塞阀的提升短节将油管悬挂器接到油管上并上紧；

② 将油管悬挂器通过防喷器坐入四通，对角顶紧全部顶丝；

③ 连续灌入压井液，井口无油气溢流显示，方可先卸下防喷器，然后再卸下提升短节；

④ 安装采油树，并上全上紧所有螺栓。

(7) 油管悬挂器不能通过防喷器：

① 提升短节上带旋塞阀，接在第一根接箍上，并将第一根油管接箍下入防喷器以下，卸下防喷器螺栓；

② 上提管柱和防喷器，将第一根油管接箍坐在采油树四通上法兰面的吊卡上，提出防喷器；

③ 用带旋塞阀的提升短节将油管悬挂器坐入四通锥体，对角顶紧全部顶丝；

④ 卸下提升短节，安装采油树，并上全上紧所有螺栓。

十七、更换采油树作业（包括四通）

(1) 下入封隔器（丝堵＋封隔器＋联通短节），深度 1000m 以下，封闭所有裸露的油层；

(2) 试压检验封隔器密封性，合格后方可更换采油树；

(3) 修井动力工作正常，采油树及配件工具准备齐全；

（4）施工人员到位，有带班干部指挥，三级和二级单位相关技术人员现场组织；

（5）灌压井液至井口；

（6）在封隔器不解封的状况下，按照 SY/T 5587.9—93《油水井常规修井作业井换井口装置作业规程》更换采油树；

（7）从拆下原井采油树开始到装上新采油树的时间控制在 10min 之内。

第五节　井下作业井喷处理

当作业过程中发生井喷时，为减少地下资源的损失和环境污染，保护国家财产和人民群众的生命安全，迅速控制住井喷是一切工作的当务之急。现场各级指挥人员和施工抢救人员要沉着冷静，采取各种手段和有效措施。首先是利用现场所具备的井控和防喷设施关闭井口，及时加强安全防范措施，确保抢救工作的顺利进行。

一、对各种异常情况的处理办法

施工中当出现各种井喷异常情况时（如地层严重漏失，井口外溢量增大，气体增强或油管自动上顶等），当班人员的主要处理方法是：

（1）坚守工作岗位，服从现场指挥，沉着果断地采取各种有效措施，防止井喷的继续发展和扩大。

（2）迅速查明井喷的原因，及时准确地向有关部门汇报，并做好记录。

（3）当射孔中途发现井口有油、气显示并快速外溢时，要停止射孔。在允许的条件下，立即提出电缆，注意观察井口变化。如来不及提出时，要迅速截断电缆，抢关防喷装置。

（4）当发现井筒内压井液被气侵、密度降低时，要及时替入适当密度的压井液，将原井筒液体全部替净，或用清水循环脱气。

二、发生井喷后的安全措施

（1）在发生井喷初始，应停止一切施工，抢装井口或关闭防喷井控装置。换装新井口控制装置前，必须进行技术交底和演习。

（2）一旦井喷失控，应立即切断危险区电源、火源，动力熄火。不准用铁器敲击，以防引起火花。同时布置警戒，严禁一切火种带入危险区。

（3）立即向有关部门报警，消防部门要迅速到井喷现场值班，准备好各种消防器材，严阵以待。

（4）在人员稠密区或生活区要迅速通知熄灭火种。必要时一切非抢救人员尽快疏散，撤离危险区域。由公安保卫部门组织好警卫、警戒；交通安全部门组织好一切抢险车辆，保证抢险道路车辆畅通，维护好治安和交通秩序。

（5）当井喷失控，短时间内又无有效的抢救措施时，要迅速关闭附近同层位的注水、注蒸汽井。在注入井有控制地放压，降低地层压力，或采取钻救援井的方法控制事故井，以达到尽快制服井喷的目的。迅速做好储水和供水工作，并将井场油池、油罐、氧气瓶等易燃易爆物品拖离危险区。

（6）井喷后未着火井可用水力切割严防着火；着火井要带火清障，同时准备好新的井口装置、专用设备及器材。

（7）尽量避免夜间进行井喷失控处理施工。在处理井喷失控工作时，不要在施工现场同时进行可能干扰施工的其他作业。

三、抢救工作的组织及准备

抢救过程中的正确组织和指挥，是制止井喷的关键。各级指挥人员和参加抢救人员，在抢救过程中应坚定沉着，忙而不乱，紧张而有序地进行工作。为此，平时就应经常进行以下工作：

（1）增强抢险抢救意识，定期对各有关人员进行防喷抢救知识的培训，以防麻痹大意和临战慌乱。施工大队和小队平时要成立以主要负责人为主的抢救预备队，做到召之即来，来之能战，战之能胜。

（2）以预防为主，认真做好抢救器材、工具的准备。施工大队应具有一台抢救工程车。各种抢救用器材、工具有专人负责保管，定期检查保养，确保灵活好用，不准随意挪用。

（3）当接到井喷事故报警后，迅速成立有领导和井控专家、工程、地质、交通安全、保卫等人员组成的抢险领导小组，统一领导指挥，筛选抢险预案，并由一个经验丰富的工程技术人员负责现场指挥工作。要及时测定井口周围及附近天然气和硫化氢气体含量，划分安全范围。迅速集合队伍、调集器材到井喷现场。

（4）制定抢险预案要从最坏处着眼，向最好处努力。制定多套方案，并向参加抢险的全体人员交底，让每个参战人员都清楚实施步骤和有关注意事项。在实施抢救方案的过程中，指挥人员要在现场指挥并随时掌握进展情况，随时采取应急措施，直到制止住井喷。

四、井喷后抢救过程中人身安全防护措施

由于抢救工作是在高含油、气危险区进行，随时会发生爆炸、火灾及人员中毒事故。地层大量油、水、砂的喷出会造成地面下塌等多种危险，抢救人员的安全防护措施至关重要。

（1）全体抢救人员要穿戴好各种劳保用品，必要时戴上防毒面具、口罩、防震安全帽，系好安全带、安全绳。

（2）消防车及消防设施要严阵以待，随时应付突发事故的发生。

（3）医务抢救人员到现场守候，做好救护工作的一切准备。

（4）全体抢救人员要服从现场指挥的统一指挥，随时准备好。一旦发生爆炸、火灾、坍塌等意外事故时，人员、设备能迅速撤离现场。

（5）在高含油、气区域抢救时间不宜太长，组织救护队随时观察因中毒等受伤人员，及时转移到安全区域进行救护。

五、井喷制止后的善后工作

造成作业中井喷事故，无论大小都要认真分析原因，接受教训，并做好善后工作，以便把损失降至最低限度。

（1）井喷制止后要进一步加固井口和防喷装置，泵入适当密度的压井液，重新恢复井筒液柱压力，以平衡地层压力。按照原施工设计要求继续施工，达到作业修井目的。

（2）有关部门和施工单位要分析事故原因，总结经验，从中吸取教训，并将事故经过详细记载，以备今后引以为戒。

（3）调查井喷事故造成的地面污染情况，如农田、房屋、树木等的污染面积及数量，设备工具损失情况以及经济损失等。环保部门要积极组织消除地面环境污染，恢复地貌。

（4）地质部门要认真分析地下油、气层因井喷带来的新变化，估算喷吐出井外的流体数量（原油、天然气、砂等），作为以后油田开发的参考资料。

复 习 题

一、名词解释

1. 压井

2. 反循环法压井

3. 灌注法压井

4. 放喷降压

5. 关井降压

6. 初喷率

7. 压井液

8. 不压井作业

二、填空题

1. 现场常用的压井方法有（　）、（　）、（　）三种。

2. 循环法压井按压井液的循环方式不同分为（　）和（　）两种。

3. 在注水井上进行修井施工时，一般采用（　）或（　）来代替压井，满足作业施工要求。

4. 注水井放喷降压的方式有（　）和（　）两种。

5. 注水井放喷降压是具有（　）作用和（　）作用。

6. 不压井作业机根据不同使用工况及装备投入，主要有（　）不压井作业机、（　）不压井作业机、（　）不压井作业机。

三、选择题（每题 4 个选项，只有 1 个是正确的，将正确的选项填入括号内）

1. 反循环法压井对地层的回压（　）正循环法压井对地层的回压。

（A）大于　　　　　　（B）小于　　　　　　（C）等于　　　　　　（D）不大于

2. 循环压井质量标准要求进口压井液密度与出口压井液密度之差不得超过（　）g/cm³。

（A）±1.0　　　　　　（B）±0.05　　　　　　（C）±0.02　　　　　　（D）±0.001

3. 采用挤注法压井，压井液的挤入深度应在油层（　）。

（A）中部　　　　　　（B）顶部　　　　　　（C）底部　　　　　　（D）顶部以上 50m

4. 循环法压井时的进口排量应（　）出口排量。

（A）大于　　　　　　（B）小于　　　　　　（C）等于　　　　　　（D）不大于

5. 压井时出现（　）情况说明井漏已发生。

（A）泵压不变，进出口排量一致　　　　　　（B）泵压下降，进口排量大于出口排量

（C）泵压上升，进口排量小于出口排量　　　　（D）泵压上升，进口排量大于出口排量

6. 压井时出现（　），说明地层油气已进入井内，是井喷的预兆。

（A）泵压不变，进出口排量一致　　　　　　（B）泵压下降，进口排量大于出口排量

（C）泵压上升，进口排量小于出口排量　　　　（D）泵压上升，进口排量大于出口排量

四、判断题（对的画√，错的画×）

（　）1. 压井液的基本作用只是将井底脏物带到地面。

（　）2. 压井的原理是利用井筒内的液柱压力来平衡井口压力。

（　　）3. 反循环法适用于高产井、高压井、气井。

（　　）4. 灌注法压井适用于换采油树闸门、焊接井口、更换四通法兰等简单修井作业。

（　　）5. 挤注法压井是在既不能用循环法，又不能用灌注法压井的情况下采用。

（　　）6. 压井中途可以随意停泵。

（　　）7. 抢救过程中的正确组织和指挥是制止井喷的关键。

（　　）8. 尽量避免在夜间进行井喷失控处理施工。

（　　）9. 一旦井喷失控，应立即切断危险区的电源、火源，动力熄火。

（　　）10. 正循环法压井比反循环法压井相对地层污染小。

（　　）11. 循环压井作业时，水龙头和水龙带应拴保险绳。

（　　）12. 高压管线和放喷管线可以采用弯头、软管及低压管线。

（　　）13. 施工单位按施工设计要求安装的防喷器，未经试压，也可以使用。

（　　）14. 采用油管放喷比在同一条件下的套管放喷其流速高、携带能力强。

（　　）15. 所有的管线、闸门、法兰等配件的额定工作压力可以与防喷装置的额定工作压力不配套。

（　　）16. 压井方法有循环法、灌注法、挤注法。常用的是灌注法和挤注法。

五、简答题

1. 选择压井液的原则是什么？

2. 哪些现象说明井已被压住？

3. 井喷发生后的安全处理措施有哪些？

4. 应用不压井作业技术有哪些意义？

5. 注水井放喷降压应该注意哪些事项？

6. 不压井作业机主要应用于哪些井的修井作业？

六、计算题

1. 某井油层深度为 1350.5～1325.4m，测得油层中部压力为 11.6MPa，求该井选用什么类型冲砂液冲砂才能做到不喷不漏（取小数点后两位，$g = 10\text{m/s}^2$）？

2. 已知某油田油层静止压力为 11.65MPa，油层中部深度为 1000m，问压井时需要多大密度的压井液？

第五章　井 控 装 置

井控装置是指为实施油、气、水井压力控制技术而设置的一整套专用的设备、仪表和工具，是对井喷事故进行预防、监测、控制、处理的关键装置。通过井控装置可以做到有控施工，既可以减少对油气层的损害，又可以保护套管，防止井喷和井喷失控，实现安全作业。

井控装置在工艺上主要解决的基本问题：一是密封问题，即在井下作业过程中，因发生井涌、井喷而关井时，确保油管及油套管环形空间不外泄；二是加压问题，即在起下管柱作业时，井内压力对油管上顶力超过油管本身的重力时，控制油管上顶；三是节流压井问题，即在井下作业过程中，确保在不同工况下可以成功实施压井措施。

井控装置主要由检测设备、控制设备、处理设备三部分组成。检测设备有：气体测量设备、液面测量仪、密度计、粘度计；控制设备有：防喷器、内防喷工具、采油（气）树；处理设备有：节流管汇、压井管汇、除气器、引流放喷装置、地面加压及其他辅助设备等。

第一节　井 口 装 置

一、井口装置的作用与型号意义

1. 井口装置的概念

井口装置是油、气井最上部控制和调节油、气井生产的主要设备。

2. 井口装置的作用

（1）连接井内的各层套管、密封各层套管环形空间；

（2）密封油、套环空，承挂井内管柱；

（3）控制、调节油气井生产，使油井内流体按给定的出油管道进入分离器和输油管；

（4）压井时调节控制压井液的流量和方向；

（5）油井正常生产时清蜡和录取资料。

3. 井口装置型号表示方法

井口装置型号表示方法如下：

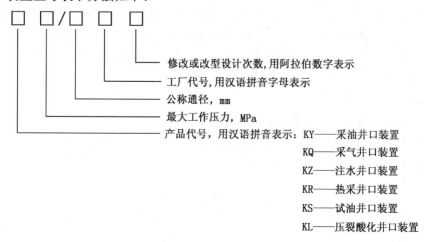

例如：KYS35/65DQ，其中 KYS 表示采油树，35 表示最大工作压力为 35MPa，65 表示公称通径为 65mm，DQ 表示设计单位为大庆油田。

二、井口装置的组成

井口装置由采油（气）树、油管头和套管头三部分组成，其连接形式有螺纹式、法兰式和卡箍式三种，图 5—1 所示为卡箍式二级套管头井口装置。

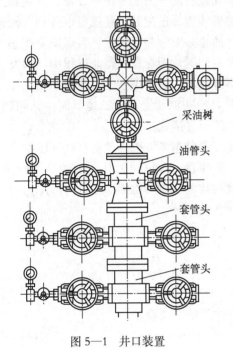

图 5—1　井口装置

1. 油管头

油管头安装于采油树和套管头之间，一般包括油管悬挂器和套管四通（油管头本体）两部分。其上法兰平面为计算油补距和井深数据的基准面。

（1）功用。油管头的主要功用是支撑井内油管的重力，与油管悬挂器配合密封油管和套管的环形空间，为下接套管头、上接采油树提供过渡，通过油管头四通体上的两个侧口完成注平衡液及洗井等作业。油管悬挂器则用于悬挂井内油管。

（2）结构。常见的油管头的结构有：法兰盘悬挂式油管头、锥面悬挂单法兰油管头、锥面悬挂双法兰油管头，见图 5—2、图 5—3、图 5—4 所示。

锥面悬挂单法兰油管头是将油管头和单层套管的套管头合成一体。其结构特点是：油管通过油管短节用螺纹和油管悬挂连接后，坐在套管法兰内，压缩密封圈，密封油、套环形空间，并用四条螺栓紧平和加压。

锥面悬挂双法兰油管头是将油管挂、顶丝法兰盘置于套管四通上法兰和原油管头下法兰口之间，上、下用钢圈加螺栓密封，顶丝的作用是防止井内压力太高时将油管顶出。

2. 套管头

套管头是连接套管和各种井口装置的一种部件，装在整个井口装置的最下端，一般由本体、套管悬挂器和密封组件组成。

（1）功用。套管头的主要功用是支持技术套管和油层套管的重力；密封各层套管间的环形空间；为安装防喷器、油管头和采油树等上部井口装置提供过渡连接，并且通过套管头本体上的两个侧口，可以进行补挤水泥、注平衡液等作业。

（2）结构。套管头按悬挂套管的层数分为单级套管头、双级套管头和三级套管头。具体结构见图 5—5、图 5—6、图 5—7 所示。

3. 采油树

在井口装置中，油管头以上的部分称为采油树。

（1）采油树的分类。采油树按不同的连接方式可分为法兰连接的采油树、螺纹连接的采油树和卡箍连接的采油树。其中螺纹连接的采油树目前已不多见。具体类型如图 5—8、图5—9 所示。

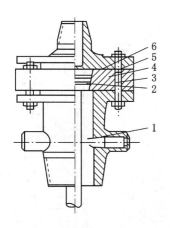

图 5—2 法兰盘悬挂
式油管头

1—套管四通；2—密封圈；

3—顶丝法兰盘；4—油管悬挂器；

5—顶圈；6—钢圈

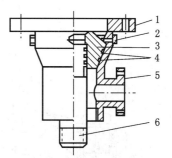

图 5—3 锥面悬挂
单法兰油管头

1—油层套管法兰；2—紧平
防顶螺丝；3—油管悬挂器；

4—密封圈；5—套管三通法兰；

6—油管短节

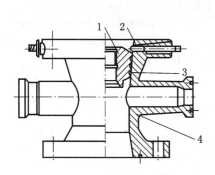

图 5—4 锥面悬挂双法兰油管头

1—油管挂；2—顶丝；3—密封圈；

4—套管四通

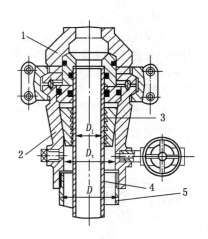

图 5—5 单级套管头

1—油管头本体；2—本体；3—套管悬挂器
（卡瓦式）；4—悬挂套管；5—连接套管

（2）采油树的结构。采油树主要由总闸门、生产闸门、清蜡闸门及其他各种闸门、三通、四通、法兰、短节等部件组成。

①总闸门。总闸门装在油管头的上面，是控制油、气流入采油树的主要通道。因此，在正常生产时，它都是开着的，只有在需要长期关井或其他特殊情况下才关闭。这是因为总闸门以下和套管闸门以内为无控制部分，如果这部分出了问题，需要进行维修或更换时，必须压井后方可进行，在日常管理中一般不要随意开关总闸门和套管闸门。

②生产闸门。生产闸门安装在油管四通或三通的侧面，它的作用是控制油、气流向出油管线。正常生产时，生产闸门总是打开的，在更换或检查油嘴及油井停产时才关闭。

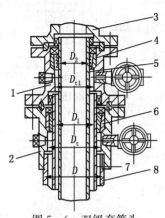

图5—6 双级套管头

1—上部本体；2—下部本体；3—油
管头本体；4—上部套管悬挂器（卡
瓦式）；5—上部悬挂套管；6—下部
套管悬挂器（卡瓦式）；7—下部悬
挂套管；8—连接套管

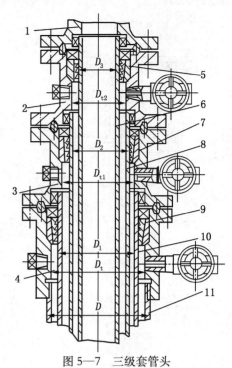

图5—7 三级套管头

1—油管头本体；2—上部本体；3—中部本体；
4—下部本体；5—上部套管悬挂器；6—上部悬
挂套管；7—中部套管悬挂器；8—中部悬挂套管；
9—下部套管悬挂器；10—下部悬挂套管；
11—连接套管

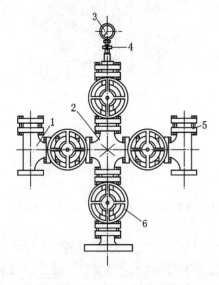

图5—8 法兰连接的采油树

1,5—节流阀；2—四通；3—压力表；
4—截止阀；6—总闸门

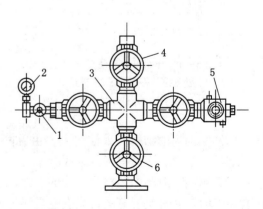

图5—9 卡箍连接的采油树

1—截止阀；2—压力表；3—四通；
4—清蜡闸门；5—节流阀；6—总闸门

③清蜡闸门（或试井闸门）。清蜡闸门是装在采油树最上端的两个对称的闸门，它的上面可连接清蜡或试井用的防喷管。清蜡及下其他测试仪器时，要将清蜡闸门打开，清蜡和测试完毕后，再将它关闭。

④油管四通（或三通）。又称小四通，其下上分别与总闸门和清蜡（试井）闸门相连，两侧（或一侧）与生产闸门连接。它既是连接部件也是油气流出下井仪器等的通道。

⑤节流阀。节流阀又称油嘴，其作用是在生产过程中，直接控制油层的合理生产压差，调节油井产量。它是调整、控制自喷井、电泵井合理工作的主要装置。油嘴一般装在采油树一侧的油嘴套内，也可装在井下或站内计量分离器前。为了满足自喷井、电泵井应建立不同的工作制度的需要，制造了不同孔径的油嘴，过油孔径由 1.5～30mm 左右不等，自喷井、电泵井可根据各自应建立的工作制度需要，选用相应的孔径。油嘴结构如图 5—10 所示。

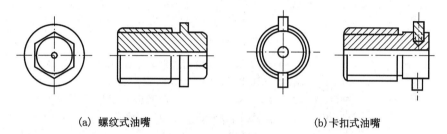

(a) 螺纹式油嘴　　　　　　　　　　(b)卡扣式油嘴

图 5—10　油嘴结构示意图

⑥取样闸门。取样闸门装在油嘴后面的出油管线上，它是用于取样或检查、更换油嘴时放空。

⑦回压闸门（回油闸门）。回压闸门安装在油嘴后的出油管线上，回压闸门的作用是在检查和更换油嘴、维修生产闸门及井下作业时，防止集油管线的流体倒流。也有的油井在此位置上安装一个单流阀，来代替回压闸门。

⑧压力表。压力表的作用是用来观察和录取油、套压力的。

三、井口装置最大工作压力

井口装置零部件的最大工作压力应由其端部或出口连接的最大工作压力决定。当端部或出口连接的最大工作压力不同时，应按其较小的压力值来决定。

井口装置最大工作压力及连接形式见表 5—1。

表 5—1　井口装置最大工作压力及连接形式

连接形式	最大工作压力，MPa					
	14	21	35	70	105	140
法兰	△	△	△	△	△	△
卡箍		△	△	△		

注："△"表示不同连接形式井口装置中应有的最大工作压力。

四、几种常见的井口装置

图 5—11、图 5—12 所示为几种常见的井口装置。图 5—13 为抽油井环空测试用的偏心井口结构示意图。

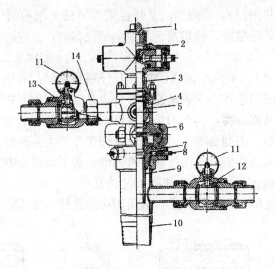

图 5—11　KYS15/62DQ 型井口装置

1—死堵；2—清蜡闸门；3—法兰；4—油管三通；
5—总闸门芯子；6—卡箍；7—油管头；8—顶丝；9—
油管短节；10—套管短节；11—压力表；12—套管闸
门芯子；13—油管闸门芯子；14—活接头

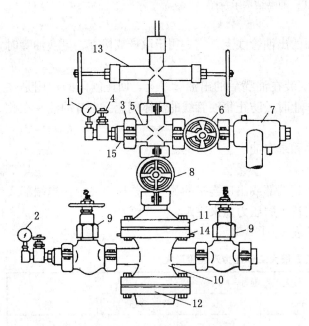

图 5—12　KY250/65 型抽油井口装置

1—油压表；2—套压表；3—卡箍；4—压力表控制阀；5—油管
四通；6—生产闸门；7—油嘴套；8—总闸门；9—套管闸门；
10—油管头；11—油管头上法兰；12—套管法兰；13—光杆密封
装置；14—顶丝法兰；15—接头

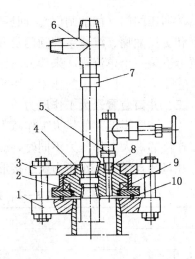

图 5—13　单转偏心井口结构示意图

1—套管法兰；2—限位护壳；3—上法
兰；4—偏心油管挂；5—活接头；6—
出油三通；7—活动接头；8—测试孔；
9—球轴承；10—钢圈

第二节 防 喷 器

防喷器是井下作业井控必须配备的防喷装置，对预防和处理井喷有非常重要的作用。本节重点介绍防喷器的分类、技术参数、结构、工作原理及维护保养等（可参见本书附录四 SY/T 5053.1—2000）。

一、防喷器的分类与命名

1. 分类

防喷器分两类，即环形防喷器和闸板防喷器。

环形防喷器分为单环形防喷器和双环形防喷器，其中分别装有一个环形胶芯和两个环形胶芯。

闸板防喷器分为单闸板防喷器、双闸板防喷器、三闸板防喷器，其中分别装有一副、两副、三副闸板，以密封不同管柱和空井。

2. 代号

防喷器代号由防喷器名称主要汉字汉语拼音的第一个字母组成，见表5—2。

表5—2 防喷器代号

类　型	名　称	代　号
环形防喷器	单环形防喷器	FH① 或 FHZ②
	双环形防喷器	2FH① 或 2FHZ②
闸板防喷器	单闸板防喷器	FZ
	双闸板防喷器	2FZ
	三闸板防喷器	3FZ

注：①FH 表示胶芯为半球状的环形防喷器；

②FHZ 表示胶芯为锥台状的环形防喷器。

3. 基本参数

防喷器的公称通径和最大工作压力应符合表5—3的规定。

表5—3 防喷器的公称通径和最大工作压力

通径代号	公称通径 mm（in）	通径规直径 mm	最大工作压力 MPa					
18	179.4（7$\frac{1}{16}$）	178.6	14	21	35	70	105	140
23	228.6（9）	227.8	14	21	35	70	105	—
28	279.4（11）	278.6	14	21	35	70	105	140
35	346.1（13$\frac{5}{8}$）	345.3	14	21	35	70	105	
43	425.5（16$\frac{3}{4}$）	424.7	14	21	35	70		
48	476.3（18$\frac{3}{4}$）	475.5	—	—	35	70	105	
53	527.1（20$\frac{3}{4}$）	526.3		21	—	—	—	
54	539.4（21$\frac{1}{4}$）	539.0	14		35	70		
68	679.5（26$\frac{3}{4}$）	678.7	14	21	—	—		
76	762.0（30）	761.2	14	21	—	—		

注：通径规直径极限偏差为 $^{+0.25}_{0.00}$ mm，长度大于通径50mm，且最短不小于300mm。

4. 命名

型号表示方法：

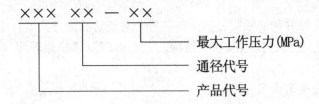

示例：通径为 346.1mm，最大工作压力为 70MPa 的双闸板防喷器，其型号表示为：2FZ35—70。

API 标准防喷器代号表示方法：

R——单闸板防喷器，可以是全封闸板防喷器，也可以是半封闸板防喷器；

Rd——双闸板防喷器；

Rt——三闸板防喷器；

A——环形防喷器；

G——旋转防喷器；

M——工作压力 1000psi❶。

Cn——遥控液压连接器，连接在防喷器组与井口或防喷器之间，最高工作压力与防喷器组相等（用于海底井口）。

Cv——低压遥控液压连接器，连接在隔水管与防喷器组上（用于海底井口）。

例如：某井防喷设备代号 5M—13⅝—SRdA 其中 5M 表示额定工作压力 5000psi；13⅝ 表示通径尺寸为 13⅝in；SRdA 表示由永久井口向上，四通 + 双闸板防喷器 + 环形防喷器。

二、环形防喷器

环形防喷器又称为多效能防喷器。封井时，环形胶芯被均匀挤向井眼中心，具有承压高、密封可靠、操作方便、开关迅速等优点。特别适用于密封各种形式和不同尺寸的管柱，也可全封闭井口。

环形防喷器可分为锥形胶芯、球形胶芯和筒形胶芯防喷器。

1. 锥形胶芯环形防喷器

1）结构

锥形胶芯防喷器主要由壳体、承托胶芯的支持筒、活塞、胶芯、顶盖、防尘圈、螺栓、盖板、吊环、挡圈、上接头、下接头组成。锥形胶芯防喷器结构如图 5—14 所示。

2）工作原理

在使用时是靠液压操作的，液压系统的压力油通过壳体上的下接头进入液缸，推动活塞向上移动，由于活塞锥面的推动而挤压胶芯，胶芯顶面有顶盖限制，使胶芯径向收缩紧抱管柱，或当井内无管柱时完全将空间封死。当需要打开时，操纵液压系统，使压力油从上面的接头进入上液缸，同时下液缸回油，活塞下行，胶芯在弹性作用下逐渐恢复原形，井口打开。此防喷器一般完成关井动作的时间不大于 30s，打开时间稍长。

---

❶ psi 即 lbf/in²，1psi = 6.89476kPa。

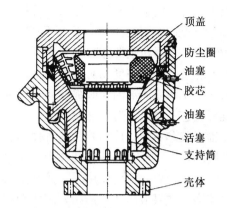

顶盖

防尘圈

油塞

胶芯

油塞

活塞

支持筒

壳体

图 5—14　锥形胶芯环形防喷器结构

2. 球形胶芯环形防喷器

1）结构

球形胶芯防喷器主要由顶盖、胶芯、活塞、壳体、接合环及密封圈组成。球形胶芯防喷器结构如图 5—15、图 5—16 所示。

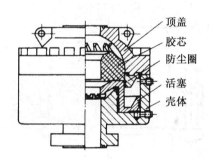

顶盖

胶芯

防尘圈

活塞

壳体

图 5—15　球形胶芯环形防喷器结构（1）

图 5—16　球形胶芯环形防喷器结构（2）

2）工作原理

球形胶芯环形防喷器关井动作时，下油腔（关井油腔）里的压力液推动活塞迅速向上移动，胶芯被迫沿顶盖球面内腔，自下而上、自外缘向中心挤压、收拢、变形，从而实现封井。开井动作时，上油腔（开井油腔）里的压力油推动活塞向下移动，胶芯所受挤压力消失，在橡胶弹力作用下迅速恢复原状，井口打开。

井口高压流体作用在活塞上部的环槽里，形成上举力，有助于活塞推举胶芯封井。因此井压对球形胶芯环形防喷器亦有助封作用。

球形胶芯直径大，高度相对较低，支承筋数为 12～20 块，橡胶储备量多，使用寿命较锥形胶芯长。支承筋底部制成圆弧曲面，保证胶芯底部与活塞顶部良好接触。

与锥形胶芯一样，球形胶芯在井场也可以更换，当井内有管柱时也可以采取切割法拆旧换新。与锥形胶芯不同，球形胶芯的寿命不能在现场进行检测。

球形胶芯环形防喷器的整体结构为高度略低，直径稍大的"矮胖"形。活塞的上下密封支承部位间距小，导向扶正作用差，尤其是关井动作接近终了时，活塞的支承间距更小，因此活塞易偏磨。如果液压油不洁净，固体颗粒进入活塞与壳体间隙，极易引起活塞卡死或拉缸。球形胶芯环形防喷器对液控压力油的净化质量要求较高，液压油应按期滤清与更换。

3. 筒形胶芯环形防喷器

筒形胶芯环型防喷器主要由上壳体、胶芯、密封圈、护圈、下壳体等组成。壳体与胶筒之间为高压油，用胶筒封油管柱等，只有一个油口，采用三位四通换向阀进出油。筒形胶芯环形防喷器的结构如图 5—17 所示。

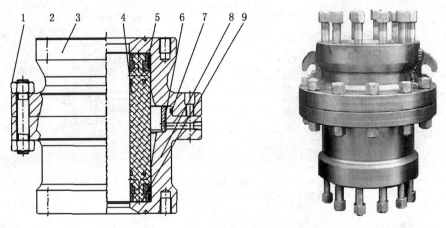

图 5—17　筒形胶芯环形防喷器结构

1—M30×3 螺母；　2—M30×3×190 双头螺栓；　3—上壳体；　4—胶芯；　5—孔用密封圈；　6—护圈；　7—O 形密封圈；　8—下壳体；　9—胶芯骨架

筒形胶芯环型防喷器结构简单、体积小、质量轻、油压要求高。适用于刮蜡、冲砂、封小油管、封电缆等低压带压作业。

日常维护与保养：主要易损件为胶筒及胶筒密封圈，每次作业完一井口后，应及时检查胶筒磨损情况，当胶筒已磨损厚度的 2/3 以上时，应及时更换。

技术参数：

（1）额定工作压力　　　14MPa；

（2）液控操作压力　　　$p_实$（实际工作压力）＋0.5MPa；

（3）工作介质　　　　　原油、水、修井液；

（4）密封油管范围　　　$1\frac{1}{2}$～$4\frac{1}{2}$in。

三、闸板防喷器

闸板防喷器是井控装置的关键部分，主要用途是在修井、试油、维护作业等过程中控制井口压力，有效地防止井喷事故发生，实现安全施工。具体可完成以下作业：

（1）当井内有管柱时，配上相应规格闸板能封闭套管与油管柱间的环形空间；

（2）当井内无管柱时，配上全封闸板可全封闭井筒；

（3）在封井情况下，通过与四通旁侧出口相连的压井、节流管汇进行井筒内液体循环、节流放喷、压井、洗井等；

（4）与节流、压井管汇配合使用，可控制井底压力，实现近平衡修井。

闸板防喷器按控制方式分为液动闸板防喷器和手动闸板防喷器，按闸板数量分为单闸板防喷器、双闸板防喷器、三闸板防喷器。

1. 液动闸板防喷器

一般来讲，手动闸板防喷器只能用于预防井喷，而不能制止井喷。当井口喷出压力达到5MPa以上时，即无法用人转动丝杠来关闭闸板，只能用液动防喷器远程操作，迅速在几秒钟内关闭。使用液动防喷器，需配备相应的液控装置、高压软管及快速接头等。

防喷器按腔体分有圆形、矩形和椭圆形三种。（1）圆形腔优点：受力状态合理，加工工艺性好；缺点：高度大，质量大，密封性能差。（2）矩形腔（一般用于铸钢件壳体）优点：高度低，密封性好；缺点：铸钢件壳体材质差，存在气孔砂眼等缺陷，四角有应力集中点，承压强度低。（3）椭圆形腔（一般用于锻件防喷器）优点：高度低，受力状态合理、质量轻、密封性好；缺点：加工难度大。防喷器按上下联接型式分为：上下法兰式、上栽丝下法兰式、上法兰下栽丝式、上下栽丝式、上下卡箍式、螺纹联接式、活节头式，采用哪种联接型式要根据现场实际情况由用户选择。防喷器壳体按材料分，有铸钢和锻钢两种，其材质应符合国家标准的规定。

液动防喷器的油路一般均为内藏式油路，防止碰坏；外露式油路已基本淘汰。液动防喷器的侧门开启方式：有铰链座式，无铰链座式和油缸液动开启式三种。

手动SFZ18—35和液动FZ18—35防喷器选择上下法兰尺寸应注意：（1）如想在250型井口和350型井口上通用应选择ϕ480mm法兰，双排孔结构，采用异形钢圈。（2）如用于350型井口上使用，应选择ϕ480mm法兰，单排孔。（3）如与标准18—35四通配套使用，应选择ϕ395mm法兰。（4）如单独坐在250型井口上使用应选用ϕ380mm法兰并按35MPa压力等级加厚。

1）液动闸板防喷器的基本结构组成

液动闸板防喷器在结构上都由壳体、闸板总成、油缸与活塞总成、侧门总成、锁紧装置等组成。

（1）壳体。壳体由合金钢铸成，有上下垂直通孔与侧孔。壳体内有闸板腔（闸板腔的数量取决于闸板数量）。壳体闸板腔采用长圆形，减少应力集中。闸板腔的上表面为密封面，因此要注意保护此面不被损伤。壳体闸板腔底部有朝井眼倾斜的沉砂槽，能在闸板开关时自动清除泥砂，减小闸板运动摩擦阻力，还有利于井压对闸板的助封作用。壳体内埋藏有液压油路，既简化了闸板式防喷器的外部结构，又避免在安装、运输及使用过程中碰坏油道。大压力等级防喷器在壳体上装有铰链座，用于固定侧门。

闸板防喷器壳体上方是用双头螺栓连接环形防喷器或直接连接防溢管的法兰盘（或栽丝孔），壳体下方是用双头螺栓与四通连接的法兰盘。

（2）闸板总成。闸板总成主要由顶密封、前密封和闸板体组成，见图5—18和图5—19所示。

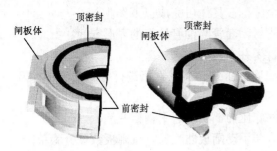

图 5—18　半封闸板总成　　　　　　图 5—19　剪切闸板体

　　闸板采用长圆形整体式，其密封胶芯采用前密封和顶密封组装结构，前密封和顶密封可根据损坏情况不同单独更换，拆装简单省力。闸板前密封和顶密封胶芯的结构见图 5—20所示。

　　闸板胶芯磨损后可以更换。当井下管柱尺寸改变时半封闸板亦应更换。更换半封闸板尺寸时，双面闸板可以只换压块与胶芯，闸板体继续留用；单面闸板则需更换全套闸板总成。双面闸板的胶芯其上下面是对称的，在使用中当上平面磨损后，其下平面也必将擦伤，因此，双面闸板的胶芯并不能上下翻面，重复安装使用。

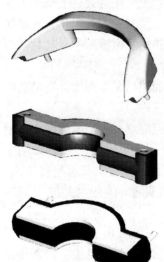

图 5—20　闸板前密封和
顶密封胶芯

　　闸板采用浮动式密封。闸板总成与壳体放置闸板的体腔有一定的间隙，允许闸板在壳体腔内有上下浮动。闸板上部胶芯不接触室顶部密封面。在闸板关闭时，闸板室底部高的支承筋和顶部密封面均有一渐缓的斜坡，能保证在达到密封位置之前，闸板与壳体之间有充分间隙。实现密封时闸板前端橡胶首先接触井内管柱，在活塞推力下，封紧管柱。当闸板开启时，顶部密封橡胶脱离壳体凸台面，缩回闸板平面内，闸板沿支承筋斜面退至全开位置。闸板这种浮动特点，既保证了密封可靠，减小了闸板开关阻力和胶芯摩损，延长了闸板使用寿命，还防止了壳体与闸板锈死在一起，易于拆卸。

　　在井筒内有管柱的情况下，使用闸板防喷器关井时，由于管柱通常并不处于井眼正中心，常偏于一方，因此管柱有可能被闸板卡住而无法实现封井。为解决井内管子的对中问题，在闸板压块的前方制有突出的导向块与相应的凹槽。当闸板向井眼中心运动时，导向块可迫使偏心管子移向井眼中心，顺利实现封井。关井后，导向块进入另一压块的凹槽内，如图 5—20所示。

　　（3）油缸与活塞总成。由油缸、活塞、活塞杆、缸盖等组成。

　　（4）侧门总成。闸板防喷器有可拆卸或可转动的侧门，平时侧门靠螺栓紧固在壳体上。侧门上装有活塞杆密封圈和侧门与壳体间密封圈。当拆换闸板、拆换活塞杆密封圈、检查闸板以及清洗闸板室时，需要打开侧门进行操作。

　　（5）锁紧装置。锁紧装置的作用有两个：其一，当液控失灵时，可用手动关闭闸板；其二，防喷器液压关井后，采用机械方法将闸板固定住，然后将液控压力油的高压卸掉，以免长期关井憋漏液压油管并防止误操作事故。

闸板锁紧装置分为闸板手动锁紧装置和液动锁紧装置（也叫自动锁紧装置）两种。

①手动锁紧装置：

当液控系统发生故障，可以手动操作实现闸板关井动作。闸板手动锁紧装置见图5—22所示，是由闸板手动锁紧装置由锁紧轴、活塞轴、手控总成组成。

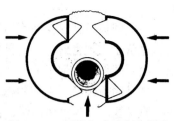

图5—21　闸板自动对中示意图

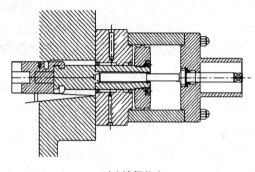

(a)锁紧状态

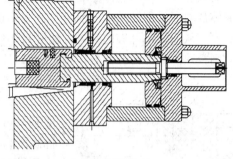

(b)解锁紧状态

图5—22　闸板手动锁紧装置

手动锁紧装置是靠人力旋转手轮带动锁紧轴旋转，锁紧闸板。其作用是需要长时间封井时，在液压关闭闸板后将闸板锁定在关闭位置，此时液压可泄掉。液压关闭闸板后进行手动锁紧时，向右旋转手轮，通过操纵杆带动锁紧轴旋转，由于闸板轴不能转动，也不能前进，所以锁紧轴后退直到锁紧轴台阶顶在缸盖上，锁紧闸板。

手动锁紧装置只能关闭闸板而不能打开闸板，若要打开已被手动锁紧的闸板，必须先使手动锁紧装置复位解锁，再用液压打开闸板，这是惟一方法。具体操作方法是：首先向左旋转手轮直至终点，再向回转1/8～1/4圈，以防温度变化时锁紧轴在解锁位置被卡住，然后用液压打开闸板。

②自动锁紧装置：

闸板防喷器的自动锁紧装置仍然是一种机械锁紧机构，只不过闸板锁紧与解锁动作都是利用液压完成，因此这种机构常称为液动锁紧装置。

液动锁紧装置的操作特点是：当闸板防喷器利用液压实现关井后，随即在液控油压的作用下自动完成闸板锁紧动作；反之当闸板防喷器利用液压开井时，在液控油压作用下首先自动完成闸板解锁动作，然后再实现液压开井。

液动锁紧装置不能手动关井，在液控失效情况下闸板防喷器是不能进行关井动作的。

带有液动锁紧装置的闸板防喷器常用于海洋作业中。在海洋作业中，防喷器常安置在海底，闸板锁紧与解锁无法采用人工操作，只能采取液压遥控的办法。

2）液动闸板防喷器的密封

闸板防喷器密封的实质就是利用橡胶制品受力后变形大，能均匀贴在被密封的表面，阻止漏失，外力去掉后可复原的特点，根据密封位置、密封主体的形状，制成不同形状的橡胶密封件，安装其上，实现密封。

为了使闸板防喷器实现可靠的封井效果，必须保证其四处有良好的密封。这四处密封是：

（1）闸板前密封与油管的密封——闸板前部装有前部橡胶胶芯，依靠活塞推力，前部橡胶抱紧管子实现密封。当前部橡胶严重磨损或撕裂时，高压井液会于此处刺漏而使封井失效。全封闸板则为闸板前部橡胶的相互密封。

（2）闸板顶部与壳体的密封——闸板上平面装有顶部橡胶胶芯，在井口高压井液作用下，顶部橡胶紧压壳体凸缘，使井液不致从顶部通孔溢出。

闸板密封的完成，一是在液压油作用下闸板轴推动闸板前密封胶芯挤压变形密封前部，顶密封胶芯与壳体间过盈压缩密封顶部，从而形成初始密封；二是在井内有压力时，井筒内的液体从闸板后部推动闸板前密封进一步挤压变形，同时还从下部推动闸板上浮贴紧壳体上密封面，从而形成可靠的密封，此密封作用称为井压助封（包括井筒液体对闸板前部的助封和对闸板顶部的助封两部分），井压助封原理见图5—23所示。

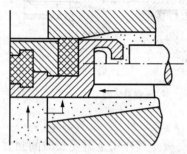

图5—23 井压助封原理示意图

显然，井液压力愈高闸板顶部与壳体的密封效果愈好。当井液压力很低时，闸板顶部的密封效果并不十分可靠，可能有井液溢漏。为此，在现场对闸板防喷器进行试压检查时，常需进行低压试验，检查闸板顶部与壳体凸缘的接触情况，在井压为2MPa条件下，闸板顶部应基本不漏。

井液压力也作用在闸板后部，向井眼中心推挤闸板，使前部橡胶紧抱井内管子，当闸板关井后，井口压力愈高，井压对闸板前部的助封作用愈强，闸板前部橡胶对管子封得愈紧。由于井压对闸板前部的助封作用，关井油腔里液压油的油压值并不需要太高。

（3）侧门与壳体的密封——侧门与壳体的接合面上装有密封圈。侧门紧固螺栓将密封圈压紧，使井液不致从此处泄漏。该密封圈并不磨损，但在长期使用中将老化变质，故应按规定使用期限，定期更换。

（4）侧门腔与活塞杆间的密封——侧门腔与活塞杆之间的环形空间装有密封圈，防止井筒内高压油气水或压井液与液压油窜漏。一旦井筒内高压油、气、水或压井液冲破橡胶密封圈，它们将进入油缸与液控管路，使液压油遭到污染并损伤液控阀件。闸板防喷器工作时，活塞杆做往复运动，密封圈不可避免地会受到磨损，久之易导致密封失效，所以要经常更换受损的密封件，而对于35MPa以上的防喷器一般在此处设有二次密封装置。

3）闸板开关动作原理

当液控系统高压油进入左右液缸闸板关闭腔时，推动活塞带动闸板轴及左右闸板总成沿壳体闸板腔分别向井口中心移动，实现封井。当高压油进入左右液缸闸板开启腔时，推动活塞带动闸板轴及左右闸板总成向离开井口中心方向运动，打开井口。闸板开关由液控系统换向阀控制。一般在3～5s内即可完成开、关动作。

在关井动作时，开井油腔里的液压油通过导油孔道、液控管路流回控制装置油箱。

在开井动作时，关井油腔里的液压油通过导油孔道、液控管路流回控制装置油箱。

4）闸板防喷器的关、开井操作步骤

（1）用闸板防喷器封井时，其关井操作步骤应按下述顺序进行：

①液压关井。在液控台上操作换向阀进行关井动作。

②手动锁紧。顺时针旋转两操纵杆手轮，使锁紧轴伸出到位将闸板锁住，手轮被迫停转后再逆时针旋转两手轮各 1/8～1/4 圈。手动锁紧操作的要领是：顺旋，到位，回旋。

③液控压力油卸压。在蓄能器装置上操作换向阀使之处于中位（这时液控油源被切断，管路压力油的高压被卸掉）。

（2）闸板防喷器的开井操作步骤应按下述顺序进行：

①手动解锁。逆时针旋转两操纵杆手轮，使锁紧轴缩回到位，手轮被迫停转后再顺时针旋转两手轮各 1/8～1/4 圈。手动解锁的操作要领是：逆旋，到位，回旋。

②液压开井。在液控台上操作换向阀进行开井动作。

③液控压力油卸压。在蓄能器装置上操作换向阀使之处于中位。

（3）手动关井的操作步骤应按下述顺序进行：

①操作控制闸板防喷器的换向阀使之处于关位。

②手动关井。顺时针旋转两操纵杆手轮，将闸板推向井眼中心，手轮被迫停转后再逆时针旋转两手轮各 1/8～1/4 圈。手轮回旋 1/8～1/4 圈的目的是使锁紧轴与活塞的丝扣间保留适当间隙以利下次手动操作。

③操作控制闸板防喷器的换向阀使之处于中位。

手动关井的操作要领是：顺旋，到位，回旋。

手动关井操作的实质即手动锁紧操作。然而应特别注意的是：在手动关井前应首先使液控台上控制闸板防喷器的换向阀处于关位。这样做的目的是使开井油腔里的液压油直通油箱。只有在换向阀处于关位工况下才能实现手动关井。手动关井后应将换向阀手柄扳至中位，才能抢修液控装置。

液控失效实施手动关井，当需要打开防喷器时，必须利用液控装置，液压开井，否则闸板防喷器是无法打开的。手动机械锁紧装置的结构只能允许手动关井却不能实现手动开井。

5）闸板防喷器的使用方法及维护

（1）动作前的准备工作。闸板防喷器安装于井口之后，在未动之前，注意检查以下各项工作，认为无问题时方可动作。

①检查油路连接管线是否与防喷器所标示的开关一致。

可由控制台以 2～3MPa 的控制压力动作一次，如闸板开关动作与控制台手柄指示位置不一致时，应倒换一下连接管线，直到一致时为止。

②检查手动机构是否处于解锁位置，各放喷管线是否已装好。

③检查各部位连接螺栓是否拧紧。

④进行全面的试压，检查安装质量，试压标准应达到防喷器工作压力。试压后对各处连接螺栓再一次紧固，克服松紧不均现象。

⑤检查手动杆操纵闸板关闭是否灵活好用，并记下关井时手轮旋转圈数。试完后手轮应左旋退回，用液压打开闸板。

⑥检查所装闸板芯子尺寸是否与井下管柱尺寸相一致。

（2）使用方法及注意事项：

①防喷器的使用要指定专人负责，落实岗位专职，操作者要做到三懂四会（懂工作原理、懂设备性能、懂工艺流程；会操作、会维护、会保养、会排除故障）。

②当井内无管柱，试验关闭闸板时，最大液控压力不得超过 3MPa，当井内有管柱时，不得关闭全封闸板。

③闸板开或关都应到位。

④闸板在井场应至少另有一套备用，一旦所装闸板损坏可及时更换。

⑤用手轮关闭闸板时应注意：右旋手轮是关闭，手动机构只能关闭闸板不能打开闸板，用液压打开闸板是打开闸板的唯一方法。若想打开已被手动机构锁紧的防喷器闸板，则必须遵循以下规程。

a. 向左旋转手轮直至终点，然后再转回 1/8～1/4 圈，以防温度变化时锁紧轴在解锁位置被卡住。

b. 用液压打开闸板。

用手动机构关闭闸板时，控制台上的控制手柄必须放在关的位置，并将锁紧情况在控制台上挂牌说明。

⑥每天应开关闸板一次，检查开关是否灵活。

⑦不允许用开关防喷器的方法来卸压，以免损坏胶芯。

⑧注意保持液压油的清洁。

⑨防喷器使用完毕后，闸板应处于打开位置。

（3）拆卸安装方法：

①井口安装注意不要将防喷器上下面装反。

②钢圈及槽清洁无损伤、无脏物、无锈蚀等，钢圈槽内涂轻质油。

③上紧连接螺栓要用力均匀，对角依次上紧。

④安装好后进行水压试验。

试压标准应达到工作压力值，稳压 5min。

防喷器的放置方位，一般是防喷器两翼于井架正面平行。

（4）维护与保养。防喷器在使用中，应每班动作一次闸板，检查液控部分，有条件每周试压一次，每年进行一次大修，每完井一口，进行全面的清洗、检查，有损坏零件及时更换，涂油部分应涂满。闸板室顶面、底面、侧面闸板芯运动面，用二硫化钼润滑脂；连接螺栓螺纹部分用螺纹油。

6）液动闸板防喷器常见故障及其排除方法

液动闸板防喷器的常见故障及排除方法见表5—4。

表 5—4　常见故障及其排除方法

故障现象	产生原因	排除方法
井内介质从壳体与侧盖连接处流出	（1）防喷器壳体与侧盖之间密封圈损坏	更换损坏的密封圈
	（2）防喷器壳体与侧盖连接螺钉未上紧	上紧所有螺钉
	（3）防喷器壳体与侧盖密封面有脏物或损坏	清除表面脏物，修复损坏部位
闸板移动方向与控制阀铭牌标志不符	控制台与防喷器连接油管线接错	倒换连接防喷器本身的油管线位置

故障现象	产生原因	排除方法
液控系统正常，但闸板关不到位	闸板接触端有其他物质的淤积	清洗闸板及侧门
井内介质窜到油缸内，使油中含水、气	活塞杆密封圈损坏 活塞杆变形或表面损坏	更换损坏的活塞杆密封圈 修复损伤的活塞杆
防喷器本身液动部分稳不住压	油缸、活塞、活塞杆密封圈损坏密封表面损伤	更换各处密封圈 修复密封表面或更换新件
闸板关闭后不密封	闸板密封胶芯损坏 壳体闸板体腔上部密封面损伤	更换闸板密封胶芯 修复密封面
控制油路正常，用液压打不开闸板	手动锁紧机构未复位 闸板被泥砂卡住	清除泥砂，加大控制压力，左旋手轮直到终点使闸板解锁

7）液动闸板防喷器的基本形式

（1）液动单闸板防喷器。液动单闸板防喷器具体结构如图5—24所示。

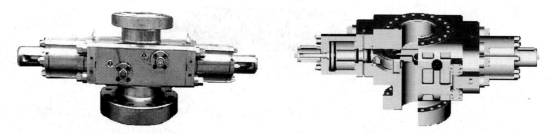

图5—24 液动单闸板防喷器

（2）液动双闸板防喷器。液动双闸板防喷器具体结构如图5—25所示。

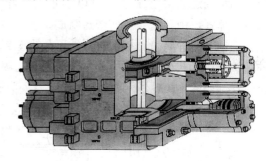

图5—25 液动双闸板防喷器

（3）液动三闸板防喷器。液动三闸板防喷器具体结构如图5—26所示。

2. 手动闸板防喷器

手动闸板防喷器是常规井下作业专用防喷器，它的压力等级一般为14MPa，21MPa，也有一些35MPa手动闸板防喷器。按闸板数量，手动闸板防喷器可分为手动单闸板防喷器和手动双闸板防喷器两种。

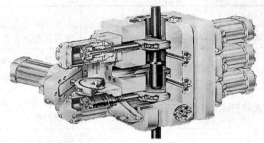

图 5—26 液压三闸板防喷器

1) 手动单闸板防喷器

（1）结构组成及分类。手动单闸板防喷器的基本形式是由壳体、闸板总成、侧门、手控总成及密封装置等组成，如图 5—27 所示。

图 5—27 手动单闸板防喷器

手动单闸板防喷器的承压零件如壳体、侧门、闸板等均为合金钢锻件。闸板室采用椭圆形结构，改善了壳体受力分布，提高了壳体安全性能。侧门采用平板式，方便更换闸板，侧门和闸板轴之间采用 Y 形圈和 O 形圈相结合的密封形式，密封可靠，更换方便。闸板密封采用分体式，由顶密封和前密封组成，装拆更换方便。

手动单闸板防喷器按闸板形式可分为全封单闸板手动防喷器和半封单闸板手动防喷器两种；按连接形式分为双法兰式单闸板手动防喷器（如图 5—28 所示）和单法兰式单闸板手动防喷器（如图 5—29 所示）；按性能分为多功能单闸板手动防喷器和常规单闸板手动防喷器。

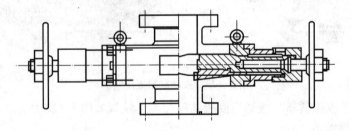

图 5—28 双法兰式单闸板手动防喷器

（2）工作原理。手动单闸板防喷器的工作原理是通过手控总成中的丝杠带动闸板环抱住管柱以达到密封。手动控制装置既是闸板开关的传动机构，也是达到封闭管柱外径的自锁机构。闸板总成采用单向密封式闸板。

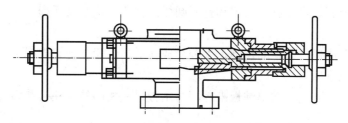

图 5—29　单法兰式单闸板手动防喷器

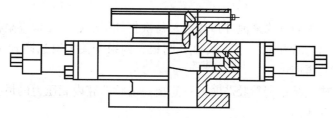

图 5—30　多功能手动单闸板防喷器

多功能手动单闸板防喷器是由自封封井器和手动单闸板防喷器组合而成,如图 5—30 所示。在上法兰安装了自封头（自封胶芯）,并由四个顶丝固定。当进行起下作业时,自封头在胶芯恢复力和井筒压力的作用下,紧抱于油管,密封油套管环行空间,防止了溢流和井涌的发生,同时也将油管外壁的油污刮落在井筒内。如果井内压力大,自封头不能正常密封或发现井喷征兆时,快速关闭手动闸板,使半封闸板抱合井内管柱,实现油套管环行空间的密封,然后再进行其他作业。空井时,为防止井涌的发生,在防喷器内投入全封棒,并关闭半封闸板,使半封闸板抱合全封棒,封闭整个井筒。如果井内压力过高,直接投全封棒困难时,可将全封棒接于油管下端,用大钩将其送入防喷器。

（3）基本技术参数。手动闸板防喷器的基本技术参数包括以下内容,具体参数值参阅其说明书。

如 FZ18—21 型手动闸板防喷器的基本参数:

①公称直径:180mm;

②最大工作压力:21MPa;

③闸板最大行程:105mm;

④手轮最大扭矩:小于 412N·m;

⑤闸板规格:60.3mm,73mm 全封;

⑥适用管柱:60.3mm,73mm 钻杆;50.3mm,62mm 油管;

⑦适用介质:泥浆、清水、原油、天然气。

（4）单闸板的安装调试:

①手动单闸板防喷器上井安装前要进行密封试压至最大工作压力,合格后方能使用。与井口连接时,各连接件和连接部位应保持干净并涂上润滑脂,螺栓应对角上紧。

②闸板尺寸一定要与所用的管柱尺寸一致。如要使用全封式或半封式两套单闸板防喷器,应挂牌标明,不能错关全封式或半封式防喷器。

③保证修井机游动系统、转盘和井口三点呈一垂线,并将防喷器固定好,与井口保持同心。防喷器在单独使用时上部应加装保护法兰,以保证不碰挂防喷器。

④防喷器和进口连接后,进行压力试验检查各连接部位的密封性。

⑤操作手动控制装置，进行关闭和打开闸板的作业，检查灵活程度，开关无卡阻，轻便灵活方可使用。

⑥如用手控总成进行远距离控制，手控总成在适当位置装支架支撑。

（5）使用注意事项：

①溢流或井喷时可用手动单闸板来封闭与闸板尺寸相同的管柱（井内有管柱时不得关闭全封闸板）。

②起下管柱之前要检查闸板总成是否呈全开状态，起下管柱过程中要保持平稳，保证不碰挂防喷器。

③严禁用打开闸板的方式来泄井口压力。每次打开闸板后，要检查闸板是否全开，不得停留在中间位置，以防管柱或井下工具碰坏闸板。如果开关中有遇阻现象，应将小边盖打开，清洗内部泥砂后再使用。

④更换闸板总成或闸板密封胶芯时，一定要在防喷器腔内无压力的情况下进行，闸板总成应开到位后再打开侧门。

⑤防喷器使用时，应定期检查开关是否灵活，若遇卡阻，应查明原因，予以处理，不要强开强关，以免损坏机件。

⑥防喷器使用过程中要保持其清洁，特别是丝杠外露部分，应随时清洗，以免泥砂卡死丝杠，造成操作不灵活。

⑦每口井用完后，应对防喷器进行一次清洗检查，运动件和密封件应做重点检查，对已损坏和失效零件应更换，对防喷器外部、壳体腔、闸板室、闸板总成、丝杠应做重点清洗。清洗擦干后，在螺栓孔、钢圈槽、闸板室顶部密封凸台、底部支承筋、侧门绞链处均涂上润滑脂。

⑧拆开的小零件及专用工具应点齐清洗装箱。

⑨保养后，应按工作位置摆平，下用木枕垫起，避免日晒雨淋。环境温度 -30～40℃。

⑩每次起下管柱前，要检查闸板是否打开，严禁在闸板未全开的情况下强行起下。

⑪在进行试压、挤注等施工前一定要将闸板关闭并检验，严禁在闸板未全部关闭的情况下进行挤注等施工，以防刺坏闸板胶芯，造成人身事故。

（6）拆装程序。手动单闸板防喷器的拆装程序，见表5—5。

表5—5 手动单闸板防喷器的拆装程序

序号	步骤	检查注意事项
1	打开侧门	检查O形密封圈，注意：打开侧门时，闸板芯要开到位
2	取下闸板芯	检查闸板总成、防喷器内腔及各连接件，注意：在取闸板时，应将闸板芯向关的方向关一段距离，再左右移动，方可取下闸板芯
3	打开小边盖	注意：固定螺钉不要丢失
4	取出丝杠	注意：首先应卸去止退锁钉，然后顺时针旋转丝杠即可取出丝杠，取出后要检查丝杠
5	卸去大边盖	取下保护套，卸去定位卡环并检查
6	取下密封圈	先取下卡簧，再取密封圈、压圈、轴承、丝杠轴及密封圈室。注意：在取丝杠闸板轴时，应用软质材料来打，以免损坏零部件

2）手动双闸板防喷器

手动双闸板防喷器是手动单闸板防喷器的组合，在壳体内分上下两层闸板腔，根据需要可进行不同的闸板组合，满足施工需要，同时降低防喷器组合的高度，利于井下作业施工。在闸板组合形式上分两种形式：一是半、全封闸板组合，即一组半封闸板在上，一组全封闸板在下，适用于常规井下作业；二是半、半封闸板组合，即上下两组均为半封闸板，但半封闸板的规格不同，适用于一次施工中使用两种不同规格井下管柱的作业施工。双闸板手动防喷器结构如图5—31所示。

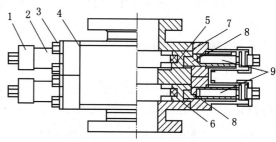

图5—31 手动双闸板防喷器

1—锁帽；2—护罩；3—侧门螺栓；4—壳体；
5—半封板总成；6—全封闸板总成；
7—侧门；8—闸板轴；9—丝杠

在使用及日常维护方面，双闸板手动防喷器和单闸板手动防喷器的要求基本相同。

四、旋转防喷器

旋转防喷器安装在井口防喷器组的上端，即拆掉防溢管换装旋转防喷器。旋转防喷器可以封闭套管柱与油管管柱、小钻杆等形成的环形空间，并在限定的井口压力条件下允许作业管柱旋转，实施带压作业。

下面以FSI2—5型旋转防喷器为例，说明旋转防喷器的技术规范、结构组成、工作原理和使用方法等。

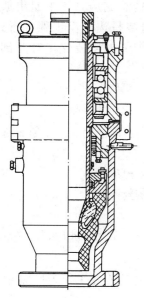

图5—32 FSI2—5型
旋转防喷器

1. FSI2—5型旋转防喷器技术规范

（1）额定压力：5MPa；

（2）额定转速：80r/min；

（3）最大内通径：120mm；

（4）最大外径：430mm；

（5）高度：950mm；

（6）质量：360kg；

（7）适用管柱：60.3mm，73mm 小钻杆；50.3mm，62mm 油管；64mm，76mm 方钻杆；

（8）适用介质：修井液、原油、清水等。

2. FSI2—5型旋转防喷器结构及工作原理

FSI2—5型旋转防喷器主要由外壳与旋转总成两部分组成。旋转总成由自封头（密封胶芯）、人字密封圈、承压轴承等组成。如图5—32所示。

旋转防喷器是依靠密封胶芯自身的收缩、扩张特性，密封作业管柱与套管环形空间，并借助于井压提高密封效果。同时利用承压轴承承担井内管柱负荷并保证旋转灵活。

3. FSI2—5型旋转防喷器的安装

（1）旋转防喷器一般安装在井控系统的最上部，如需要安装防顶装置，则将手动安全卡瓦安装在旋转防喷器的上部。

（2）安装前底法兰及钢圈槽、螺栓等均应清洗干净，如果需要单独使用旋转防喷器，应通过配合三通将旋转防喷器与井口联接起来。

（3）安装时，钢圈等联接件均应涂润滑脂，螺栓对角上紧。

（4）安装完毕后，对井口作一次 5MPa 的密封试压，稳压 5min 不刺不漏为合格。

4. 旋转防喷器的操作

（1）下管柱操作：

①如果所下的工具直径较小（小于 110mm），可直接将管柱及工具插入，靠加压装置或管柱自重使管柱及工具通过自封头下入井内。

②如果工具直径较大（大于 110mm），由于旋转总成自封头的自封作用，使工具不能直接通过，应将旋转防喷器的卡箍卸掉，将旋转防喷器总成从壳体中提出，在管柱下部接上引锥，然后下放，使引锥和管柱通过旋转总成；将旋转总成随同管柱一起提起，卸掉引锥，接上工具；再将管柱和旋转总成同时放入壳体中，装好卡箍，将管柱带上加压装置下放；当管柱靠自重能克服上顶力自由下落时，可不用加压装置自由下行。

（2）旋转作业。管柱下到预计井深后，即可旋转作业。如果旋转作业超过 24h，则应接上冷却水循环正常后方可继续旋转作业。

（3）起管柱。起管柱时与正常作业相同，当井内压力作用在管柱上的上顶力略小于管柱重力时，要带上加压装置后才能起管柱。当工具外径小于 110mm 时，可直接从井内将管柱起完。当工具外径较大时，应卸掉卡箍，将井下工具和旋转总成一起提出，然后将井下工具卸掉，如果是带压作业，起管柱时，应将井下工具起到全封闸板之上，先关闭全封闸板防喷器，然后打开旋转防喷器壳体上的卸压塞，当压力确实降为零后，再起出井下工具。

（4）更换胶芯。更换胶芯的操作步骤如下：卸掉卡箍，将旋转总成从壳体中起出放在支架上，卸去胶芯固定螺丝，取下胶芯更换所需尺寸胶芯。组装是按相反步骤进行。如果是带压作业中途更换胶芯，就首先关闭半封闸板，必要时带上加压装置，打开卸压塞将压力卸去后再更换胶芯。

5. 旋转防喷器的使用注意事项

（1）在使用旋转防喷器前应检查卸压塞是否拧紧；

（2）安装时要保证井架中心、转盘中心、旋转防喷器中心成一条直线，防止起下管柱过程中碰挂；

（3）在安装旋转防喷器时，要将联接螺栓上紧上全，防止工作中出事故；

（4）旋转总成起放时，要扶正，且不能太快，以免损坏胶芯及密封圈；

（5）更换胶芯应注意安全，防止胶芯或旋转总成翻倒碰伤人；

（6）在井口压力超过 5MPa 情况下的施工不可将旋转防喷器当半封单闸板使用，以免将旋转防喷器的密封件刺坏；

（7）在旋转作业时，出现轴承部位或 V 形密封圈部位温度很高，应停止工作进行检查，及时修理或更换有关零件。

6. 旋转防喷器的维护保养

（1）旋转防喷器的易损件有密封件和胶芯。在每次取出旋转总成时，可检查 O 形密封圈有无损坏，如有损坏应及时更换；对于 V 形密封圈也应同时进行检查；

（2）在累计工作 7d 后，应对轴承加注一次锂基润滑脂；

（3）起下管柱时，应在管柱与旋转防喷器中心管之间加润滑剂，如肥皂水等；

（4）除对易损件进行随时检查更换外，应在每修完一口井后，对该设备进行一次全面检修。

7. 旋转防喷器的拆装步骤

检修旋转防喷器时应按下列步骤拆卸（组装步骤与拆装相反），见表5—6。

表5—6　旋转防喷器拆卸步骤

序号	步骤	检查时的注意事项
1	拆去卡箍	检查壳体及卡箍，循环水接头，卸压塞
2	提出旋转总成	检查各密封件
3	拆掉旋转胶芯	检查胶芯及联接件
4	拆掉悬挂接头	检查悬挂接头及连接部位
5	拆下 V 形密封圈压环	检查压环
6	卸掉上压盖	检查上压盖及旋转防喷器上部位置
7	提中心管	
8	拆去轴承上下压盖	
9	卸下轴承	检查中心管，上下压盖及轴承
10	取出V形密封圈	检查V形密封圈及密封圈压环支承环等零件
11	取出各部位O形密封圈	检查O形密封圈
12	将各零件清洗干净，并将壳体清洗干净	将损坏零件更换，将各零件涂上润滑脂，将零件使用情况进行记录，以备在遇到故障时及时判断处理

五、液动环形旋转防喷器

FSI2—5型旋转防喷器，属于自封头式旋转防喷器，自封胶芯自补性差，安装铣钻头比较麻烦，承压低，因而目前又出现了大通径，钻铣头可直接通过胶芯，胶芯抱住管柱，用液压控制并且在高压旋转密封管柱的新型旋转防喷器，它是由外部上、下壳体，活塞，内部上、下壳体，承重轴承径向轴承，球形胶芯等组成，如FHS18—35型旋转防喷器，见图5—33，其通径为ϕ180mm；静密封压力为35MPa，动密封压力为21MPa。旋转速度不低于120r/min；主要用于带压油水井的大修作业或欠平衡大修作业。

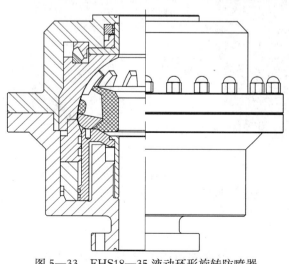

图5—33　FHS18—35液动环形旋转防喷器

六、电缆防喷器

电缆防喷器壳体型腔按结构分为圆形闸板和椭圆形闸板。椭圆形闸板结构高度低，质量轻，密封性能好。

SFZ—21 型电缆防喷器（图 5—34）为法兰连接，用于射孔作业。

FZ7.6—14 型电缆防喷器（图 5—35）连接形式有卡箍、活接头和螺纹三种，用于测试、封抽油杆、电缆和小直径油管。

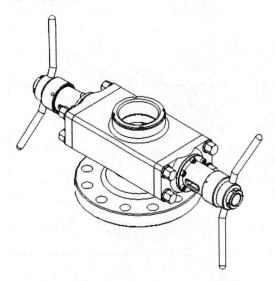

图 5—34　SFZ12—21 型电缆防喷器

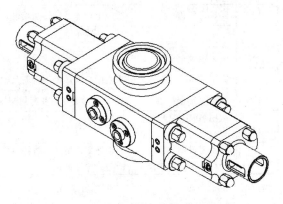

图 5—35　FZ7.6—14 型电缆防喷器

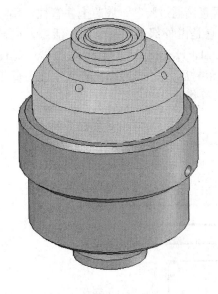

图 5—36　FH6.5—14X 型液动筒状胶芯
环形电缆防喷器

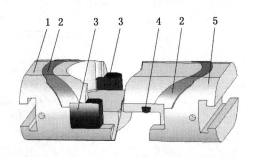

图 5—37　剪切闸板示意图

1—下剪切闸板体；2—顶密封；3—侧密封；
4—刀体密封；5—上剪切闸板体

FH6.5—14X 型液动筒状胶芯环形电缆防喷器（图 5—36），用于封电缆、小直径油管和抽油杆。

七、剪切闸板防喷器

当对重要的高压油、水、气井进行作业时，如果油管内堵塞失控或未进行堵塞，虽然套、油管的环形空间已被闸板防喷器关闭，但大量高压油、气、水会从油管内喷出。安装油管阀失效（此时人已无法靠近井口），只有带有剪切闸板并全封的防喷器，才能制止井喷，剪切闸板（图5—37），先剪切断井内油管或钻杆并进而全封井口，防止事故扩大，封住井口后，再进一步采取压井和油管打捞措施。

第三节　防喷器控制装置

地面防喷器控制装置安装在陆地和海洋作业平台上，由远程控制台（又称为蓄能器泵组）等组成，能储存一定的液压能，并提供足够的压力和流量，用以开关防喷器组和液动阀的控制系统。它是重要井控设备，是井下作业中不可缺少的装置。

一、防喷器控制装置型号意义及相关概念

1. 型号意义

防喷器规格按蓄能器组的标称总容积和控制对象数量来划分。标称总容积和相应控制对象数量应符合表5—7的规定。

表5—7　地面防喷器控制装置控制对象及标称总容积

控制对象数量	1	2	3	4	5	6	7	8
标称总容积，L	≥40	≥75	≥125	≥320	≥400	≥640	≥720	≥800

地面防喷器控制装置的型号编制方法如下：

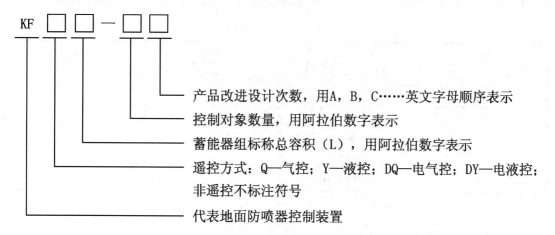

示例：FKQ320—4B型地面防喷器控制装置。其中：

FK——地面防喷器控制装置产品代号；

Q——气动控制；

320——蓄能器标称总容积为320L；

4——控制对象数为4个；

B——结构改进代号。

2. 相关概念

(1) 关闭时间：从扳动控制台上的操作阀手柄到防喷器（或液动阀）被关闭起密封作用之间的时间称为关闭时间。可由调压阀的出口压力是否恢复到调定的出口压力来判定防喷器是否已被关闭并起密封作用。

(2) 控制滞后时间：指从扳动控制台上操作阀手柄到远程控制台三位四通转向阀完成动作的时间。

地面防喷器控制装置应能在 30s 内关闭任一个闸板防喷器。

标称通径小于 476mm（18¾in）的环形防喷器，关闭时间不应超过 30s。标称通径不小于 476mm 的环形防喷器，关闭时间不应超过 45s。

关闭（或打开）液动阀的时间，应小于防喷器组任一闸板防喷器的实际关闭时间。

(3) 标称压力：系统按基本参数所定义的名义压力。

地面防喷器控制装置的标称压力为 21MPa。地面防喷器控制装置的压力管线及其采用的所有液压阀、液压泵、压力控制器、压力变送器、液气开关等，其标称压力应不小于地面防喷器控制装置的标称压力。

(4) 工作压力：各防喷器实际工作时的压力。

(5) 充气压力：蓄能器充液前的气体压力，该压力小于标称压力。

(6) 剩余压力：蓄能器在释放了绝大部分氮气后，为防止空气回灌到气囊内而保留少量氮气产生的压力。

(7) 蓄能器组的可用液量：指蓄能器组的压力从 21MPa 降到 8.4MPa 所排出的液量。

(8) 环境温度：地面防喷器控制装置周围的气温。

地面防喷器控制装置必须能在相应的环境温度范围内操作，或进行环境控制，人为制造密封、保温、加热等条件，使设备在相应温度范围内工作。环境温度分类见表 5—8。

表 5—8　环境分类

环境分类	气候特点	最高温度，℃	最低温度，℃
I	热	60	0
II	温	50	−13
III	冷	50	−20
IV	极冷	50	−30
V	剧冷	50	−40
VI	极严酷条件	必须有可控环境	

气控操作方式的地面防喷器控制装置仅能在 I 类环境下工作，若生产厂配置空气干燥器使空气露点不低于 −13℃ 或采用对气路系统等进行加热措施，使气路系统温度高于 0℃，也可以在 II 类或更低的环境下工作，这些措施应能避免气管缆内结冰堵塞管线或管缆脆化断裂。

配置符合 HG/T 2331 规定的液压隔离式蓄能器用胶囊的地面防喷器控制装置，应能在 I 类、II 类环境下工作。若采用密封、保温、加热等措施，使蓄能器工作环境温度高于 −13℃，也可以在 III 类、IV 类、V 类环境下工作。配置耐低温胶囊的蓄能器或其他型式蓄能器可不受上述条件限制。

二、防喷器控制装置的结构组成及特点

地面防喷器控制装置如图 5—38 所示。

FKQ 型控制装置由远程控制台、司钻台、管排架、空气管缆、闭合弯管等组成。

FK 型液控装置由远程控制台、管排架、闭合弯管等组成。

图 5—38　防喷器控制柜

1. 远程控制台

远程控制台见图 5—39 所示，它由油箱、泵组、蓄能器组、管汇、各种阀件、仪表及电控箱等组成。远程控制台的主要功能是油泵产生高压油，并储存在蓄能器中。当需要开、关防喷器时，来自蓄能器的高压油通过管汇的三位四通转向阀被分配到各个控制对象中。

远程控制台的特点是：

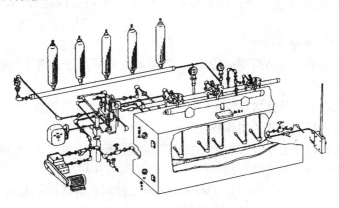

图 5—39　远程控制台

（1）配有两套独立的动力源。FKQ 型为电动泵和气动油泵，FK 型为电动泵和手动泵。即使在断电的情况下，亦可保证系统正常工作。

（2）有足够的高压液体储备，实现防喷器的开、关。

（3）电动泵和气动泵均带有自动启动、自动停止装置，无需专人看管。在正常工作中，即使自动控制装置失灵，溢流阀可迅速溢流，以防超载。

（4）FKQ 型液控装置每个防喷器的开、关动作均由相应的三位四通转向阀控制，既可直接用手动换向，又可气动遥控换向。FK 型液控装置只能手动换向。

（5）远程台留有备用压力油接口，可以引入或引出压力源。

（6）远程台备有附件——吸油软管，开泵后可直接向油箱注油。

2. 井口控制台

井口控制台通常安装在井口操作台上，使操作者能够很方便地对防喷器实现遥控。

井口控制台特点：

（1）工作介质为压缩空气，操作安全。

（2）各转向阀的阀芯均为 Y 形，并能自动复位，在任何情况下都不影响远程控制台三位四通转向阀的操作。

（3）每个三位四通转向阀分别与一个显示气缸相接，当操作转向阀到"开"位或"关"位时，显示窗口便同时出现"开"或"关"字样。转向阀手柄复位后，显示标牌仍保持不变。这样就直观地显示出每个控制对象的实际工况，可避免产生误操作。

（4）为确保防喷器可靠地工作，井口控制台的转向阀均采用二级操作的方式，即首先要接通气源，然后扳动其他转向阀才能使控制对象工作。另外，操作时必须注意转向阀换向时务必要停留 3s 以上，确保远程台三位四通转向阀能换向到位。

3. 管排架

管排架是为保护高压油管线而特别设计的。每节管排架中装有控制对象数×2 根高压油管，管排架之间的油管用快换活接头相连，可锤击上紧，操作方便。在管排架两端备有挡板，以保护快换活接头搬动时不受损坏。

4. 空气管缆

空气管缆用以连接远程台与井口控制台之间的气路。气管缆由聚乙烯外套及多根尼龙管芯组成，两端装有连接法兰，通过螺栓分别与远程台和井口控制台相连，其间用橡胶件密封。

5. 闭合弯路、三弯管

闭合弯管展开后分别为 2m，3m 和 4m，每节油管之间由活动弯头相接，转动灵活，现场安装方便。

三弯管可与防喷器本体连接，也可以用在远程台出口和管排架相连。

三、地面防喷器控制装置的工作原理

将远程控制台电控箱主令开关旋到"自动"位置，整个装置便处于自动控制状态，曲轴柱塞泵启动，经单向阀向蓄能器供油。（在此之前必须打开高压球阀）压力表随时指示油压值，当蓄能器内油压达到 21MPa±0.5MPa 时，压力控制器自动切断电源，油泵停止供油。

若主令开关旋至"手动"位置时，油压升到 24.5MPa 溢液阀溢流，以保护系统不再升压，此时应立即关闭，将主令开关旋至"停止"位置。

蓄能器中的压力油通过高压球阀、滤油器，由减压溢流阀减压后，经单向阀进入高压管汇到各三位四通转向阀进油口。同时来自蓄能器的压力油经滤油器，进入减压溢流阀，减压后专供环形防喷器使用。只需推动相应的三位四通转向阀手柄，便可迅速实现"开"、"关"防喷器的动作。

三位四通转向阀的换向也可通过控制台遥控完成。首先扳动控制气源开关阀的三位四通气转向阀至开位，然后操作其他三位四通转向阀进行换向，压缩空气进入远程控制台上相应气缸，气负荷活塞杆则带动换向手柄，使三位四通转向阀换向。在控制台上气转向阀换向的同时，压缩空气使显示气缸的活塞移动，控制台上各气转向阀上的圆孔内显示出"开"或"关"的字样。

减压溢流阀的出口压力通常调整为 10.5MPa。

还有一种控制环形防喷器的减压阀是气手动减压溢流阀，该阀使用气动不是手动，由分配阀来控制，分配阀有三个位置，手动、远程台、井口控制台。

（1）将分配阀手柄扳至通井口控制台，则井口控制台上的气动调压阀与远程控制台上的气手动减压溢流阀相通，可通过调节气动调压阀的手轮进行调压，控制气手动减压溢流阀的出口压力变化。

（2）若将分配阀手柄位置扳至"远程台"，则远程台上的气动调压阀与气手动减压溢流阀相通，可通过气动调压阀的手轮对气手动减压溢流阀出口压力进行调节。以上的操作必须将气手动减压溢流阀的手轮旋至弹簧安全放松。

（3）手动调节时，须将气动调压阀手轮松开，气路不通，这时可进行手动调节气手动减压溢流阀。

转向阀为旁通阀，当遇特殊情况需要使用21MPa的压力油进行工作时，则应将旁通阀转至"开"位，这样蓄能器中的压力油将经旁通阀直接进入高压管汇。

压力控制器使蓄能器组始终保持有17.5～21MPa左右的压力油，随时可供防喷器开启或关闭。

在没有电或禁止用电时，系统的油压也可由气动油泵提供。打开截止阀，气源则经气源二联体、液气开关而进入气动油泵，并驱动其运转，排出的压力油经单向阀进入蓄能器组，当系统压力升至21MPa左右时，在压力油的作用下，液气开关自动关闭，切断气源，于是气动油泵停止工作。

在个别情况下，若需要使用高于21MPa的压力油进行超压工作时，只能由气动油泵供油。此时应首先关闭高压球阀，使压力油不再进入蓄能器并保护曲轴柱塞泵。然后打开旁通阀，并打开液气开关处的截止阀，气源便不经液气开关而直接进入气动油泵使其转动。注意：当液体压力大于21MPa，不得扳动各三位四通转向阀的手柄。进入气动油泵的气源压力不得大于0.8MPa。若油压升至36.5MPa，溢流阀应全开溢流，以保护系统安全。

气源压力值由压力表读出。远程台上各压力表的油压值，通过气动压力表变送器，在井口控制台上显示出来。

在液控装置的远程控制台上，所有的三位四通转向阀的转阀手柄在"中"位时，各腔互不相通，而当手柄处于"开"位或"关"位时，随着压力油进入防喷器中油缸的一端，另一端的油液便经三位四通转向阀而回油箱。

四、地面防喷器控制装置技术参数及配置

地面防喷器控制装置技术参数见表5—9。

表5—9　地面防喷器控制装置技术参数

型号	控制对象数量				蓄能器组			油箱有效容积 L	电动机功率 kW	泵系统流量		
	环形	闸板	放喷	备用	总容积 L	可用液量 L	排列方式			电动油泵 L/min	气动油泵 mL/冲	手动油泵 mL/冲
FKQ1440—14	1	4	7	2	60×24	720	后置	2300	18.5×2	46×2	60×4	
FKQ1280—8	1	3	2	1	80×16	640	侧置	1650	18.5×2	46×2	60×2	
FKQ960—8	1	3	3	1	60×16	480	侧置	1650	18.5×2	46×2	60×2	
FKQ840—8	1	3	3	1	60×14	420	侧置	1650	18.5	46	60×2	

型号	控制对象数量				蓄能器组			油箱有效容积 L	电动机功率 kW	泵系统流量		
	环形	闸板	放喷	备用	总容积 L	可用液量 L	排列方式			电动油泵 L/min	气动油泵 mL/冲	手动油泵 mL/冲
FKQ800—7D	1	3	2	1	40×20	400	侧置	1500	18.5	46	60×2	
FKQ800—7	1	3	2	1	80×10	400	侧置	1600	18.5	46	60×2	
FKQ800—7B	1	3	2	1	40×20	400	侧置	1600	18.5	46	60×2	
FKQ640—7	1	3	2	1	80×8	320	侧置	1600	18.5	46	60×2	
FKQ800—6N	1	3	2	—	40×20	400	侧置	1600	18.5	46	60×2	
FKQ640—6N	1	3	2	—	40×16	320	侧置	1600	18.5	·46	60×2	
FKQ800—6F	1	3	2	—	80×10	400	侧置	1600	18.5	46	60×2	
FKQ720—6	1	3	2	—	60×12	360	侧置	1290	18.5	46	60×2	
FKQ640—6G	1	3	2	—	40×16	320	侧置	1290	18.5	46	60×2	
FKQ640—6E	1	3	2	—	80×8	320	侧置	1300	18.5	46	60×2	
FKQ640—6	1	3	2	—	40×16	320	后置	1120	18.5	46	60×2	
FKQ480—5C	1	3	1	—	40×12	200	侧置	1100	18.5	35	60×2	
FKQ400—5B	1	3	1	—	40×10	200	侧置	1100	18.5	35	60×2	
FKQ320—4E	1	2	1	—	40×8	160	后置	790	18.5	46	60×1	
FKQ320—4G	1	2	1	—	40×8	160	侧置	790	11	20	60×1	
FKQ320—3	1	2	1	—	40×8	160	后置	790	18.5	46	60×1	
FKQ160—4W	—	2	2	—	40×4	120	后置	720	11	20	60×1	
FKQ320—4	1	2	1	—	40×8	160	侧置	790	11	20	60×1	14/28
FKQ250—4	—	2	1	—	25×10	125	侧置	630	11	20		14/28
FKQ240—4	—	2	1	—	40×6	120	后置	630	15	31		14/28
FKQ100—4	—	2	1	—	40×6	120	后置	630	11	20		14/28
FK240—3D	1	2	—	—	40×6	120	后置	500	11	20	60×2	
FK240—3	1	2	—	—	40×6	120	侧置	456	11	20		14/28
FK125—3	—	3	—	—	25×5	62.5	后置	440	11	20		14/28
FK125—3B	1	2	—	—	25×5	62.5	后置	440	11	20		14/28
FK125—2D	—	1	1	1	25×5	62.5	后置	440	15	31		14/28
FK50—1	—	1	—	—	25×2	25	后置	98	3	7		14/28
FKQ640—6M	1	3	2	—	40×16	320	后置	1120	18.5	46	60×2	
FKQ800—7F	1	3	2	1	40×20	400	后置	1280	18.5	46	60×2	
FKQ400—5	1	3	1	—	40×10	200	后置	1120	18.5	35	60×2	
FKQ480—5E	1	3	1	—	40×12	240	后置	1120	18.5	35	60×2	

地面防喷器控制装置型号及配置见表5—10。

表 5—10　地面防喷器控制装置型号及配置一览表

型　号	控制对象数量				电动油泵	气动油泵	手动油泵	报警装置	氮气备用系统	保护房	油箱蒸汽加热	油箱电加热	司钻控制台	辅助控制台	管排架及软管
	环形	闸板	放喷	备用											
FKQ1440—14	1	4	7	2	●	●		○	○	●		○	●	○	○
FKQ1280—8	1	3	2	1	●	●		○	○	●		○	●	○	○
FKQ960—8	1	3	3	1	●	●		○	○	●		○	●	○	○
FKQ840—8	1	3	3	1	●	●		○	○	●		○	●	○	○
FKQ1280—7	1	3	2	1	●	●		○	○	●		○	●	○	○
FKQ800—7N	1	3	2	1	●	●		○	●	●		○	●	○	●
FKQ800—7D	1	3	2	1	●	●		○	○	●		○	●	○	○
FKQ800—7	1	3	2	1	●	●		○	○	●		○	●	○	○
FKQ800—7B	1	3	2	1	●	●		○	○	●		○	●	○	○
FKQ640—7	1	3	2	1	●	●		○	○	●	○	○	●	○	○
FKQ800—6N	1	3	2	—	●	●		○	●	●		○	●	○	●
FKQ640—6N	1	3	2	—	●	●		○	●	●		○	●	○	○
FKQ800—6F	1	3	2	—	●	●		○	○	●		○	●	○	○
FKQ720—6	1	3	2	—	●	●		○	○	●		○	●	○	○
FKQ640—6G	1	3	2	—	●	●		○	○	●		○	●	○	○
FKQ640—6E	1	3	2	—	●	●		○	○	●		○	●	○	○
FKQ640—6	1	3	2	—	●	●		○	○	●		○	●	●	○
FKQ480—5C	1	3	1	—	●	●		○	○	●		○	●	●	○
FKQ400—5B	1	3	1	—	●	●		○	○	●		○	●	●	○
FKQ320—4E	1	2	1	—	●	●		○	○	●		○	○	○	○
FKQ320—4G	1	2	1	—	●	●		○	○	●		○	○	○	○
FKQ320—3	1	2	1	—	●	●		●	○	●			●		○
FKQ160—4W	—	2	2	—	●			●		●			●	●	○
FKQ320—4	1	2	1	—	●		●		○	●					○
FKQ250—4	—	2	1		●		●	●	○	●		●			○
FKQ240—4	—	2	1		●		●	●	○	●		●			○
FKQ100—4	—	2	1		●		●	●	○	●		●			○
FK240—3D	1	2	—	—	●	●			○	●	○	○			○
FK240—3	1	2	—	—	●		●		○	●		○			○
FK125—3	—	3	—	—	●		●		○	●		○			○
FK125—3B	1	2	—	—	●		●		○	●		○			○
FK125—2D	—	1	1	1	●		●		○	●		○			○
FK50—1	—	1	—	—	●		●		○	●					○

五、地面防喷器控制装置安装与试运转

1. 安装

（1）带保护房吊装远程台时，须用四根钢丝绳套于底座的四脚起吊，起吊时须注意吊装平稳，不挤压保护房。吊装井口控制台或管排架时均应将钢丝绳穿过或钩住吊环起吊。

（2）远程台应安装于离井口 30m 远处，井口控制台则安放在井口操作台上便于工人操作的地方。

（3）油、气管路的连接建议由防喷器本体开始，依次接管路，这样做可使管线摆放整齐，也易于调整走向，不致返工。此外，所有油、气管线在安装前都应用压缩空气将管孔吹扫干净，这一点务必引起充分重视。

2. 试运转

设备安装完毕后，再仔细检查一遍所有的连接管路是否有误，各种活接头、接头等是否均已紧固，然后才能进行试运转。

试运转前的准备工作按下列程序进行：

（1）逐个检查蓄能器的氮气压力，不足 6.3MPa 加以补充。

（2）油箱加油。既可由油箱顶部的加油口加入，也可用吸油管开泵加油。后者操作方法是：将吸油管的一端插进油桶，吸油管另一端与截止阀上的短节拧紧，打开截止阀，关闭油泵油口处的截止阀，打开旁通阀，打开油箱上的回油截止阀，启动曲轴柱塞泵，此时即可加油。液位可通过油箱上的油标观察，液位升至油标的上限为止。

（3）向曲轴柱塞泵的曲轴箱内加入 20 号机油。通过油标观察其液面高低，气源处理二联体和油雾器的油杯中加入适量的 10 号机油，链条护罩内加入适量 20 号机油；用油枪向空气缸的油嘴内加入少许机油。

（4）打开截止阀，打开卸压阀，各三位四通转向阀手柄扳到中位。旁通阀在"关"位。

（5）主令开关转到"手动"电机启动后观察其转向是否与链条护罩上方的箭头所指方向一致，不一致时要调换电源线相位，正常后主令开关旋至"停止"位置，停车。

（6）主令开关转到"自动"位置，曲轴柱塞泵空载运转 10min 后，关闭卸压阀，使蓄能器升到 21MPa ± 0.5MPa，此时应能自动停泵，不能自停时可将主令开关转到"停止"位置使泵停止运转。停泵后检查压力控制器是否失灵，加以调整，直到起、停正常。在上述升压过程中应观察远程台上各接头等处是否有渗、漏油现象。

（7）逐渐打开卸压阀，使系统缓慢卸载，油压降至 17.5MPa 左右时，曲轴柱塞泵应能自动启动。

（8）辅助泵是气动油泵时，应关闭液气开关处的截止阀，打开通往气动油泵处的截止阀，使气动油泵工作，待蓄能器压力升到 21MPa 左右时，观察液气开关是否切断气源，气动油泵停止运转。

（9）辅助泵是手动泵，遇有紧急情况曲轴柱塞泵不能工作时，关闭截止阀，打开旁通阀，摇动手动泵手柄，观察压力表压力是否上升。当手动泵手柄摇动较困难时，可将手动泵上的阀杆截止阀关闭后再继续打压。

（10）在上述升压过程中，通过压力表，观察减压溢流阀的出口压力值是否为 10.5MPa，不符合时进行调节。

（11）蓄能器压力升至 21MPa 后，在远程台操作三位四通转向阀进行换向，观察阀的"开"、"关"动作是否与防喷器或放喷阀的实际动作一致。若不一致时应检验管线连接是否

有误。

（12）在井口控制台上操作气转阀换向，观察阀的"开"、"关"动作是否与控制对象的动作一致。在进行上述（11）、（12）两项试运转时应注意观察各油、气管路（尤其是管排架活接头、空气管线两端连接法兰处）有无渗漏及漏气现象。此外，在试关环形防喷器时需插入一根适当的管柱，以免封"零"。

（13）检查油箱液面高度，若在上述调整过程中漏油过多造成油箱液面过低时，应当补充油液，但不宜补充过多，以防全部油液返回加油箱时溢出油箱。

上述各项试运转步骤都进行完毕正常后，控制系统可投入使用。

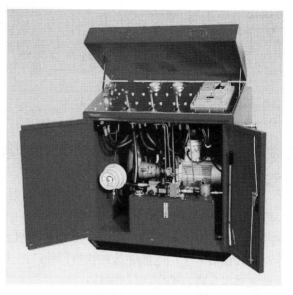

图 5-40　简易液控台

六、一种专门用于井下作业液动防喷器控制的简易液控台

由于标准的液控装置，体积较大，搬动不方便，为适合井下作业液控的需要，设计出简易液控台，其功能齐全，有电泵、蓄能器，手动泵，三项供油系统；有自动控压调压系统，体积小，质量轻，整套电器系统均为防爆，可满足小型液动防喷器的液控需要（图5—40）。

第四节　封　井　器

对于压力较低、常规作业井经常使用手动开关的井口控制器，主要有自封封井器、半封封井器和新型简易自封封井器。

一、自封封井器

自封封井器是在不压井起下作业时自行密封油套环形空间的井口密封工具。

1. 自封封井器在井下作业中的作用

（1）在不压井起下作业时，密封油套环形空间，承受环空上顶的一定压力；

（2）起下作业时，扶正油管，防止小件落物掉入井内，同时可刮掉油管外的油污，保持施工清洁；

（3）在冲砂、冲洗鱼顶、钻塞、套铣等施工时，密封油套环形空间，避免浪费洗井液，减少井场环境污染。

2. 结构和工作原理

自封封井器由壳体、压盖、压环、密封圈、胶皮芯子组成。如图5—41所示。它是依靠井内油套环形空间的压力和胶皮芯子的伸张力使胶皮芯子扩张，起到密封油套环形空间的作用，并使管柱和井下工具能够顺利地下入和起出。

3. 自封封井器技术规范

试验压力：10MPa；

工作压力：5～6MPa；

使用范围：ϕ62mm（2½in）油管；

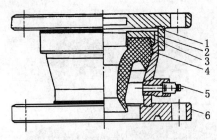

图 5—41 自封封井器

1—压盖；2—压环；3—密封圈；4—胶皮
芯子；5—堵头；6—壳体

连接方式：ϕ178mm（7in），法兰 ϕ211mm 钢圈；

高度：235mm；

质量：80kg；

最大外径：ϕ435mm；

自封盖内径：ϕ120mm；

压环内径：ϕ115mm；

胶皮芯子外径：ϕ245mm；

胶皮芯子内径：ϕ69mm。

4. 安装方法

（1）卸掉自封封井器盖子，取出压环，将自封封井器胶皮芯平面朝上放入自封封井器壳体内，放上压环，盖上压盖，一人上紧为止。

（2）下入 10 根油管以后（或 10 根油管以上没有大直径工具下井后可装自封封井器），将钢圈放在吊卡上，把自封封井器抬到井口油管接箍上坐好，用手扶住，将提前吊起的油管慢慢地插入自封芯子中，将手撤回。

（3）打好背钳，用另一把管钳卡在自封封井器以上 10cm 左右处，边下压管钳边转油管，使油管通过自封胶皮芯子与下面油管母螺纹接箍对正上紧。

（4）两人抬起自封检查油管螺纹是否上紧，否则重上直至上紧为止。

（5）上提油管，摘掉吊卡，将四通钢圈槽擦干净抹好黄油，把钢圈放入槽内，慢慢下放油管使钢圈坐进自封封井器下法兰钢圈槽内，对角上紧四条螺栓，再用管钳上紧自封封井器上压盖，就可以正常下油管作业。

5. 使用要求

（1）通过自封封井器的下井工具，外径应小于 ϕ115mm。超过 ϕ115mm 的下井工具，应用自封封井器和半封封井器倒入或倒出。

（2）通过较大直径的下井工具时，可在自封封井器的胶皮芯子上涂抹黄油，冬天使用时，应用蒸气加热，以免拉坏胶皮芯子。

（3）自封封井器螺栓孔眼及钢圈槽必须与套管四通孔眼及钢圈槽一致。

（4）钢圈必须坐入上下钢圈槽内，螺栓上紧。

（5）自封封井器装入油管后必须上提自封封井器检查油管螺纹是否上紧。

6. 常见故障及处理

（1）自封芯子翻背。上紧上压盖。

（2）漏、刺。钢圈没进槽，提起自封封井器重新入槽后再上自封。

7. 新型简易自封封井器

新型简易自封封井器是不压井作业施工时密封油套管环形空间的一种井口密封装置。

1）结构和工作原理

新型简易自封封井器由特殊法兰、自封芯子组成，如图 5—42 所示。它是利用油套管环形空间的压力挤压自封芯子，靠自封芯子伸缩达到密封油套管环形空间的目的。

2）技术参数

工作压力为 10～12MPa，法兰外径为 ϕ370mm，总高度为 260mm，质量为 12kg。

二、半封封井器

半封封井器是靠关闭闸板来密封油套环形空间的井口密封工具，如图 5—43 所示。

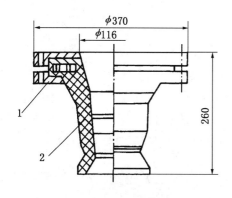

图 5—42 新型简易自封封井器
1—特殊法兰；2—自封芯子

图 5—43 半封封井器

1. 结构和工作原理

半封封井器由壳体、半封芯子总成、丝杠等组成，如图 5—44 所示。它是靠装在半封总成上的两个半圆孔的胶皮芯子为密封元件的，转动丝杠，便可带动半封芯子总成里外运动，从而达到开关的目的。

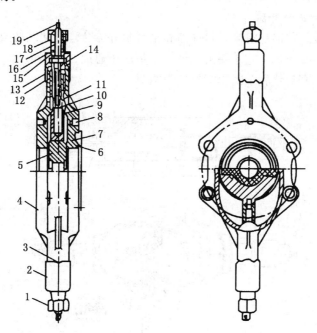

图 5—44 半封封井器结构示意图
1—压帽；2—轴承外壳；3—止动螺钉；4—壳体；5—半封芯子总成；
6—压圈；7—U 形密封圈；8—螺钉；9—接头；10—倒键；11—螺钉；
12—密封圈；13—垫片；14—止推轴承；15—下垫圈；16—人
字密封圈；17—中垫圈；18—密封圈压帽；19—丝杠

2. 半封封井器技术规范

试验压力：8MPa；

工作压力：6MPa；

连接方式：ϕ178mm 法兰（7in），ϕ211mm 钢圈；

高度：146mm；

上顶面距芯子上面：42mm；

下顶面距芯子下面：40mm；

长度：1106mm；

质量：108kg；

全开直径：178mm；

全开、关圈数：9.5 圈。

3. 使用要求

（1）芯子手把应灵活、无卡阻现象，要求能够保证全开或全关。

（2）胶皮芯子无损坏、无缺陷，并随时检查，有问题及时更换。

（3）使用时不能使芯子关在油管接箍或封隔器等下井工具上，只能关在油管本体上。

（4）正常起下时，要保证处于全开状态。

（5）冬季施工时应用蒸汽加热后再转动丝杠，以免半封内结冰，拉脱丝杠。

（6）开关半封封井器时两端开关圈数应一致。

4. 轻便型两用闸板封井器

轻便型两用闸板封井器是将半封封井器和全封封井器合理简化结构成为一体的轻便型两用封井器，如图 5—45 所示。它主要由壳体、半封芯子总成、止推轴承、半封芯子丝杠、导键、全封丝堵总成、密封垫和全封丝堵丝杠等组成。

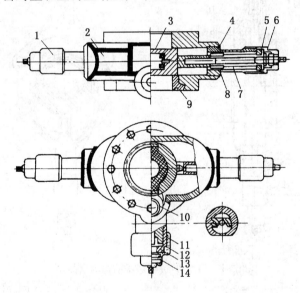

图 5—45　轻便型两用闸板封井器

1—压帽；2—壳体；3—半封芯子总成；4—接头；5—密封垫；
6—止推轴承；7—半封芯子丝杠；8—导键；9—下盖；10—全封
丝堵总成；11—压帽；12—活接头；13—密封垫；14—全封丝堵丝杠

轻便型两用闸板封井器作用原理是左右丝杠转动时带动半封芯子总成移动抱住油管，便

起到半封封井器的作用。当需要全部封住井口
时，先将中间丝杠推进，使半封芯子卡住全封丝
堵，即达到全封的目的。

技术规范：试验压力 25MPa；工作压力
18MPa；最大工作直径 176mm；半封胶皮芯子
直径 73mm，高度 255mm；质量 215kg。

图 5—46　全封封井器

三、全封封井器

全封封井器是用于井内无油管时封闭井口的
专用工具，如图 5—46 所示。

1. 结构与工作原理

全封封井器由壳体、闸板、丝杠等组成。如图 5—47 所示。它的外形和工作原理与半封
封井器基本相同，不同之处是闸板没有半圆孔，两块闸板关紧可以密封井口。转动丝杠，可
以开井或关井。

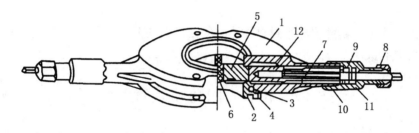

图 5—47　全封封井器结构示意图

1—壳体；2—压盖；3—"U"形密封圈；4—固定螺钉；5—芯子壳体；6—胶皮芯子；
7—丝杠；8—压帽；9—止推轴承；10—O 形密封圈；11—丝杠壳体；12—芯子接头

2. 全封封井器的技术规范

试验压力：8MPa；

工作压力：6MPa；

连接方式：ϕ178mm 法兰（7in），ϕ211mm 钢圈；

高度：146mm；

长度：1106mm；

质量：115kg；

最大工作直径：178mm；

壳体上平面距芯子上面：42mm；

壳体下平面距芯子下面：40mm；

芯子全关圈数：9.5 圈。

3. 使用要求

（1）丝杠开关灵活，无卡阻现象，全开直径应大于 178mm。

（2）冬季施工使用时应加热，以免冻结后拉脱丝杠。

四、法兰短节和特殊连接法兰盘

（1）法兰短节是用 ϕ178mm 套管（7in）两端焊有法兰的短节，可与自封封井器和半封
封井器连接，长度在 60～120cm 之间。在法兰短节中间装有放空闸门，关闭半封或全封封

井器后，可用放空闸门放掉控制器内压力。

（2）特殊连接法兰盘：它是一个钻有各种可调换孔眼的连接法兰，它装在控制器的底部，上与半封或全封封井器连接，下与套管四通相连结。装在法兰盘下面的连接螺栓可调换孔眼，与不同规格的四通连接。有的法兰盘下部为卡箍，可与卡箍井口连接。

五、封井器的安装

（1）在地面检查井口控制装置的各部件，半封封井器和全封封井器的丝杠应开关自如，无卡阻现象，全部打开封井器，由下到上按万能法兰、全封封井器、半封封井器、法兰短节、半封封井器、自封封井器、安全卡瓦的顺序组装井口控制装置。各组件中间放入 ϕ211mm 钢圈，钢圈和钢圈槽用擦布擦拭干净，在钢圈槽内涂好黄油，放好钢圈，对角平衡用力上紧螺母。

（2）用擦布擦净井口四通的钢圈槽，涂好黄油，放入 ϕ211mm 钢圈。用钢丝绳套吊起组装好的井口控制装置，缓慢放下，让井口控制装置底部的 4 条螺栓进入四通的连接孔内。与井口四通连接时，要选择封井器丝杠便于开关的位置方向连接，对角均衡用力上紧螺母。

（3）再次检查全封封井器和半封封井器的丝杠，看是否处于全开的位置。检查法兰短节上的放空闸门是否关闭。

第五节　内防喷装置

内防喷工具是在井筒内有作业管柱或空井时，密封井内管柱通道，同时又能为下一步措施提供方便条件的专用防喷工具。按安装位置，内防喷工具可分为：井口内防喷工具，如井口旋塞阀；井下内防喷工具，如油管密封堵塞器、泵下开关、活门等；井筒内防喷工具，如旁通式井下开关。

一、油管密封堵塞器

油管密封部分包括工作筒、堵塞器。使用时工作筒接在管柱的最底部，随下井管柱下入井内。下井之前在地面上将堵塞器装入工作筒内，下完全部油管后再捞出堵塞器，油管内即畅通可投产。如果起油管，则在起油管之前投入堵塞器，即可密封油管，顺利起出井内管柱。

1. 工作筒

工作筒由工作筒主体、密封短节组成。工作筒主体上部为 ϕ62mm 油管螺纹，可与油管相连接；密封短节在工作筒主体下部，与堵塞器配合使用，可以起密封作用。常用的工作筒有 ϕ54mm 和 ϕ55.5mm 两种，在压裂和化堵施工时还要使用一种 ϕ50mm 的加厚工作筒。如图 5—38 所示的工作筒示意图。

2. 堵塞器

堵塞器由打捞头、提升销钉、支撑卡体、调节环、密封圈、密封圈座、心轴、螺母、导向头等组成。它的作用是装（投）入工作筒内，密封油管。堵塞器的尺寸有 ϕ50mm、ϕ54mm、ϕ55.5mm 三种，与工作筒配套使用。如图 5—48 所示。

3. 打捞器和安全接头

打捞器主要用于打捞井内工作筒中的堵塞器，以便打开油管通道，进行洗井投产等下步工序。打捞器的种类很多，按打捞部件的特点分为爪块式、弹簧式、卡瓦式三种，其各自的技术规范及适用于打捞头的直径也不同。因此，在打捞堵塞器之前，必须要对所要打捞的堵塞器的技术规范特别是打捞头的尺寸大小要了解清楚，才能恰当地选用适当的打捞器，如图5—49所示为卡瓦打捞器，它是由压紧接头、密封圈、弹簧、卡瓦筒、弹簧座、卡瓦片组成。

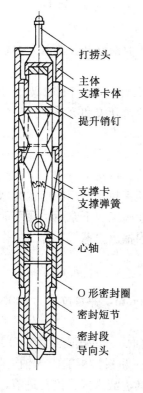

图 5—48　工作筒与堵塞器

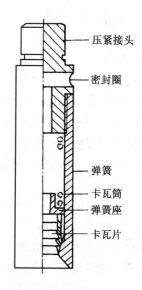

图 5—49　卡瓦打捞器

安全接头是与打捞器配套使用的工具。在打捞井下堵塞器时，当井下堵塞器由于沉砂或其他原因有卡阻时，可以在安全接头销钉处拉断脱开，脱开后井下余留部分顶端为打捞头，便于下次打捞。如果在打捞堵塞器时不安装安全接头，那么在打捞遇阻时就可能拔断钢丝绳或钢丝，造成油管内落物事故。

一般在打捞井下堵塞器时，下井打捞工具的连接顺序由上而下为钢丝绳帽、加重杆、安全接头、打捞器。在连接打捞工具时，应用 900mm（36in）管钳上紧，防止在起下过程中钢丝绳自动旋转使打捞工具脱扣。但在用管钳上扣时不允许在安全接头的上、下接头部位上扣，防止剪断销钉。

二、活堵

有些抽油井具备短期自喷能力，在抽油井采取增产措施施工后，自喷能力可能会增强。为了在下入抽油泵管柱时防喷，可在泵筒下面安装一个"活堵"。安装活堵后可以顺利进行不压井下入油管和抽油杆。

活堵是在抽油井下泵作业时，在井下密封油管通道，保证下泵作业顺利完成的井下工具，由外壳、堵头、顶杆、固定销钉组成。顶杆与堵头相连接，堵头用固定销钉固定在外壳内。

活堵的工作原理是在下泵前调节顶杆，用顶杆顶开泵筒底部的固定阀，堵头密封泵筒及泵筒以上油管，可以顺利下完油管和抽油杆。下完油管和抽油杆后由油管泵水加压至8～12MPa，将活堵憋开，堵头和顶杆落入尾管中，抽油泵就可以正常工作了。

活堵的安装方法：调节活堵顶杆长度，使活堵壳体与泵体下部上满螺纹后，顶杆能把钢球顶离球座即可。调节好顶杆后，要把活堵顶杆进入泵固定阀并与泵体连接。

三、油管开关器

不压井作业油管开关器分为电泵井和抽油机井不压井作业油管开关器两大类。

1. 电泵井油管开关器

电泵井不压井作业油管开关器按设计结构形式可分为五种，即：扭簧式——板式活门，拉簧式——拉簧活门，压缩式——无轴活门，位移式——旁通开关和沉浮式——浮球开关。

目前，最常用的是拉簧活门和旁通开关。分述如下。

1）拉簧活门

（1）结构及工作原理。拉簧活门主要由上接头、工作筒、拉簧、球门、下接头等部件组成，如图5—50所示。该活门靠阀与阀座的线性接触来保证密封。活门的形状为球台式，在四根弹簧的作用下完成工具关闭动作，实现一次不压井作业施工。下泵后，泵下面的捅杆将活门捅开，油井即可生产，检泵时上提泵挂，捅杆从活门内抽出，球门在弹簧的作用下自动关闭，达到二次不压井作业的目的。

（2）技术规范：

最大外径为$\phi 114mm$，最小内径为$\phi 62mm$，总长为640mm，弹簧拉力为300N。

2）旁通开关

（1）结构及工作原理。旁通式井下开关由上接头、导向头、过孔密封圈、O形密封圈，内过孔密封圈、密封圈压圈、阀芯、密封圈、导向定位套、翘板、板簧、内轴、限位短节、固定帽、稳钉、衬套、下接头所组成，如图5—51所示。其进液方式为侧孔进液，当阀芯处在上提位置时，旁通开关就关闭，当阀芯处在下推位置时，旁通开关就打开。阀芯的"上提"和"下推"两个动作靠电泵管柱尾部的捅杆控制。捅杆的尾部有两道$\phi 52mm$的弹性卡环，阀芯的内径为$\phi 49mm$，捅杆带着$\phi 52mm$的卡环下行时，将在阀芯内部遇阻，电泵生产管柱的重力迫使阀芯下行，使阀芯处在下推位置，打开了侧孔。捅杆连同$\phi 52mm$卡环在重力作用下继续下行，在旁通开关的限位短节的斜面上遇阻，在斜面的作用下，卡环产生径向收缩，卡环由$\phi 52mm$收缩到$\phi 48.5mm$，小于阀芯的$\phi 49mm$内径，卡环和阀芯离开。卡环通过阀芯后其尺寸又恢复到$\phi 52mm$，以备上提时关闭旁通开关。

二次检泵时，将电泵生产管柱上提，连在电泵管柱尾部的捅杆也跟着上提，卡环（$\phi 52mm$）在$\phi 49mm$内径的阀芯内遇阻，阀芯在上提力的作用下上移，切断侧孔进液通道，阻止丢手管柱以下液体流入丢手管柱以上，起到关闭旁通开关的作用，达到不压井作业施工的目的。

（2）技术参数：

全长644mm，最大外径为$\phi 108mm$，最小内径为$\phi 49mm$，两端为$\phi 62mm$平式油管螺纹。

2. 抽油井油管开关器

抽油机井不压井油管开关器按其设计结构可分为钉簧式和位移式两种结构；按开关方式不同可分为投捞式、沉浮式、顿击式、抽油杆柱下压式和水力传压式五种；按进液通道分为有直孔进液和侧孔进液两种形式；按工具配套管柱分为支撑式和悬挂式两大类。

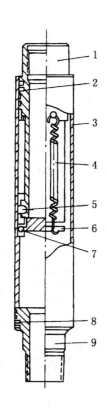

图 5—50　拉簧活
门结构图

1—上接头；2—O 形
密封圈；3—工作筒；
4—拉 簧；5—销 钉；
6—半圆球门；7—O
形密封圈小轴；8—O
形密封圈；9—下接头

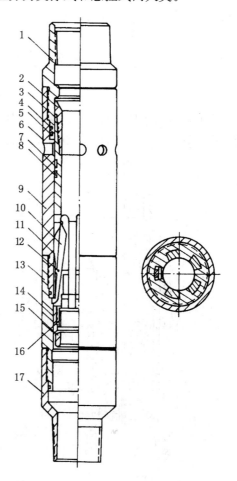

图 5—51　旁通式井下开关

1—上接头；2—导向头；3—O 形密封圈；4，
5—内过孔密封圈；6—密封圈压圈；7—阀芯；
8—密封圈；9—导向定位套；10—翘板；
11—板簧；12—内轴；13—限位短节；
14—O 形密封圈；15—固定帽；16—衬套；
17—下接头

目前常用的抽油机井不压井油管开关器主要有：管式抽油泵井下开关器、02—90B 型泵下开关、帽形活门、滑套开关、悬挂式不压井器等，分述如下。

1）管式抽油泵井下开关器

（1）结构及工作原理。管式抽油泵井下开关由上接头、上滑动体、弹簧、导向轨道、壳体、下滑动体、T 形开关阀、阀座和下接头组成，如图 5—52 所示。

使用时把管式抽油泵井下开关器接在深井泵的泵筒与固定阀之间，使其置于关闭状态下井，完成一次不压井作业施工。完井后，下放抽油杆柱，靠杆柱自重推动上滑动体，带动下滑动体在导向轨道中向下运动，到达下死点，上提防冲距。上滑动体在复位弹簧力作用下上行复位，下滑动体沿导向轨道上行并旋转 60°进入轨道短槽中，阀打开，油井即可投入生产。二次作业时重复上述动作，下滑动体沿导向轨道再次旋转60°进入轨道长槽，开关器阀门关闭，达到二次不压井的目的。

（2）主要技术参数：

最大外径为90~103mm，总长度为735mm，两端为ϕ62mm油管螺纹，适用于ϕ70mm以下管式抽油泵。

2）02—90B型泵下开关

（1）结构及工作原理。02—90B型泵下开关由上接头、卸压阀、主阀体、滑轨钉、固定阀、中心管、外套、弹簧、下接头等部件组成，如图5—53所示。

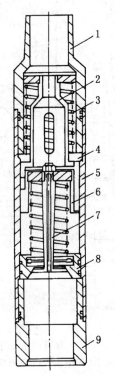

图5—52 管式抽油
泵井下开关器

1—上接头；2—上滑
动体；3—弹簧；4—
导向轨道；5—壳体；
6—下滑动体；7—T
形开关阀；8—阀座；
9—下接头

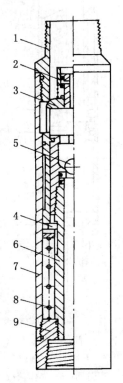

图5—53 02—90B型
泵下开关

1—上接头；2—卸压
阀；3—主阀体；4—
滑轨钉；5—固定阀；
6—中心管；7—外套；
8—弹簧；9—下接头

02—90B型泵下开关是把深井泵的固定阀和井下开关集为一体的井下开关工具。下泵时，把开关置于关闭状态接在深井泵下端（此开关代替原泵固定阀工作），可实现一次不压井作业施工。下完抽油杆柱后用深井泵的活塞下压泵下开关的卸压阀，在卸掉固定阀与主阀体之间的压力的同时，压缩弹簧被压缩，迫使主阀体下行，主阀体上的滑轨钉在中心管上的滑道内换向，上提防冲距，主阀体在弹簧的作用下上行，滑轨钉由中心管上的滑道长槽进入轨道短槽，开关被打开，油井即可投入生产。检泵时，下放光杆再上提，主阀体重复上述动作，滑轨钉由中心管上的滑道短槽进入滑道的长槽，开关关闭，即可实现二次不压井作业施工。

（2）主要技术参数：

最大外径为 90mm，全长 664mm，固定阀座直径为 30mm。

3）帽形活门

（1）结构及工作原理。帽形活门由上接头、门板、销轴、扭簧、锁片、小销钉、连接套、O 形密封圈所组成，如图 5—54 所示。

下泵时把帽形活门置于关闭状态接在深井泵的泵口上，可实现一次不压井作业施工，完井后，门板靠抽油杆自重迫使锁片与小销钉脱开，门板在弹簧反向扭力作用下启开，导通油流，油井即可投产。

（2）技术参数。全长为 340mm，最大外径为 90mm 和 114mm 两种，最小内径为 57mm，试验压力为 12.0MPa，连接 ϕ62mm，ϕ76mm，ϕ88.6mm 平式油管螺纹。

4）滑套开关

（1）结构及工作原理。滑套开关由上接头、球罩、外套、钢球、活塞、密封段、剪钉、卡簧、锁环、下接头、O 形密封圈所组成，如图 5—55 所示。

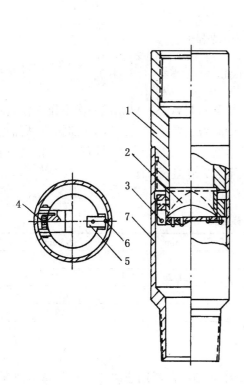

图 5—54　帽形活门结构图

1—上接头；2—门板；3—销轴；4—扭簧；
5—锁片；6—小销钉；7—连接套

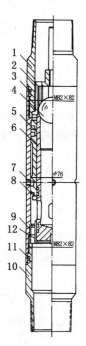

图 5—55　滑套开关

1—上接头；2—球罩；
3—外套；4—钢球；
5—活 塞；6—密 封 段；
7—剪钉；8—卡簧；9—锁
环；10—下接头；11—O
形密封圈

滑套开关接在深井泵下端，下井后滑套开关代替原泵固定阀工作。二次施工时，向油管柱内打压，液体通过工具上部传压孔，作用在滑套开关的活塞上平面上，推动活塞下行，剪断剪钉；同时，卡簧进入卡簧挂圈产生自锁，从而切断油流通道，达到二次作业施工不压井的目的。

（2）技术参数：

全长为 537mm，最大外径为 90mm，最小内径为 57mm，试验压力为 12MPa，剪钉剪切压力为 17～18MPa，两端为 $\phi62$mm 平式油管螺纹。

5）悬挂式不压井器

悬挂式不压井器是用于 $\phi83$mm、$\phi95$mm 大泵抽油机井不压井作业施工的专用工具。

（1）结构及工作原理。悬挂式不压井器由外筒和芯轴两大部分组成。外筒包括可调释放接头、密封筒、憋压滑套及油管配件组成，芯轴由脱接器、卡簧、密封段、凸型密封圈、防滑器组成，如图 5—56 所示。

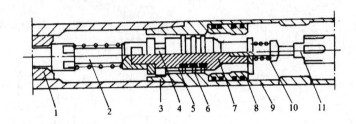

图 5—56　悬挂式不压井器

1—可调释放接头；2—脱接器；3—密封筒；4 —卡簧；5—钢套环；6—凸形密封圈；7—密封段；8—导通器；9—传压孔；10—防滑器；11—泵柱塞

下泵时，先上提悬挂式不压井器的芯轴，工具处于密封状态，可完成一次不压井作业施工，完井后，靠抽油杆自重或憋压打开油管通道，油井可正常生产。二次施工时，上提抽油杆柱，脱接器进入释放接头脱开，同时，芯轴上的卡簧径向收缩卡在密封筒上部，密封段上的橡胶密封圈与密封筒密封，油管放空可实现二次不压井作业施工。

（2）技术参数：技术参数见表 5—11。

表 5—11　技术参数表

泵　径	83mm	95mm
最大钢体直径，mm	70	75
长　度，m	1.2	1.1
扭　矩，kN·m	1000	1100
拉　力，kN	100	120

四、井口旋塞阀

井口旋塞阀是管柱循环系统中的手动控制阀（图 5—57），专用于防止井喷的紧急情况。

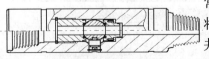

图 5—57　井口旋塞阀

常规起下作业时，井口旋塞备于井口，当出现溢流时，将其抢装于井内管柱顶端，对井口内通道实施控制。当井口旋塞处于开启状态时，修井液可无压降地自由流过该阀。

五、下入式油管内堵塞器

上面所讲四种均为与油管联为一体的油管堵塞器，随油管一起装在井下油管最底部或是压力较低时，安装在油管上部，但目前我国油田无论是油井还是注水井，油管下部均未装开关阀，这就为第一次带压作业的油管内防喷措施带来困难。因而针对我国油田井下管柱的实际情况，设计了井口油管堵塞器和井下油管堵塞器，此两种堵塞器，均无法最后堵塞封隔器、配水器和井下抽油泵以下，管柱起到该处时，尚需使用油管球阀从上部放压旋油管阀关闭后，才能单根起管。

(1) 井口油管堵塞器（图5—58）：带压油水井作业第一步应先把带压作业全套装置坐在井口大四通上，但此时由于油管内有高压，井口四通上盖及上阀门无法拆除，应先把井口油管堵塞器装置卡在井口四通上阀门上，打开上阀门利用大钩、滑轮、钢丝绳、光杆卡等把堵塞器上光杆下压迫使堵塞器下入井口以下，利用堵塞器上窜自锁原理，松掉下压力时，卡瓦及皮碗自动卡死油管内壁和封住油管内孔，用人工工具左旋光杆倒扣使光杆与堵塞器脱开，打开井口堵塞器密封桶高压阀门放压，卸掉井口堵塞器密封筒，即可打开四通上盖，安装双闸板或三闸板防喷器，再在防喷器上方装上四通上盖，并把井口堵塞器密封筒卡在四通上盖上右旋光杆使之与井口堵塞器上螺纹连接，并继续右旋，当螺纹旋到底后，再右旋即带动井口堵塞器内螺旋轴右旋，迫使内螺旋轴下降，使外部卡瓦松开，由于油管下部有高压及皮碗即会推井口堵塞器，快速上窜，使井口堵塞器，上窜到密封筒内，密封筒上部有密封装置及挡环，因而堵塞器不会飞出。此时即可把防喷器全封闸板关闭，拆除上盖及密封筒等把带压作业全套装置坐在双闸板或三闸板防喷器上。

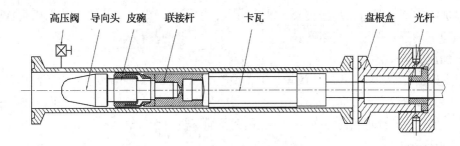

高压阀　导向头　皮碗　联接杆　卡瓦　盘根盒　光杆

图5—58　井口油管堵塞器

(2) 丢手加压式油管内堵塞器（图5—59）：在带压作业装置上部装上四通上盖及 $\phi65$ 阀门打开阀门把丢手油管内堵塞器投入带压作业装置内，此时应把下部防喷器半封闸板换成导向闸板，以使堵塞器对中进入下部油管内，关闭上部闸门，打开全封闸板，丢手堵塞器进入油管内下移，如无阻力，堵塞器可自动掉到油管最底部，但因油管内长期在井下，水垢较多有时会被卡住，此时阀门上方应与泵车相联，用比井压大的水压向井内增压，迫使堵塞器下移到位之后，突然停泵上部压力降低，下部压力迫使油管堵塞器皮碗扩张及上移，使堵塞器卡瓦越卡越紧，锚定在管壁内，形成下密封，上卡住油管的功能。

(3) 小油管送进旋转坐封式油管内堵塞器（图5—60）：在带压作业装置上部加装内通径 $\phi65\sim76$mm 的小筒状胶芯环形防喷器，用 $1\frac{1}{2}$in 小油管联油管内堵塞器，下入井内，开始下入时因井压问题，需油缸卡瓦压入，当井内小油管重力大于井内压力对小油管的上浮力时，即可用大钩下入，下到底部，右旋小油管45°，再上提小油管，如大钩指重表压力比原来增大即表明已坐封，可继续上提切断安全销，取出油管，内堵塞完成。此种方法小油管在

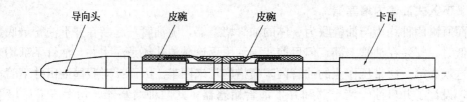

导向头　　皮碗　　皮碗　　卡瓦

图5—59　丢手加压式油管内堵塞器

井下旋转角度难于控制，要慢慢摸索，一次坐封不好，再重新试验，直至坐封成功，一定要特别仔细观察，以指重表的数值变化来判定是否已坐封。

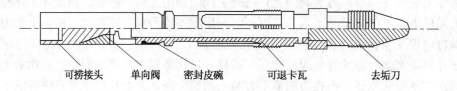

可捞接头　　单向阀　　密封皮碗　　可退卡瓦　　去垢刀

图5—60　小油管送进旋转坐封式油管内堵塞器

第六节　井口加压控制装置

井口加压控制装置包括加压支架、加压吊卡、加压绳、安全卡瓦等。其作用是在油管上顶时顺利起下油管，保证安全生产。

一、加压支架

加压支架由支架、固定螺钉、滑轮、滑轮轴等组成。如图5—61所示。它的作用是承受加压钢丝绳的力和转变力的方向，把绞车的上提力变为控制油管上顶的下压力和向井内压送油管的下压力。加压支架计算负荷为200kN，适用钢丝绳直径为ϕ12.5～18.5mm（½～¾in）。

二、加压吊卡

1. 加压吊卡

加压吊卡是用来向井内压送油管和控制井内油管上顶的一种专用工具。

1）结构及工作原理

加压吊卡由壳体总成、滑轮、活门等组成。如图5—62所示。

加压吊卡下部与普通吊卡相似，当活门处于开口位置时，将油管放入，使油管接箍正好位于吊卡上下两部分之间，靠上部壳体下面直径92mm的台肩压住油管接箍。加压吊卡左右两端的滑轮与加压绳连接，转动手柄使其抱住油管，起扶正作用。开动修井机即可将管柱压入井内。在起油管时，加压系统起控制作用。

2）技术规范

设计负荷为200kN，试验负荷为150kN，使用范围为ϕ63mm油管，高度为375mm，宽度为478mm，主体上孔直径为77mm，主体下孔直径为76mm。

2. 分段加压吊卡

分段加压吊卡是用来分段向井内压送油管和分段控制油管上顶的一种专用工具。

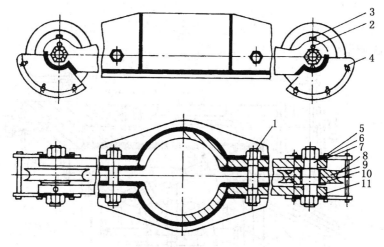

图 5—61 加压支架

1，3—螺栓；2，4—开口销；5—滑轮轴；6—挡绳销；7—垫片；8—滑轮；9—钢套；
10—油孔丝堵；11—支架

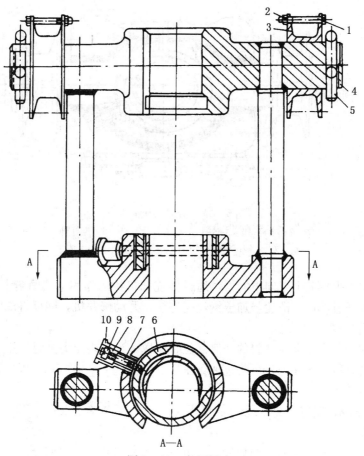

A—A

图 5—62 加压吊卡

1—螺钉；2—螺母；3—滑轮；4—壳体总成；5—销子；6—活门；7—双头螺栓；
8—弹簧；9—圆柱螺母；10—手柄

1）结构及工作原理

分段加压吊卡由四连杆机构、卡瓦牙、卡瓦牙壳体、吊卡活门、滑轮、主体、手柄等组成，如图5—63所示。

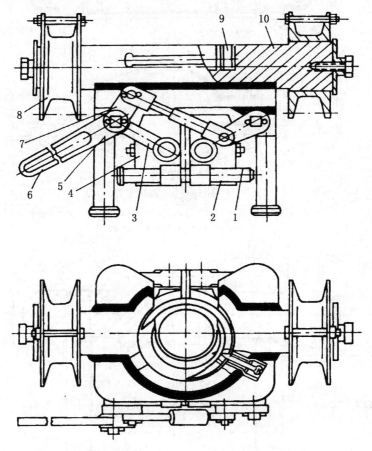

图5—63　分段加压吊卡

1—挡销；2—导杆；3—主连杆；4—卡瓦牙壳体；5—连杆轴；6—手柄；7—曲柄；8—中向连杆；9—吊卡键；10—主体

工作时只需给手柄向上或向下的力，通过四连杆机构的作用，使两瓣卡瓦张开或合拢，以便卡住油管的任意部位。滑轮与加压钢丝绳连接，开动修井机，即可将油管下入井内，或把油管分段起出井口。

因为分段加压吊卡能卡住油管的任何部位，所以，当井内压力高时，用它来代替加压吊卡，使整根油管分段压入井内，可防止油管压弯。

2）技术规范

长度为376mm，宽度为290mm，高度为225mm，质量为50kg。

三、加压绳

加压起下时所用的钢丝绳称为加压绳。可分为提升绳和加压绳两段。应用范围和技术规范见表5—12。

加压动力源一般为捞砂滚筒、外来动力（如拖拉机）和液压小绞车。在使用液压小绞车作为动力源时，必须使用滑轮组，以适应较小的小绞车动力。

表 5—12　加压绳和提升绳技术规范表

规范\名称	长度\m	绳径\mm	拉力\kN	径绳\mm	拉力\kN	径绳\mm	拉力（安全系数为 5 时）kN
提升绳	46~50	12.5	14.5	15.5	23	18.5	35.2
加压绳	74~80	12.5	14.5	15.5	23	18.5	35.2

四、其他辅助工具

1. 安全卡瓦

1）安全卡瓦的结构和工作原理

安全卡瓦是依靠卡瓦卡住油管，防止油管上顶飞出的不压井起下安全设备。

安全卡瓦由主体、手把、连杆机构和卡瓦组成，其外形如图 5—64 所示。其结构图如图 5—65 所示。当手把受力向下运行时，经连杆机构使卡瓦合拢，卡住油管，制止油管上顶；向下压被卡住的油管，卡瓦自动松开。安全卡瓦与加压吊卡，加压绳配合使用，可以顺利起出和下入上顶的管柱。

2）安全卡瓦的技术规范

设计负荷：135kN（13.5tf）；

试验负荷：65kN（6.5tf）卡瓦牙推移；

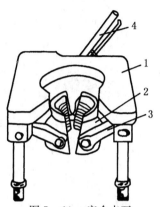

图 5—64　安全卡瓦
1—主体；2—卡瓦及其壳体；3—连杆机构；4—手把

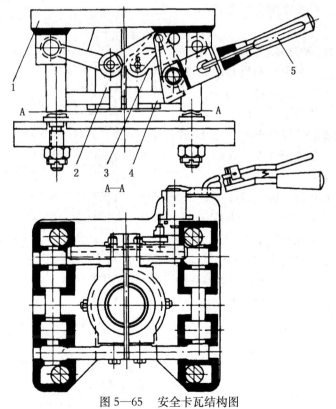

图 5—65　安全卡瓦结构图
1—主体；2—卡瓦及其壳体；3—连杆机构；4—导杆；5—手柄

使用范围：ϕ62mm 油管；

连接方式：ϕ178mm 法兰（7in）；

高度：280mm；

质量：98kg；

卡瓦牙高：150mm。

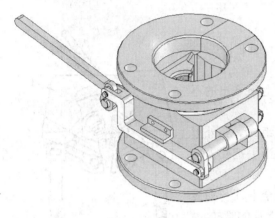

图 5—66　手动安全卡瓦

两端的单法兰都带有套管母螺纹，在工作中可根据不同的工具长度来更换套管短节的长短。

五、液动井口加压控制装置

近年来，随着技术的进步和修井工具的发展，已出现了用液压来控制油管起下，防止油管上窜的设备，利用作业机的原液压泵，配置液控操作台和高压软管，对油缸、液动防顶固定卡瓦和游动卡瓦进行操作，来实现油管的安全上提和强制把油管压入井内，以实现安全作业。主体设备由两个升降油缸，上下横梁，固定防顶液动卡瓦和游动防顶液动卡瓦组成。防顶卡瓦为活块开启式，当油管头提出后，可在有管柱的情况下，顺利装进管柱，当加装上自封头和防喷器时，可实现低压带压作业。见图5—67所示。

3）使用要求

（1）在 ϕ168mm 套管内工作压力 4MPa 以上不能使用，在 ϕ140mm 套管内工作压力 5MPa 以上不能使用。

（2）冬季施工应化净冰冻，防止结冰后卡瓦失灵。

2. 配合法兰

配合法兰有两种：一种是联接套管短节，作为使用双闸板防喷器时二者的联接件；另一种是旋转防喷器与手动安全卡瓦（图5—66）的联接件。

3. 套管短节

套管短节是起下钻过程中的工具过渡仓。

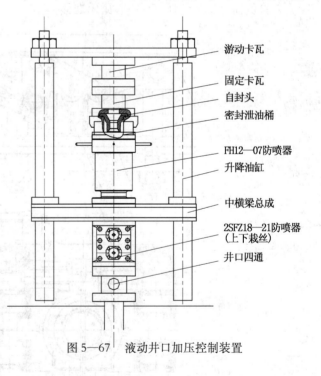

图 5—67　液动井口加压控制装置

游动卡瓦
固定卡瓦
自封头
密封泄油桶
FH12—07防喷器
升降油缸
中横梁总成
2SFZ18—21防喷器（上下裁丝）
井口四通

第七节　节流压井管汇

节流压井管汇是由节流阀和各种阀门、管汇及压力表组成的专用井控管汇，用以控制环空流体排出量,控制一定井口回压。通过它可向环空挤注清水、压井液、水泥浆等流体,实现压井、防水、灭火等目的。它是井控作业,尤其是压井作业必不可少的重要装置。

图5—68为最大工作压力35MPa的节流压井管汇安装布置示意图。

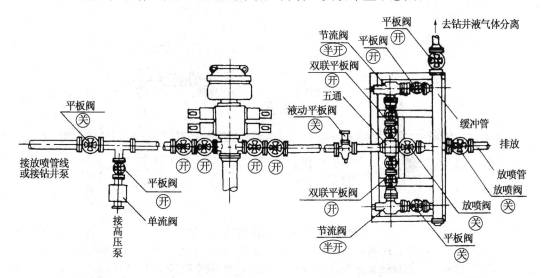

图5—68　最大工作压力35MPa的节流压井管汇安装布置示意图

一、节流压井管汇的功用

节流管汇的功用如下:

(1) 通过节流阀的节流作用实施压井作业,替换出井里被污染的压井液同时控制井口套管压力与立管压力,恢复压井液液柱对井底的压力控制,制止溢流;

(2) 通过节流阀的泄压作用,降低井口压力,实现"软关井";

(3) 通过放喷阀的大量泄流作用,降低井口套管压力,保护井口防喷器组。

压井管汇的功用是:

(1) 当用全封闸板全封井口时,通过压井管汇往井筒里强行灌注重压井液,实施压井作业;

(2) 当已经发生井喷时,通过压井管汇往井口强注清水,以防燃烧起火;

(3) 当已井喷着火时,通过压井管汇往井筒里强注灭火剂,能助灭火。

二、节流管汇的分类

节流管汇通常分为手动节流管汇与液动节流管汇两种。手动节流管汇的常用与备用两个节流阀都是手动节流阀,五通上除装有套压表外尚装有立压表,立压表的管线自立管引入。液动节流管汇的常用节流阀采用液动节流阀并由专用液控箱控制其开启程度,备用节流阀仍采用手动节流阀。

液动节流管汇的组成如图5—69所示。

它安装于井口四通两侧。其额定压力与防喷器组合额定压力一致。一般通径不小于50mm (2in),放喷管汇不小于76mm (3in)。目前,国内节流压井管汇工作压力分为5级,即:14MPa,21MPa,35MPa,70MPa和105MPa五个压力级别。

操作工人只需在操作台上观察立压表与套压表的压力变化以及阀位开启度表的指示情况,一手操作三位四通换向阀手柄,一手调节调速阀手轮,即可实施压井作业。液动节流管

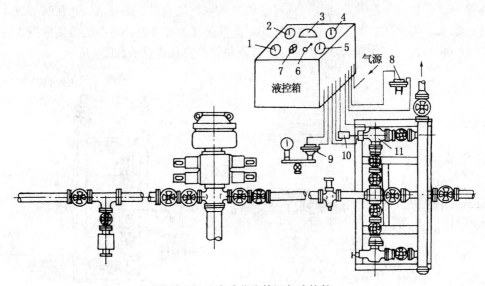

图 5—69   液动节流管汇与液控箱

1—油压表；2—立压表；3—阀位开启度表；4—套压表；5—气源压力表；6—三位四通换向阀；7—调
速阀；8—立管压力变送器；9—套管压力变送器；10—阀位变送器；11—液动节流阀

汇操作集中、简便，对井控作业十分有利。

液控箱立压表下方装有立压表开关旋钮。在正常作业时节流管汇并不投入工作，此时应将立压表开关旋钮旋至关位，以防立管压井液压力波动过大而导致立压表损坏。一旦节流管汇投入压井工作应立即将立压表开关旋钮旋至开位。

三、节流管汇和压井管汇型号表示方法

节流管汇型号表示方法如下：

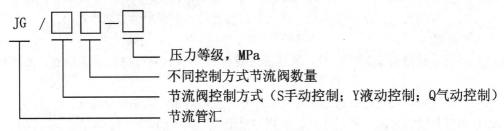

压井管汇型号表示方法如下：

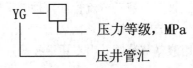

例如：压力等级 21MPa 带手动节流阀的节流压井管汇，其型号分别为：JG/S2—21；YG—21。

四、节流压井管汇的主要阀件

1. 平板阀

平板阀分为手动平板阀和液动平板阀两种。手动平板阀为浮动式结构。结构见图 5—70、图 5—71 所示。

开启平板阀的动作要领是：逆旋手轮，阀板上行到位，回旋手轮 1/4～1/2 圈。

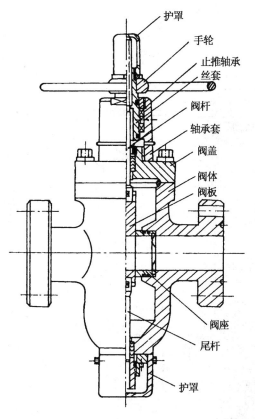

图 5—70 手动平板阀结构

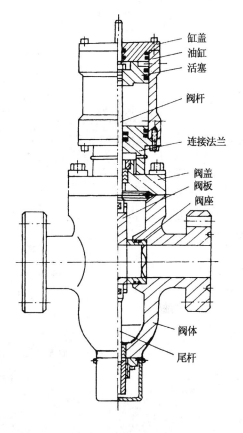

图 5—71 液动平板阀

关闭平板阀的动作要领是：顺旋手轮，阀板下行到位，回旋手轮 1/4～1/2 圈。

平板阀只能全开全关，不允许半开半关，否则在井液的高速冲蚀下将使其过早损坏。因此，平板阀只能作"通流"或"断流"使用，不能当作节流阀使用。严禁将平板阀打开少许用以泄压。

2. 节流阀

节流阀是节流管汇上关键的阀件。节流阀有两种：手动节流阀和液动节流阀。按形状分为针形节流阀、筒形节流阀等。现场多使用筒形阀板节流阀。手动筒形阀板节流阀的结构如图 5—72。

阀板呈圆筒形，阀板与阀座间有环隙，入口与出口始终相通。因此该阀关闭时并不密封。阀板与阀座皆采用耐磨材料制成、阀板磨损后可调头安装使用。这种节流阀较针型节流阀耐磨蚀、流量大、节流时震动小。

操作节流阀时，顺时针旋转手轮开启度变小并趋于关闭；逆时针旋转手轮开启度变大。节流阀的开启度可以从护罩的槽孔中观察阀杆顶端的位置来判断。平时节流阀在管汇上应处于半开状态。

液动筒形阀板节流阀以油缸、活塞代替手轮机构，其余与手动筒形阀板节流阀相同。液动筒形阀板节流阀所需液控油压并不高，仅 1MPa 的油压就够了。液控压力油由液控箱提供。

3. 单流阀

压井管汇上装有单流阀，其结构如图 5—73 所示。

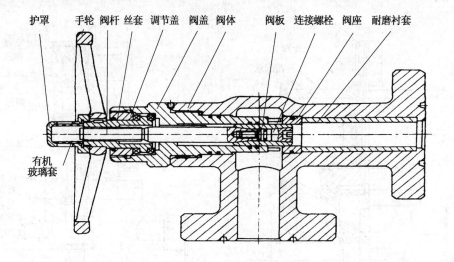

护罩 手轮 阀杆 丝套 调节盖 阀盖 阀体 阀板 连接螺栓 阀座 耐磨衬套

有机玻璃套

图5—72 手动筒形阀板节流阀

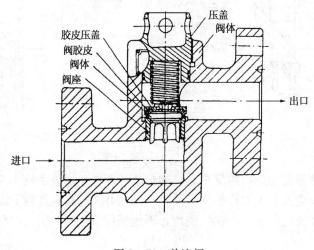

压盖
阀体

胶皮压盖
阀胶皮
阀体
阀座

出口

进口

图5—73 单流阀

高压泵将压井液注入井筒时，压井液从单流阀低口进入高口输出，停泵时压井液不会倒流。平时以及井喷时，井口高压流体不会沿单流阀流出。该阀自封效果好，寿命长，在现场也便于检修。

复 习 题

一、名词解释

1. 井控装置

2. 井口装置

3. 地面防喷器控制装置

4. 防喷器

5. 内防喷工具

二、填空题

1. 井控设备由（   ）、（   ）、（   ）及（   ）等组成。

2. 闸板防喷器开关一次所需时间不得超过（   ）s。

3. 按壳体内闸板数量分，闸板防喷器分为（   ）、（   ）、（   ）防喷器。

4. 闸板锁紧或解锁到位后要回转手轮（   ）圈。

5. 防喷设备选择主要考虑（   ）、（   ）、（   ）。

6. 井控装置在工艺上要解决的基本问题：一是（   ）、二是（   ）。

7. 井控装置主要由（   ）、（   ）、（   ）三部分。

8. 环形防喷器可分为（   ）、（   ）。

9. 节流压井管汇是由（   ）和各种（   ）、（   ）及（   ）组成的专用井控管汇。

10. 节流压井管汇的作用是控制（   ）和（   ）。

11. 节流管汇通常分为（   ）和（   ）两种。

12. 手动节流管汇的常用与备用两个（   ）都是（   ），五通上装有（   ）、（   ）。

13. 液动节流管汇的常用（   ）采用（   ）并由专用（   ）控制其开启程度，备用节流阀仍采用（   ）。

14. 平板阀分为（   ）和（   ）两种。

15. 节流阀按形状分为（   ）、（   ）等。现场多使用（   ）阀板节流阀。

16. 闸板防喷器按驱动方式可分为（   ）和（   ）。

17. 油管头的结构常见的有：（   ）、（   ）、（   ）。

18. 采油树按不同的连接方式可分为（   ）的采油树、（   ）的采油树、（   ）的采油树。

19. 锥形胶芯防喷器主要由（   ）、（   ）、（   ）、（   ）、（   ）等组成。

20. 筒型胶芯环型防喷器主要由（   ）、（   ）、（   ）、（   ）、（   ）等组成。

21. 液动闸板防喷器在结构上都由（   ）、（   ）、（   ）、（   ）、（   ）等组成。

22. 液动闸板防喷器闸板总成主要由（   ）、（   ）和（   ）组成。

23. 液动闸板防喷器闸板锁紧装置分为闸板（   ）装置和（   ）装置两种。

24. 液动闸板防喷器实现可靠的封井效果，必须保证四处有良好的密封。这四处密封是（   ）、（   ）、（   ）、（   ）。

25. 手动锁紧操作的要领是（   ）、（   ）、（   ）。

26. 手动闸板防喷器按连接形式分为（   ）和（   ）两种。

27. 内防喷工具按安装位置可分为（   ）、（   ）、（   ）。

28. 井口加压控制装置包括（   ）、（   ）、（   ）、（   ）等。

三、选择题（每题 4 个选项，只有 1 个是正确的，将正确的选项填入括号内）

1. 封井器组由下而上的顺序为（   ）。

(A) 法兰盘、全封、半封、自封　(B) 法兰盘、半封、全封、自封

(C) 法兰盘、自封　　　　　　　(D) 全封、半封、自封

2. 封井器的工作压力为（   ）。

(A) 4～5MPa　　(B) 5～7 MPa　　(C) 6～8 MPa　(D) 8～10 MPa

3. 起下大直径工具的正确做法是（   ）。

(A) 用自封和半封倒入或倒出

(B) 把自封压盖打开即可

(C) 封井器胶芯上涂黄油，冬天使用时应用蒸汽加热

(D) 装入油管后必须上提自封检查油管螺纹是否上紧

4. 使用半封封井器的正确做法是（　　）。

(A) 关闭时不能使芯子关在油管接箍或下井工具上，只能关在油管本体上

(B) 起下管柱时，开度只要保证管柱能通过即可

(C) 开关不需注意保持同时同速

(D) 半封时两端开关圈数不需要一致

5. 自封封井器在井下作业中的作用是（　　）。

(A) 起下油管防喷、扶正油管且刮蜡

(B) 起下抽油杆防喷

(C) 在一定的油套管环空压力下自动密封油管环空

(D) 不能防小件管物样入井内

6. 加压控制装置的作用是（　　）。

(A) 防喷

(B) 在起下作业中防止油管上顶

(C) 保证油管上顶时安全顺利地起下油管

(D) 不能在高压下送油管下入井内

7. 节流阀其作用是在生产过程中，直接控制油层的合理生产（　　）。

(A) 压力　(B) 压差　(C) 装置　(D) 分离

8. 防喷器分两类，即环形防喷器和（　　）。

(A) 球形防喷器　(B) 锥形胶芯防喷器　(C) 闸板防喷器　(D) 旋转防喷器

9. 环形防喷器又称（　　）。

(A) 单闸板防喷器　(B) 双闸板防喷器　(C) 多效防喷器　(D) 旋转防喷器

10. 球型胶芯直径大，高度相对较低，支承筋数（　　）块，橡胶储蓄量多，使用寿命较锥型胶芯长。

(A) 10～20　(B) 12～20　(C) 11～20　(D) 8～20

11. 双闸板防喷器在闸板组合上有两种形式：一是半全封组合，二是两组不同规格的半封闸板组合，分别适用于常规作业和一次作业使用（　　）的作业施工。

(A) 两组相同规格管柱

(B) 两组不同规格管柱

(C) 抽油杆和油管

(D) 油管和大直径井下工具

12. 筒形胶芯环型防喷器主要易损件为胶筒及胶筒密封圈，作业完一口井后应及时检查。当胶筒已磨损厚度的（　　）以上时，应急时更换。

(A) 1/2　(B) 1/3　(C) 1/4　(D) 2/3

13. 带有液压锁紧装置的闸板防喷器常用于（　　）中。

(A) 常规作业　(B) 陆地作业　(C) 大修作业　(D) 海洋作业

14. 用闸板防喷器封井时，手动锁紧顺时针旋转两操纵手轮，使锁紧轴伸出到位将闸板锁住，手轮被迫停转后再逆时针旋转两手轮各（　　）圈。

(A) 1/5~1/4　(B) 1/8~1/4　(C) 1/4~1/2　(D) 1/6~1/2

15. 抽油机井下压井油管开关器按其设计结构可分为：钉簧式和（　）式两种结构。

(A) 沉浮式　(B) 位移式　(C) 顿击式　(D) 投捞式

16. 滑套开关接在深井泵下端，下井后滑套开关代替原泵（　）工作。

(A) 固定阀　(B) 游动阀　(C) 堵塞器　(D) 筛管

四、判断题（对的画√，错的画×）

（　）1. 环形防喷器适于长期封井。

（　）2. 环形防喷器处于封井状态时，只许上下活动钻具，而不许转动钻具。

（　）3. 闸板防喷器封井后，可用打开闸板的方法来泄井内压力。

（　）4. 防喷设备的压力级别应按全井最高地层压力选择。

（　）5. 防喷设备的的通径必须略大于所用套管的接箍外径。

（　）6. 液动闸板防喷器既可手动关井，又可手动开井。

（　）7. 闸板尺寸必须与钻杆本体尺寸一致。

（　）8. 高压泵将压井液注入井筒时，压井液从单流阀低口进入高口输出，停泵时压井液不会倒流。

（　）9. 节流阀的开启度可以从护罩的槽孔中观察阀杆顶端的位置来判断。

（　）10. 平时节流阀在管汇上应处于半开状态。

（　）11. 平板阀只能全开全关，不允许半开半关。

（　）12. 平板阀只能作"通流"或"断流"使用，不能当做节流阀使用。

（　）13. 在井口装置中，套管头以上部分称为采油树。

（　）14. 环形防喷器特别适用于密封各种形式和不同尺寸的管柱，但不可全封闭井口。

（　）15. 筒形胶芯环形防喷器结构简单，体积小、质量轻、油压要求高。

（　）16. 闸板防喷器在必要时用半封闸板能悬挂管柱。

（　）17. 半封封井器是靠关闭闸板来密封油套环形空间的井口密封工具。

（　）18. 井下内防喷工具包括井口旋塞、泵下开关、活门等。

（　）19. 井口加压控制装置其作用是在油管上顶时顺利起下油管，保证安全生产。

五、简答题

1. 锥形胶芯环形防喷器组成？

2. 简述锥形胶芯环形防喷器工作原理。

3. 球形胶芯环形防喷器有哪些特点？

4. 闸板防喷器的功用是什么？

5. 闸板防喷器组成？

6. 闸板锁紧装置的作用是什么？

7. 闸板锁紧装置在使用中应注意哪些问题？

8. 如何判断闸板的锁紧状况？

9. 我国液压防喷器按额定工作压力共分哪五个等级？

10. 节流管汇的功用是什么？

11. 压井管汇的功用是什么？

12. 解释节流管汇的型号意义。

13. 开启和关闭平板阀时的动作要领是什么？

14. 为了保证液压闸板防喷器各项功能的实现，在技术上必须合理解决什么问题？

15. 半封封井器的使用要求是什么？

16. 加压吊卡的工作原理是什么？

六、解释符号

1. 2FZ35—21。

2. FH35—35。

第六章　防喷演习及井喷失控应急预案

第一节　防喷演习

井下作业队伍应根据施工作业内容，进行起下油管、起下抽油杆、旋转作业、射孔作业、空井等不同工况，分岗位、按程序定期进行防喷演习，以不断提高全员的现场井控防喷技术水平和防喷意识。防喷演习重点要体现"班自为战"的原则，从实战出发，各岗位要分工明确，真正做到发现溢流及时关井或装好井口防喷器。演习程序主要包括以下内容：防喷演习的目的、防喷演习组织机构、防喷演习人员职责、防喷演习的准备、防喷演习实施程序、演习讲评。

一、明确防喷演习的目的

通过演习规范队伍现场防喷操作行为，增强防喷意识，培养防喷应急能力，十分熟练地掌握使用防喷设施，一旦现场发生井喷，能够熟练进行抢喷作业。

二、建立防喷演习组织机构

防喷演习指挥：队长、副队长。

防喷演习技术负责人：技术员。

防喷演习组织实施者：班长、司机。

参加人员：各岗位作业人员。

三、防喷演习人员职责

（1）队长（副队长）负责防喷演习组织和指挥，根据井控设备的实际情况负责组织防喷演习，包括召开技术安全会，负责人员安排等。

（2）技术员担任防喷演习技术负责人，负责制定演习方案和演习过程的质量技术监督。

（3）班长、司机担任现场防喷演习组织实施者，负责作业机的操作和人员岗位分工。

（4）一岗位负责开关手动防喷器，观察并记录压力变化，及时向现场指挥汇报。

（5）二岗位负责现场井口操作及配合关闭手动防喷器。

（6）三岗位负责观察溢流情况，发现溢流及时报告，协助开关手动防喷器。

四、防喷演习的准备

（1）演习前，现场指挥组织各岗位认真检查各个环节的运行情况是否正常。

（2）演习前，所有井控设备、专用工具、消防设备、电气路系统应配齐并处于正常状态。

（3）放喷管线布局要考虑当地季节风向、居民区道路和各种设施等的具体情况。

（4）遇有井况复杂井、大斜度井等井喷演习，管柱在井筒内静止时间超过 10min 时，演习前应制定操作性强的防卡、防复杂事故等措施。

五、防喷演习实施程序

发现溢流后要及时发出警报信号，按正确的关井方法及时关井。

警报声根据所发出的声音的长短间隔时间的不同分为三种：

（1）发出不间断的长音气笛声为发现溢流警报声。

(2) 发出中间间隔 0.5～1s 的两声短音的气笛声为指挥关闭防喷器的警报声。

(3) 发出中间间隔 0.5～1s 的三声短音的气笛声，即表示防喷演习结束。

六、演习讲评

演习结束后，要组织各岗位针对演习中出现的问题进行讲评并做记录，演习记录包括：组织人、班组、时间、工况、速度、参加人员、存在问题、讲评等。

下面给出《起下油管作业防喷演习程序》，供学习参考。

起下油管作业防喷演习程序

1. 目的

在起下油管作业时，一旦出现井喷能够熟练利用手动单闸板防喷器、油管旋塞进行防喷作业。培养作业队伍的安全防喷意识，提高防喷应急能力。

2. 组织机构

组织机构如下图所示。

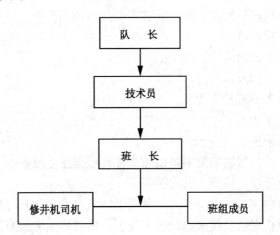

3. 职责

(1) 队长负责全面指挥和人员调度，包括召开安全会议、人员安排、演习讲评等。

(2) 技术员负责演习过程的质量监督和技术指导，制定演习方案和监督演习方案的执行。

(3) 班长负责演习操作人员的岗位分工。

(4) 班组成员负责操作防喷器和旋塞阀，观察井筒溢流和井口压力，使用灭火器材。

(5) 机车手负责操作动力设备。

4. 演习准备

(1) 队长召开演习前的技术安全会议。

(2) 技术员讲解手动单闸板（半封）防喷器技术参数、操作方法及要求，宣读演习方案。

(3) 班长对班组成员进行分工。

(4) 班组成员检查防喷器和井口闸门，确保防喷器闸板开关灵活可靠，套管闸门处于常开状态。

（5）班组成员检查地面放喷管线，准备防喷用具。

（6）班组成员确认旋塞处于开启状态，放在井口合适位置备用。

（7）班组成员检查防火器材、防护器材、动力设备。

5. 演习程序

（1）班长通知修井机司机井喷信息，司机立即发出一声长笛警报，各岗位按井控职责快速就位并开始动作。

（2）司机上提或下放油管至适当高度，停止起下作业，井口操作人员抢装旋塞阀。

（3）司机用两声短笛通知关闭防喷器，井口操作人员关闭防喷器两侧闸板，关闭套管闸门。

（4）关闭防喷器后，班长进行最后检查，班组成员观察并记录井口压力，向演习总指挥汇报。

（5）机车手关闭动力设备，班组成员迅速连接旋塞阀，并将旋塞阀关闭。

（6）技术员根据井内压力情况确定是否打开套管闸门放喷。

（7）队长通知司机防喷演习结束。司机发出三声短音的气笛声，即表示防喷演习结束。

6. 讲评

队长组织对在演习过程中的人员协调、技术等方面存在的问题进行讲评，并将演习情况记录在案。

第二节　井喷失控应急预案

井喷失控是井下作业中性质严重、损失巨大的灾难性事故。一旦发生井喷失控，将打乱正常生产秩序，使油气资源受到严重破坏，造成环境污染，还易酿成火灾，造成人员伤亡，设备毁坏，甚至油气井报废，给企业带来巨大的经济损失。因此应加强井喷失控的预防，避免井喷失控事故的发生。对可能发生的井喷、井喷失控着火等事故，要制定相应的井喷失控应急预案。

井喷失控应急预案是指通过事前计划和应急措施，充分利用一切可能的力量（包括企业自身和外部救援力量），在事故发生后迅速控制事故发展并尽可能排除事故。保护现场人员和场外人员的安全、保护环境，最大限度减少人员伤亡和财产损失。

一、编制原则

（1）遵循预防为主、常备不懈的方针；

（2）局部服从整体，一般性工作服从应急工作；

（3）贯彻统一领导、分级负责、及时反应、就近救助、措施果断、加强合作的原则；

（4）维护公司的整体利益和长远利益；

（5）确保人身和财产安全或最大限度地减少人身及财产损失；

（6）确保公司和相关单位经营业务不受影响或最大限度地减少影响。

二、预案的主要内容

1. 组织机构及其职责

（1）明确应急反应组织机构、参加单位、人员及其作用；

（2）明确应急反应总负责人以及每一具体行动的负责人；

（3）列出本单位以外能提供援助的有关机构；

（4）明确各单位、各部门在事故应急中各自的职责。

2. 危害辨识与风险评价

（1）确认可能发生的事故类型；

（2）确定事故影响范围及可能影响的人数；

（3）预测事故发生可能造成的严重程度。

3. 通告程序和报警系统

（1）确定报警系统和程序；

（2）确定现场 24h 的通告和报警方式，如电话、警报器等；

（3）确定现场 24h 与有关部门的通讯、联络方式，以便应急指挥和疏散居民；

（4）明确应急反应人员向外求援的方式；

（5）明确向公众报警的标准、方式、信号等。

4. 应急设备与设施

（1）明确可用于应急救援的设施，如通讯设备、应急物资等；

（2）列出有关协助部门要备用的应急设备；

（3）描述与有关医疗机构如急救站、医院、救护队等的关系；

（4）列出可用的个体防护设备，如呼吸器、防护服等。

5. 评价能力与资源

（1）明确决定应急事故的危险程度的负责人；

（2）描述评价危险程度的程序；

（3）描述评价危险所使用的检测设备；

（4）确定外援的专业人员。

6. 保护措施程序

（1）描述决定是否采取保护措施的程序；

（2）明确可授权发布疏散居民指令的负责人；

（3）明确负责执行和核实疏散居民（包括通告、运输、交通管制、警戒）的机构；

（4）描述对特殊设施和人群（如学校、幼儿园、残疾人等）的安全保护措施；

（5）描述疏散居民的接收中心或避难场所；

（6）描述决定终止保护措施的方法。

7. 信息发布与公众教育

（1）明确各应急小组在应急过程中对媒体和公众的发言人；

（2）描述向媒体和公众发布事故应急信息的决定方法；

（3）描述为确保公众了解如何面对应急情况所采取的周期性宣传以及提高安全意识的措施。

8. 事故后的恢复程序

（1）明确决定终止应急、恢复正常秩序的负责人；

（2）描述确保不会发生未授权而进入事故现场的措施；

（3）描述宣布应急取消的程序；

（4）描述恢复正常状态的程序；

（5）描述连续检测受影响区域的方法；

（6）描述调查、记录、评估应急反应的方法。

9. 培训与演练

（1）对应急人员进行培训，并确保合格者上岗；

（2）描述年度培训、演练计划；

（3）描述应急预案定期检查频度和程度；

（4）描述通讯系统检测频度和程度；

（5）描述进行公众通告测试的频度和程度并评价其效果；

（6）描述对现场应急人员进行培训和更新安全宣传材料的频度和程度。

10. 应急预案的维护

（1）明确每项应急预案更新、维护的负责人；

（2）描述每年更新和修订应急预案的方法；

（3）根据演练、检测结果完善应急预案。

三、做好应急预案的重点工作

一是预防、预测和预警。加强宣传、培训和演练，完善预测预警机制。做到早发现、早报告、早处置。根据风险分析结果，确定可能发生和可以预警的突发事件的级别及需要响应程度，并做好相应范围内的宣传、培训和演练工作。

二是信息报告和发布。对发生的特别重大或者重大突发公共事件，不得迟报、缓报、瞒报和漏报，并要在突发事件发生的第一时间根据规定要求发布信息，并明确事件影响程度、现场控制情况和事态发展初步估计，预告涉及部门、区域、人员应采取或可能采取的行动。

三是恢复与重建。对特别重大突发事件的起因、性质、影响、责任、经验教训和恢复重建等问题，进行调查与评估。

四、应急演练

1. 应急演练的作用

（1）使接受培训者受到相应的锻炼，了解差距；

（2）增强人们克服困难的信心，提高人们的心理承受能力；

（3）使中心指挥系统、医疗急救系统、通讯与联络系统、消防系统等各种相关团队的有效配合经受考验，使相关团队可以各司其职，保证在最短的时间内发挥其职能；

（4）是对物质资源配备的有效检验，避免资源不到位。

2. 应急演练的培训形式

（1）实战模拟演习，针对某一可能发生的 HSE 事件，采用相应的道具，模拟 HSE 应急事件发生时可能产生的后果，让接受培训者在亲身经历中学习如何应对 HSE 应急事件，如何相互配合。

（2）演练培训，即通过电脑的多媒体系统，模拟 HSE 应急事件发生时的场景，让接受培训者通过与电脑的互动，掌握正确的应对技巧。

（3）讨论式演练培训，即针对某一特定 HSE 应急事件，让接受培训者集中在一起进行讨论、交流，从而学习如何应对。通常组织者会以向参与者描述某一特定的 HSE 应急事件开始，让每一个参与者在 HSE 应急事件中担当某一特定角色。参与者以口头讲述的方式描述他们会如何应对 HSE 应急事件，并如何与其他角色进行配合。

（4）室内演习，又称组织指挥演习，主要检验指挥部门与各应急救援部门之间的指挥通讯与联络体系。保证组织指挥的畅通。

3. 应急实战演练工作要求

（1）必须有针对性。

应急演练培训必须要以某一具体 HSE 应急事件为基础，例如井喷、火灾、洪水、地震等，以再现应急事件发生场景的模拟环境进行一次锻炼。

（2）演练培训的参与者及内容必须全面。

角色配置，必须有指挥者、信息发布者、各种不同的职能团队（如消防队、救护队、运输队等）、需要救助者等，各种角色必须齐全。培训范畴，既要包括参与者应掌握的知识和技能，也要包括参与者应对 HSE 应急事件的心理教育，还应包括物质资源的有效组织配备。培训内容，应包括如何防止应急事件发生、如何减轻应急事件带来影响、应急事件发生时如何应对和如何进行应急事后的恢复。这几方面的内容缺少了任何一个都不能称作一个完整的培训。

（3）建立好团队内部和不同团队之间的配合。

演练培训的一个重要事项就是区分"个体任务"和"团队任务"。个体任务主要指特定岗位的工作职责，从本质上讲它是技术性的。应急行动往往是一个团队集体才能完成的整体任务，它需要团队全体成员的密切配合，没有这种配合，团队就完不成这项任务。所以这种不同个体、不同团队之间的协调就显得格外重要。

（4）科学的应急演练培训方法。

首先目标明确，学习才是最有效的；二要以他们应有的知识为基础；三要让接受培训者有实践的机会；四是每次培训后都要有反馈，让参与者了解自己对知识和技能的掌握程度；五是要让接受培训者多做相互的沟通与交流。

（5）有效的演习效果评估。

在每次演习后，均应根据演习的实况开展讲评。做好总结工作，保证应急预案得到及时更新、修订和维护。同时也可根据演习中出现的问题，及时调整演习方案，以保证演习的成功。

五、井喷失控应急预案示例

各井下作业施工单位应根据本单位的施工项目，制定通用的井下作业井喷失控应急预案；对特殊井的作业（如高压气井）应制定具体的井下作业井喷失控应急预案。

下面给出《气井施工突发事故应急预案》的编写范例，供读者参考。

气井施工突发事故应急预案

1 总则

1.1 目的

在气井施工过程中危害或其他突发事件一旦发生的情况下，为了能够迅速做出反应，有效地控制、处置和救援，保护人员、保护财产、保护环境、保护公共利益，特制定此应急预案。

1.2 应急反应原则

1.2.1 以人为本、生命优先

突出"以人为本"的基本原则，保护人民生命和健康是应急救援最根本的宗旨。

1.2.2 统一指挥、反应迅速

当突发事故发生后，根据事故事态迅速启动相应的应急预案，统一指挥，按照各自的职责开展应急救援工作。

1.2.3 区域协作、企地联动

应急救援过程中，区域内各单位相互协作，和地方政府应急系统相互联动，形成完整有效的救援系统。

1.2.4 保障有力、及时处置

利用现有资源，提供人员、设备、物资、技术、信息等方面的最大支持，参与应急救援，并快速反应，及时准确处理，同时划分危险区域，避免次生灾害。

1.3 适用范围

本应急预案适用于气井施工过程中所发生的突发事故和重大事故险情。

2 基本情况

基本情况见《××气井施工设计》。

3 危险分析

3.1 危险目标确定

危险目标确定见下表。

序号	危险目标	生产活动	涉及单位
1	管线穿孔、断裂（包括管道材质问题）	施工过程	小队、矿、附近居民
2	工程施工交叉破坏（包括机械性外力损坏）	施工过程	小队、矿、附近居民
3	第三者破坏（包括自然灾害、打孔盗油）	施工过程	小队、矿、附近居民
4	施工动火	施工过程	小队、矿、附近居民
5	井喷	施工过程	小队、矿、附近居民
6	原油天然气泄漏、着火、爆炸	施工过程	小队、矿、附近居民
7	中毒、烫伤	施工过程	小队、矿、附近居民
8	井口半径5km范围内的流动人口及居民	施工过程	小队、矿、附近居民
9	环境污染	施工过程	小队、矿、附近居民

3.2 生产管理中常见的主要事故

根据该井生产的安全特点分析，发生事故的原因较多，其中能导致重大事故并造成严重危害的主要有以下几方面。

3.2.1 井喷、原油天然气泄漏事故

在打捞施工过程，由于起下管柱，活动解卡，套管腐蚀及地面设施的多种原因，管道破裂、人员误操作、第三者破坏等因素，导致井喷、原油天然气大量泄漏，从而引发火灾爆炸、环境污染、人员伤亡等重大事故。其易发部位见下表。

序号	可能发生井喷、原油天然气泄漏的原因
1	起下管柱，未及时向井内灌压井液，活动解卡产生抽汲作用，管道腐蚀穿孔、断裂
2	第三者破坏（如自然灾害、打孔偷盗）
3	工程施工交叉破坏（包括机械性外力损坏）
4	员工误操作井喷
5	压井液相对密度达不到设计要求

3.2.2 火灾爆炸事故

天然气同空气混合达到一定浓度时，遇明火发生火灾爆炸事故。原油泄漏后遇明火易燃烧爆炸，该类火灾爆炸危险性大、火灾波及面大、范围广、所造成的人员伤亡和经济损失也较大。易发生火灾爆炸的生产场所见下表。

序号	可能发生火灾爆炸的场所
1	管线泄漏区域
2	转气站、计量间生产装置区域
3	井场餐房、值班房、野营房
4	井场区域内的设施

3.2.3 中毒事故

原油天然气一旦发生泄漏，就会在泄漏处产生一定范围的有毒气体，该事故危害性较大，波及范围广，除导致火灾爆炸事故外，还可能危及周边人员的人身健康和生命，造成人员中毒、昏迷、严重造成残疾和死亡。易发生中毒的生产场所见下表。

序号	可能发生中毒的场所
1	管线泄漏区域
2	转气站、计量间生产装置区域
3	井场区域、附近居民

3.2.4 环境污染事故

原油天然气一旦发生泄漏，泄漏的原油天然气将对周边的空气、水泵和植被产生影响，导致生态环境受到破坏，周边人们生活秩序紊乱。此事故影响最大范围在油气泄漏处半径5km区域内。

4 应急救援组织机构

4.1 应急救援领导小组

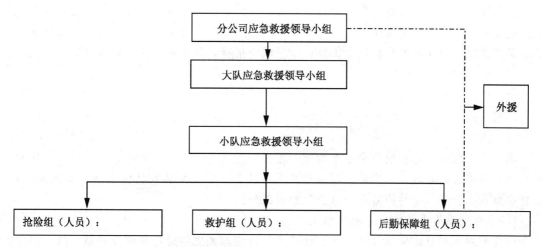

组　　长：大队长。

副组长：生产副大队长、安全副大队长。

成　　员：大队生产组、技术组、材料组、车队队长、小队相关人员。

4.2　应急救援领导小组职责

4.2.1　应急救援领导小组组长是应急救援预案实施的负责人，对上级应急救援组织负责，在紧急情况下有权作出有利于应急救援预案实施的决策。

4.2.2　落实应急救援人员和应急设备、器材及其他应急救援物资，并做到专物专用；负责应急抢险救援的组织协调工作。

4.2.3　负责组织对突发事件救援预案。

4.2.4　负责对整个应急救援行动跟踪记录并编写最终报告。

4.2.5　负责组织员工进行应急救援预案的培训，不定期举行应急救援演习。

4.2.6　负责组织应急救援预案的修订完善与更新。

4.3　指挥分队

应急救援领导小组下设三个指挥分队。

4.3.1　抢险分队

组　　长：生产副大队长、主任工程师。

副组长：生产组、技术组组长、车队队长。

成　　员：生产组、技术组、车队、相关人员、小队班组其他人员。

职　　责：接受应急救援领导小组的指挥。根据现场情况，采取紧急措施，防止事故的进一步发展；负责现场应急救援工作中的技术监督、指导和具体施工；负责在抢修过程中现场外部的通讯畅通，向应急救援领导小组汇报现场情况；提供现场的相关资料和周边环境资料，为应急领导小组决策提供参考；抢险任务完成后，提出预防措施并对应急救援预案进行修改完善；在事故现场统一指挥应急抢险及善后工作。

4.3.2　救护分队

组　　长：

副组长：

成　　员：

职　　责：接受应急救援领导小组的指挥。负责现场人员救护工作；负责现场与应急领导小组、上级部门的信息沟通，向应急领导小组和上级部门汇报现场情况；根据现场需要，负责与地方公安、消防、交通等有关部门的联络和协调工作；协助地方相关部门，做好现场的安全保卫工作、警戒和人员疏散等工作；根据现场情况，参与确定事故抢险方案。

4.3.3 后勤保障分队

组　长：

副组长：

成　员：

职　责：服从应急救援领导小组的统一指挥。负责抢险人员、抢险设备的调动，抢险材料、物资的供应；与地方医疗部门联系组织人员救护，以及抢险人员食宿等后勤保障工作。负责应急救援物资、材料的储备、供应和协调工作。

4.4　夜间发生事故的应急救援组织

如夜间发生事故或事故险情，当天值班人员应立即成立临时应急抢险救援小组。组长由当天值班领导担任，成员由当天值班班长及夜巡工组成。针对事故、险情状况采取有效措施，控制事故进一步发展，同时通知大队应急救援领导小组成员，赶赴现场进行支援。当不能做到有效处理和控制时，必须及时向分公司调度进行汇报。

5　事故信息的接收、处理、传递

5.1　事故信息汇报程序简图

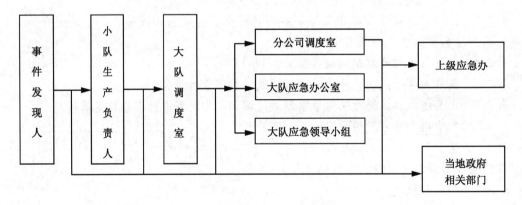

5.2　事故信息的接收

大队调度室是生产运行的指挥机构，是所有信息的汇总点。员工发生或发现事故或事故险情，信息应立即向小队或大队汇报，小队应急救援领导、大队调度室认真接收，对信息进行初步整理和分析，并记录在案。

5.3　事故信息的处理和传递

小队接到事故或事故险情报告后，立即组织人员到达事故地点了解确认事故情况（如事故类型、原因、地点、周边环境、破坏程度等），并及时启动事故应急救援程序。采取紧急必要措施，控制事故事态进一步发展。本级组织不能有效处理时应立即向大队调度室进行汇报。大队应急救援领导小组根据情况采取相应措施（召开现场会议、制定抢险措施、组织大队内相关应急抢险抢修队伍，联系地方政府相关部门的支援等）。

6　应急救援程序

6.1　发生井涌井喷事故救援程序

6.1.1　井口检查员一旦发现井口有溢流、井涌、井喷的险情，应立即报告当班班长或值班干部并切断井场电源，当班司机应按照井控管理制度，先发出井控报警信号，井控信号为汽笛长鸣。各岗位听到报警信号后迅速穿戴好防护用品赶赴各岗位指定地点，按井控操作规程迅速关闭井口，同时值班干部立即报告大队应急领导小组。

6.1.2 大队应急领导小组人员接到报警后，由专人立即向大队调度和分公司调度汇报井场发生的事故情况，同时，分公司、大队应急领导小组负责人应迅速赶赴施工现场，落实关井情况，果断做出处理措施并向上级有关部门汇报现场情况，应急救援小组成员迅速赶到施工井场集合。

6.1.3 一旦井喷失控，大队救护组要及时通知可能受到威胁的单位和人员按照井场逃生路线图撤离危险区，同时通知采油厂负责该井管理人员（联系电话），由采油厂负责该井管理人员与该井所在地区政府联系，做好附近居民的疏散工作。

6.1.4 如果不能实施井控作业而决定放喷点火时，由指定的专业点火人员佩戴防护用品，在上风头安全距离内，用专用信号枪点火，同时按程序向上级汇报，等待上级指示，并且扩大安全警戒区域范围，在井口1000m范围内进行24h警戒与监测。

6.1.5 井口溢流、井涌、井喷险情解除后，大队应急领导小组负责人及时向公司有关部门汇报，施工队队长立即组织岗位员工对污染物进行回收处理，调查分析事故原因，并上报上级部门，恢复修井施工。

6.2 火灾、爆炸应急事故救援程序

6.2.1 当发现与井喷无关的火情时，现场人员应立即切断井场电源，迅速移开易燃、易爆物品，视火情大小使用灭火器或拨打当地消防队电话报警，并迅速报告大队值班干部和现场应急救援指挥部。

6.2.2 大队应急领导小组迅速赶赴现场扑救，当火情较大时，要及时疏散人群，应采取控制和隔离的方法等候专业消防队员来进行灭火。

6.2.3 一旦发生井喷着火，大队应急领导小组及时疏散有关人员到安全地带并警戒火灾现场。同时与消防指挥中心联系，并安排好现场人员在进入井场或驻地的路口指挥消防车的行车路线；在专业消防队到达井场后，听从消防队长的统一指挥。

6.2.4 人员逃生方向应是来风方向或上风头，注意远离易燃、易爆、有害部位，同时扩大警戒区域，在井口1000m范围内进行监测，并同时通知采油厂负责该井管理人员（联系电话），由采油厂负责该井管理人员与该井所在地区政府联系沟通，防止事故扩大。

6.2.5 当火势被扑灭，确认安全后方可开通电源。

6.2.6 及时清理火灾现场，根据情况填写火灾事故报告。

6.3 天然气泄漏、中毒应急事故救援程序

6.3.1 当在压井等重要工序或正常施工过程中发现套管断裂，地层气由施工现场附近地面窜出时，所有施工人员立即戴好防毒面具，向上风头撤离现场，到达安全区域，同时通知现场应急救援指挥部。

6.3.2 现场应急救援指挥部人员接到报警后，由专人立即向大队调度和分公司调度汇报井场发生的事故情况，同时，分公司、大队应急领导小组负责人应迅速赶赴施工现场，对四周进行可燃、有毒气体监测，划定控制区域，并同时通知采油厂负责该井管理人员（联系电话），由采油厂负责该井管理人员与该井所在地区政府联系，做好附近居民的疏散工作。

6.3.3 施工车辆应推出窜气现场。

6.3.4 所有消防人员穿上防火衣，掩护施工人员快速撤离，同时做好消防员和车辆的

撤离工作。

6.3.5 救护人员应做好抢救受伤人员的准备。

6.3.6 当发现野营房中发生气体中毒时，救护者应戴好防毒面具入室，立即打开门窗，并将患者移至空气新鲜、通风良好处。脱离中毒现场后需注意保暖，对呼吸困难者，应立即进行人工呼吸并迅速送医院进行进一步的检查与抢救。

6.3.7 当发现人员中毒时，立即将患者移至新鲜空气处，必要时吸氧，应用呼吸兴奋剂。对窒息者应立即进行人工呼吸，及时转送医院。

6.4 人员疏散

当发生井喷、火灾、爆炸、有害气体泄漏等突发事件时，为了保护人身安全，要坚持"人的生命为第一"的原则，划定危险区域。后勤组负责配备足够数量的有氧呼吸防毒面具，救护指挥组负责现场执行警戒和人员疏散任务，并紧急通知采油厂负责该井管理人员（联系电话），由采油厂负责该井管理人员与该井所在地区政府联系，做好附近居民的疏散工作。事故持续发展的情况下，由应急救援组求助当地政府相关职能部门给予支援，配合紧急情况下的人员疏散。

撤离疏散图如下：

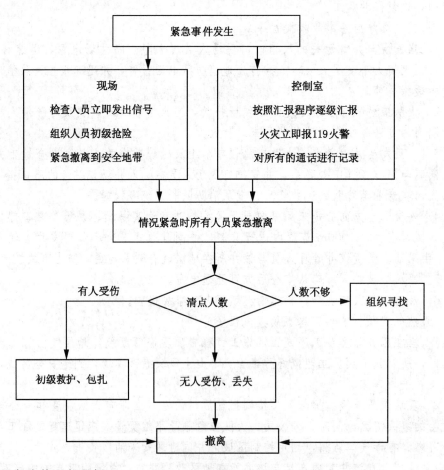

7 预案的管理与更新

7.1 本应急救援预案由分公司审批，并由大队应急救援领导小组发布并实施。

7.2 按照持续改进的原则，大队应急领导小组建立应急救援预案管理制度及相关安全措施，同时对进场设备要害部位情况定期进行检查。

7.3 当应急救援预案中的机构组织发生重大改变或事故类型发生重大改变时，由应急领导小组对应急救援预案进行修订。

7.4 应急领导小组成员负责组织应急救援预案培训，并定期分层次进行专项演练，以提高应急救援处置能力。

8 附件

8.1 气井井位平面示意图（略）

8.2 气井进场就位平面示意图（逃生路线图）（略）

8.3 应急救援领导小组成员联系方式（附表1）

8.4 应急外援组织联系方式（附表2）

8.5 应急配备设施（附表3）

8.6 健康、安全与环保措施（略）

附表1 应急救援领导小组成员联系方式

前线应急指挥部电话						
序号	岗位	姓名	职务	办公室电话	住宅电话	移动通讯
1						
2						
4						
5						
6						
7						
8						
9						
10						
11						
12						
13						
14						
15						

大队总指挥：   大队副指挥：

防喷负责人：   疏散负责人：

防火、防爆负责人：   报警负责人：

防中毒负责人：   小队负责人：

采油厂负责该井管理人：   电话：

附表 2 事故应急救援外援联系方式

序号	单 位	地 址	值班室电话	备 注
1	市安全生产委员会办公室			
2	区政府总值班室			
3	区安全生产监督管理局			
4	区交警大队指挥中心			
5	施工当地派出所			
6	医院急诊室			
7	医院			
8	采油厂（分公司）应急办			
9	采油厂（分公司）调度室			开工前 3 日内落实外援
10	大队应急办			单位及联系人的联系
11	大队调度室			方式
12	当地医院			
13	当地消防中队			
14	施工井所属矿			
15	施工井所属小队			
17	火警		119	
18	匪警		110	
19	医疗急救		120	
20	交通事故		122	

附表 3 应急配备设施

序号	名 称	数量	用 途	负责人	备注
1	拖拉机	2 台	拖拽修井机		
2	抢险指挥车	2 台	应急现场指挥		
3	救护车、水泥车、消防车	各 2 台	应急抢险		
4	便携式可燃气体检测仪	8 台	检测可燃气体		
5	便携式有毒气体检测仪	8 台	检测有毒气体		
6	现场通讯设备	2 部	应急联络		
7	摄像机	2 部	跟踪写实		
8	液压切绳器	2 个	切断绷绳		
9	井架逃生器	1 个	岗位逃生		
10	大型灭火器	4 个	消防		
11	驻井应急指挥部、急救室（值班房）	四栋	现场指挥、急救		
12	警示标志牌	5 套	安全警示		
13	警戒带	4000m	划定警戒区域		
14	防毒面具	50 套			
15	防火帽	30 个	消除排气管火星		
16	消音器	1 个			
17	减震器	1 个			
18	远程井控操作装置	1 套	紧急情况下关井		
19	点火装置	2 套	安全点火		
20	气井专用铜制工具	3 套	防止施工过程产生火花		
21	压井液储备池	$30m^3 \times 3$	压井		
22	低压防爆巡视灯	20 套	井场安全巡检		
23	安全警示灯	30 套	夜间安全警示		
24	低压防爆灯	1 组	井场照明		
25	防爆外场强光放光灯	4 套	井场照明		
26	望远镜	2 部	观察压力读数		
27	轻便防火服	20 套	抢险救援		
28	井架缓降器	2 套	预防坠落		

复 习 题

简答题

1. 防喷演习的目的是什么?
2. 防喷演习的程序主要内容有哪些?
3. 应急预案的主要内容有哪些?
4. 编制应急预案的原则是什么?

第七章 井 喷 案 例

一、齐108—25—1井

井喷时间：1999年10月6日。

井深：1071.09m。

井喷发生过程：某作业公司作业208队于1999年10月5日上午8:00对齐108—25—1井进行起隔热管下泵施工。8:00～14:00做开工准备；14:00～18:00压井；18:00～24:00起隔热管46根（管紧）；10月6日0:00～8:00起隔热管30根；8:00班起隔热管40根（完）；10:40开始下泵施工作业，在下完尾管1根，砂锚4节时，发生汽窜、井涌，抢装井口未成，发生井喷，井内管柱全部喷出。

井喷原因：本井漏失严重及邻井齐108—24—02井注汽造成汽窜。

处理方法步骤：井喷发生后，当班工人及时上报，公司领导及抢险队员立即赶到井喷现场，由于是邻井汽窜井喷，井口喷出物主要是热蒸汽，给抢装井口带来较大困难，在采取降温措施后，经多次努力，抢险人员装上井口，制服井喷。

时间损失：36h。

直接经济损失：4万元。

经验及教训：作业施工时甲乙方在施工上互相沟通较少，作业队不了解邻井注汽的详细情况，甲方要求乙方作业时，没有分析到这两口井能够发生汽窜，导致井喷事故的发生。公司规定在今后作业时，作业队的技术员要在查阅本井的详细井史的同时，要与采油单位加强沟通，了解汽窜情况，以便在作业时注意防范。针对注汽井下泵，要用热水洗井，灌满井筒，保持井内液柱压力，防止井喷。

二、牛26—308井

井喷时间：2001年1月28日。

井深：2001.65m。

井喷过程及处理方法：某作业公司作业2队于2001年1月28日下午16:00，在牛26—308井继续射孔作业施工。17:00当射孔到第3炮点火后，发生井喷；炮弹、电缆一同喷出井筒，撞到井架上打火，引起井喷着火。在灾情发生后，公司立即组织抢险，由消防车将井口火扑灭，用水泥车向井内泵入盐水，组织压井以冷却井口，随后抢险人员将放炮阀门关闭，18:00制服井喷。

井喷原因：本井漏失严重，在射孔时没有及时向井内灌压井液；地质部门对该射孔层位认识不清；上井干部、工人责任心不强，对该井没有采取及时有效的措施。

时间损失：1h。

直接经济损失：1万元。

经验及教训：作业施工时地质部门要认真分析需要射孔层位的情况，在射孔过程中对漏失严重的情况要及时用压井液灌满井筒。上井干部、工人要增强责任心，在射孔前装好放炮阀门，上紧所有井口螺栓，发现井涌时与射孔队及时决定将射孔电缆剪断，关闭放炮阀门。

三、热7井

井喷时间：2001年6月23日。

井深：1359.86m。

井喷过程：某作业公司作业20队于2001年6月14日搬上热7井进行老井复产施工作业。6月14日下笔尖至71.75m遇阻，改下螺杆钻钻铣。到22日15：45钻至1088.37m时无进尺、加压反转，队领导决定起钻，上提1.5m时发生井涌，队领导指挥关闭防喷器，控制了井喷，同时向上级汇报，迅速组织水泥车到现场进行压井。用相对密度1.20盐水40m³进行正反挤，压井泵压4MPa，停泵后泵压及套压为零，拆井口，上提油管2根，因井场无电，装井口。其中在挤压井时，发现闸板内侧有刺漏现象，工人用36in管钳关闭防喷器时将防喷器丝杠摇臂处扭断。23日10：00，打开井口，观察无显示，卸掉井口防喷器后开始起油管，11：30在起到25根时，作业机离合器打滑，准备调整离合器，将作业机熄火，油管吊卡坐在井口，只有两人修车，其他人离开井口。11：40开始井涌，作业机手喊来当班工人，发动作业机进行装井口，因喷势较大慌忙中井口钢圈未入槽，强行穿上四条螺栓，导致井口未能及时控制住；井内喷出的天然气中携带大量的压井液和砂子，井口钢圈很快被刺坏，喷出物向井口两侧横向喷出。

处理方法步骤：井喷发生后，当班工人及时逐级汇报，公司领导及抢险队员立即赶到井喷现场组织抢险，14：20用清水60m³、盐水15m³进行正循环压井，在压井过程中井口左侧螺栓断，井口向右侧倾斜，17：00再次组织用清水30m³、盐水15m³、压井液40m³进行压井，由于井口油管刺断，泵进的压井液从井口侧面全部喷出，导致压井失败。24日清晨井喷喷势有所减弱，6：00强行卸掉大四通，抢装放炮阀门成功。9：00～11：00用盐水40m³压井后，卸掉放炮阀门换装采油树。

时间损失：24h。

直接经济损失：1万元。

井喷原因及教训：不安装防喷器，敞井口进行起油管作业；抢喷装置不符合要求，导致井口钢圈未入槽而被刺坏；起油管时不及时向井内补充压井液；违反施工设计管理规定，设计审核、审批把关失控。

四、杜66—56井

井喷时间：2000年10月15日。

井深：1011.96m。

井喷过程：某作业公司作业5队于10月15日12：00搬上杜66—56井进行施工准备，经查该井无汽窜史。14：00拆井口，装全封，上下活动管柱观察无异常。14：30开始提ϕ144mm隔热管。16：30第52根提5m左右时发现油管汽窜（井内还余11根隔热管），马上下放管柱摘吊环，此时油管汽已窜升至4～5m高，快提井口抢装。至16：32对角带上3条螺栓，但纹均未上满，这时井口法兰之间大量高温蒸汽喷出，人员无法靠前，采用棉被、垫子、铁板挡蒸汽等办法抢装仍未装上，井口失控，发生井喷事故。

抢险经过：抢险队18：00达到现场后，首先从油管接一条管线向井内注水降温，紧固螺栓。19：00左右靠南侧5条螺栓紧固完毕，这时发现全封封井器因高温使橡胶密封部分炭化，螺纹连接部分漏气。用钢丝绳将总阀门和全封封井器反勒在大四通上，加压70kN。20：00准备泵入堵塞物，但担心全封封井器经过长时间高温不能承受高压，经研究加工长螺栓将井口法兰与大四通上法兰固定在一起。24：00长螺栓送到现场，但上下螺栓不对中，穿长螺栓未成功。直至 16 日早 5:00 开始泵入堵塞物两次，将井口封闭压井。5:40 制服井喷。

井喷发生原因：

(1) 该井注汽 1900m³ 后，焖井 6d，放喷时油压 1.3MPa，放喷 1d 出少量水，说明该井放喷不正常；

(2) 刚注完汽，加之放喷出水，证明井筒内液面很高（在 100m 以内），这时井底的压力和井筒内的液柱压力是平衡的。随着隔热管的不断起出，液面相应下降，这时地层压力不断地恢复增加，每次起隔热管，井筒内液面下降，井底所受压力减小，原来停喷时的压力平衡被打破，井内液体上涌，形成井喷。

(3) 注汽后井下近井地带有一个蒸汽带，随着压力的恢复，近井地带的蒸汽就会快速进入井筒，同时其热量使井筒内下部的水闪蒸为蒸汽并快速膨胀，使液汽平衡严重破坏，井内液面迅速上升，蒸汽快速上窜。因井内有封隔器，所以蒸汽推举井筒上部的水迅速从油管内溢出，使液柱压力更低，井下蒸汽的阻力越来越小，1min 后油套管的蒸汽直接喷出，致使井喷发生。

经验及教训：

(1) 开始起隔热管时外壁是干的，但井内剩余 15 根左右时，发现隔热管外壁有大量的水珠，说明这时的压力平衡受破坏，井内的蒸汽推举井筒内的水向上移动，液面已接近井口，井喷马上就会发生。所以，突然发生管柱外壁出现水珠，这时应及时装井口观察。

(2) 起隔热管时发现隔热管温度相对较高，井口蒸汽也相应增多，这时有可能要发生井喷，应及时装井口观察。

(3) 因为蒸汽井喷有其自身高温的特点，所以井控装置必须考虑其密封件的选择，要求达到抗高压、耐高温，封井器的安装应方便、快速。

(4) 施工现场配备 5 双耐温手套，2 套备用扳手和 1 套井口螺栓。

经常性地进行抢装井口训练，在发生意外时应使现场的每一位职工都能知道自己做什么，熟练配合，通力合作。井控装置每班进行检查保养，做到使用时万无一失。下泵井应认真落实焖井、放喷以及与邻井有无汽窜情况，并查明汽窜井目前的生产状况。

五、马 734 井

井喷时间：2001 年 11 月 6 日。

井深：2245m。

井喷过程：2001 年 11 月 6 日，在马 734 井打捞封隔器的作业施工中，发生井喷。具体情况如下：该井是 1987 年 4 月打捞丢手封隔器，封上采下，丢手封隔器位置 2203m。冲捞解封，然后上提管柱。0:00 当井内还有 6 根油管时，发现油管自动慢慢上移，这时现场操作人员立即抢装好井口。8:00，洗压井不通，只好灌满井口。拆下井口后，大四通发现两条对角顶丝轻微弯曲，正要松开对角顶丝时，突然井内剩余的 6 根管柱携带封隔器冲向天空，甩到百米以外。作业操作人员当即组织抢装井口，控制住了井喷。尽管本次井喷未造成较大损失，但事故隐藏着极大的风险。

事故原因：

(1) 捞封前未弄清封堵地层的压力就进行作业，捞封准备工作不足，在套管内壁结蜡未被清除的情况下，进行打捞封隔器施工。

(2) 由于套管内壁结蜡，使油套环空封闭。封堵层高压油气推动封隔器上行，造成了本事故。

（3）没有按施工方案要求安装井口防喷器。

经验教训：打捞封隔器前，对套管内壁结蜡严重的井，应先进行通井、刮蜡并热洗；打捞封隔器前要根据封堵油层的压力情况，选择相对密度合适的压井液进行压井；解封后要随时观察井内状况，如发现异常，马上采取相应措施；作业施工前，要详细了解地层的压力资料，做好防喷准备。

六、欢6—102井

井喷时间：1994年4月17日。

井深：1124m。

井喷过程：1994年4月17日，在欢6—102井执行堵水、补层施工作业时，按要求打捞丢手封隔器。4月17日射孔作业时，放炮闸门本应安装12条井口螺栓，实际只安装了4条。其中两条螺栓未上紧，另两条螺栓一端无螺帽。射孔至第二炮时，发现井口溢流，射孔队及时抢提电缆，提到中途时，射孔枪被井内气流顶出井外。现场人员立即抢关放炮闸门。由于螺栓不全，导致放炮闸门被井内气流顶飞，井口失去控制，井内的FH—5丢手封隔器也随气流飞出井口，造成恶性井喷事故。

井喷原因：

（1）现场操作人员技术素质低、责任心差，在固定放炮闸门井口螺栓未上全的情况下，盲目指挥射孔；

（2）现场技术人员经验少，不了解操作规程；

（3）射孔队没有严格执行射孔操作规程，在条件不具备的情况下射孔，出现井涌时未及时剪断电缆。

经验教训：

射孔前，必须将固定放炮闸门的井口螺栓上齐上满，并试压合格；

射孔前，按设计要求进行压井，确保液面在井口。在条件不具备的情况下，不能射孔；

射孔时，要有技术人员专门负责观察井口，如发现有井口溢流，应采取有效的防喷措施，控制井喷事故的发生。

射孔队与作业队要协调配合，严格按施工方案要求进行施工，确保工程质量。

七、海14—32井

井喷时间：1999年6月8日。

井深：1650m。

井喷过程：海14—32井是一口稀油井，该井由于生产井段1642.31～1653.18m出砂严重，所以决定调层生产1632.40～1638.01m井段。

1999年6月3日作业队搬上该井组织施工。6月6日射孔后，下测静压管柱完毕。6月8日下午16：00测静压完毕，开始起管柱。由于测压数据未及时反馈到作业队，使作业队对井下地层压力情况不清楚，起管柱过程中又未进行压井，当起油管至76根时，套管出现溢流，立即组织抢装井口。在抢装井口过程中，油管悬挂器上完螺纹时，套管、油管同时有大量的油气涌出，当将油管挂坐入大四通后，油气已失去控制，抢装井口失败，发生井喷。油气柱高度达20m左右，持续了约40min后，采用套管注水法，防止油气喷出失火，直至晚22：30喷势逐渐减弱，抢装井口成功。

井喷原因：在井下地层压力不详的情况下盲目施工，起管柱前又未按规定进行压井，是该事故的主要原因。

经验教训：对于调层井，作业施工要注意以下几点：

（1）在射孔后进行调层井作业，要全面了解和掌握地层压力等情况，修改补充原设计方案。

（2）射孔后进行调层井作业，在测压资料不清时，严禁作业施工。

（3）对调层井进行施工作业，施工前要认真分析油层高压物性，周密组织施工。

八、杜51—45井

井喷时间：2000年8月26日。

井深：1027m。

井喷过程：2000年8月25日17:00某队搬上杜32块17#平台51—45井进行注转抽作业。当晚19:30前搬家准备完毕，进行井口放油套压力，无压力，观察30min。20:00拆井口，原井管柱下探砂面（氮气管柱无封隔器，甲方允许的），下探1m，砂柱31m（井段977～977.5m，人工井底1027m，注汽管柱深度995m）。甲方要求用原井注汽管柱冲砂，25日24:00至26日3:00冲砂完毕，到8:00起完注汽管柱，正常起管柱时套管有溢流，甲方要求抢起抢下，不让压井。8:00～9:00排管杆并丈量，组配下泵管柱。9:00～9:30下油管16根（带泵），坐井口。因为相邻的49—47井正进行高压防砂注汽作业。26日14:00井口再次放油套压，无压，拆井口下泵管，当第17根管柱下放距离井口3m时，油管往上喷蒸汽约有2m高，当吊卡下放坐在井口时，油管喷出的蒸汽有5～6m高，温度在100～150℃，井口操作人员顶着地板革（板房铺地用的）强行卸下吊卡，这时防喷器已装不上，油套管喷势更大，约20m高，由于全是蒸汽已看不清井口，20min后蒸汽见油花。现场组织抢喷，到26日15:45抢喷完。抢喷过程因为蒸汽温度太高，造成三名工人烫伤。

事故原因：

（1）施工单位的防喷意识淡薄，对职工井控知识教育培训不够。

（2）职工缺少对该区块注汽井井喷处理经验，不掌握注汽井之间窜层规律和经验。

（3）由于同一平台的49—47井正在进行高温防砂注汽，注汽压力15MPa，温度320℃，该区块油层埋藏浅，很容易造成窜层，而且该地区已经发生多次由于注汽窜层造成的井喷，49—47井停注后，该井喷势逐渐减弱，所以51—45井发生井喷与49—47井注汽，造成窜层有直接关系。

经验教训：

（1）应要求甲方及时提供正在作业的同平台、同层位注汽井的注汽资料及易窜层的情况，以免再次发生类似事故。

（2）该井井喷，又一次给我们敲响了警钟。邻井注汽窜层造成杜51—45井井喷的原因不可否定，但是该井施工作业前，一是现场没有配备特稠油区块的抢喷工具，二是没有安装防喷器（抢喷无硬件——防喷器，临时匆忙组织一套防喷器，贻误了抢喷的最佳时机）是造成井喷时间持续长达90min，喷出水蒸气及原油量多的最直接的原因，同时也是应吸取的经验教训。井喷后果是造成3名工人烫伤，环境大面积受到污染，给油田造成一定经济损失。另外，使油田的形象和施工作业信誉受到一定损害。

九、海11—19井

井喷时间：2000年1月18日。

井深：1938m。

井喷过程：2000年1月18日17:40左右，某作业队在海南3#平台11—19井实施打捞电缆作业过程中，发生井喷着火事故。

海 11—19 井于 1 月 8 日开始作业，任务是调层。1 月 9 日射孔，放第二炮时，发生井涌，采取紧急措施砸断电缆，关闭放炮闸门。致使 1300m 电缆和 3mϕ127mm 枪身落入井内，接上管线进站放喷，观察井口压力为 3.8MPa。海 11—19 井恢复生产后，压力逐渐降至与回压相等。1 月 16 日上午，海 11—19 井打捞电缆、下泵生产作业工程设计出来。"送修书"上要求卤水压井，井口无压力后下打捞管柱。设计经审批后安排 17 日对该井实施作业。

由于井卡，按工艺要求安排解卡作业，安排人员打开井口，观察压力。18 日早上，解卡后，再进行打捞作业，措施是分段洗井，同时继续观察海 11—18 井井口压力。下午 3 点多钟，海 11—19 井解卡作业完，准备打捞作业，到此时海 11—19 井一直没有油气显示。16:30 左右，开始下油管，尾部带 ϕ50mm 外钩捞矛。准备一台水泥车，两台罐车，施工措施是分段洗井，保下管。17:30 左右，在下油管约 20 根时，该井发生井涌、喷油，副队长组织井上人员抢装油管挂及井口阀门，当装上井口并穿上 4 条井口螺栓，正在紧螺栓时，井喷增大，喷出高度约 7~8m，喷出物为轻质油和天然气。井口作业人员为防止原油高喷造成污染，用手遮挡喷出油气，不料喷出的油气被作业机两侧的低压照明灯引燃，沿地面迅速蔓延到井口，井口作业人员身上着火，纷纷跑离井口，被井场其他人员救护送到医院。此时洗井的水泥车正在途中，尚未到达现场。海 11—19 井着火后将西侧的海 11—11 井光杆密封器密封烧坏喷油起火。18:10，消防车达到现场，将海 11—11 井井口火焰扑灭。海 11—19 井在海 11—11 井着火后不久，即自行停喷，现场人员扑灭地面余火后，将其井口阀门关闭。

这起井喷着火事故，造成 1 人死亡，1 人重伤，3 人轻伤，火灾直接经济损失约 20 万元。

事故原因：

(1) 这起井喷着火事故经调查认定是一起违章作业造成的一般性火灾伤亡事故。

(2) 这起火灾伤亡事故的主要原因是：海 11—19 井在调层射孔后，已经发生过井涌，造成砸断电缆、抢装井口，才进行打捞作业，说明该井地下有一定自喷压力，生产后压力下降，证明该井属于压力变化异常井。但该队在打捞施工时，没有按照海洋公司的作业设计进行压井，空井下管柱进行打捞作业，致使发生井喷，喷出的油气被照明灯引燃，造成井喷火灾伤亡事故。

经验教训：

(1) 当天值班干部负有现场指挥、管理职责，未按设计要求灌注压井液，是违章作业造成火灾伤亡事故的直接责任者。

(2) 切实加强施工作业现场安全监督检查工作，严格审批和规范施工作业程序，按各项标准制度对施工全过程进行监督检查是完全必要的。

(3) 应加强井控知识的普及和井控意识的培养。

十、兴 31 井

井喷时间：1998 年 4 月 5 日。

井深：1560m。

井喷过程：1998 年 4 月 5 日下午 3:00，某公司作业二队在兴 31 井修井作业施工过程中发生一起井喷生产事故。兴 31 井是一口长期停产报废井，1998 年 3 月通过地质复查，发现该井有 1.4m 厚的气层未射开动用，为此提出复产方案。本次修井目的是封堵 15 号层，上返 10 号层，气层井段为 1579.4～1578.0m。该井于 3 月 25 日至 29 日搬迁，经压井起管柱、通井、下丢手封隔器坐封后，试压不合格。重复试压时发现，表层与油层套管环形空间返出大量水，判断油层套管有破漏点。按施工堵漏方案，班长组织打水泥帽，水泥车试压 6MPa，停泵降至 2MPa，不合格。经请示项目组工程师，作业队按修改方案组织测井下传输射孔管柱射孔。因投棒后不喷，后用压风机诱喷，压力升至 1MPa 后 3h 不升压，出口不返液，请示公司后决定，停止气举不搬家，做带封隔器下泵准备。

4 月 5 日，项目经理按设计组织下泵。8:00～9:00 压井（用清水 30m³，返出 25m³），9:00～14:50 起油管 110 根，作业机帆布拉筋背帽损坏，维修作业机。15:00 发现井口外溢，立即组织抢装井口无效，15:05 油管上顶至天车，顶倒井架，54 根油管柱喷出，压坏高压线路，造成无控制井喷事故。经组织全力抢险，17:00 左右抢装放炮闸门成功，但由于套管漏失严重，无法进行挤压井，被迫采取降压措施，至 4 月 6 日 9:45，井喷得到控制。

事故原因：

（1）思想麻痹是这次井喷发生的主要原因。对兴 31 井地处兴一联合站和家属区附近的作业安全防范重视不够，管理措施跟不上，没有制定具体的防井喷、防火灾、防人身事故、防工程事故、防污染的"五防"措施的预防方案及补救措施。

（2）不按施工设计操作规程施工，井口观察不及时，同时也未采取作业机暂停应急装井口措施，是造成事故的直接原因。

（3）试井试压发现套管有漏点，作业公司虽对甲方方案工序提出异议，但未坚持向上级主管部门汇报并进行下道工序施工，是造成这次事故的主要原因。

（4）现场监督的力度不够。现场施工作业措施落实不够，对项目组管理、现场监督检查不够，项目组没有制定专门监督方案，重点工序监督不到位，无现场专职监督员，负有现场监督责任。作业公司领导及有关管理部门未能及时到施工现场进行监督。

经验教训：作业机暂停发动机前，应装好井口，指定专人观察井口。

第八章 井下作业 HSE 基本知识

加强劳动保护，抓好安全生产，保障职工安全和健康，是党和国家的一贯方针，也是油田生产管理的一项基本原则。特别是井下作业属野外作业，环境艰苦，工艺复杂，工序繁多，生产过程中危险性较大，保障安全生产尤为重要。多年来的经验说明，安全生产必须从预防入手，而预防又必须从教育抓起，普遍提高广大员工的安全意识，是搞好安全生产的根本保证。

第一节 安全用电基本知识

安全用电是防止触电事故发生的重要措施，是确保企业安全生产的重要内容之一。因此，明确用电基本常识，是实现安全用电的基本保证。

一、触电类型

在企业生产过程中，容易发生的触电有：单相触电、两相触电、跨步电压触电。

1. 单相触电

1）中性点接地系统的单相触电

工业企业中，380/220V 的低压配电网络是广泛应用的。这种配电系统均采用中性点接地的运行方式，当处于地电位的人体触及到一相火线时，即发生了单相触电事故，如图 8—1 所示。单相触电通过人体的电流与人体和导线的接触电阻、人体电阻、人体与地面的接触电阻以及接地体的电阻有关。在低压配电系统中，单相触电时，人体承受的电压约为 220V，危险性大。

2）中性点不接地系统的单相触电

中性点不接地系统单相触电如图 8—2 所示。一般电网分布小、绝缘水平高的供电系统，往往采用这种运行方式。当处于地电位的人体，接触到一根导线时，由于输电线与地之间存在分布电容，所以电流通过人体，与电容构成回路，发生单相触电事故。这种触电，在对地绝缘正常时，对地电压较低；当绝缘下降时或电网分布较广时，对地电压可能上升到危险程度，这时同样是十分危险的。

2. 两相触电

当人体同时接触到同一配电系统（不论中性点是否接地）的两条火线时，即发生了两相触电，如图 8—3 所示。两相触电是最危险的，因为加在人体上的是两相间的电压即线电压，它是相电压的$\sqrt{3}$倍，电流主要取决于人体电阻，因此电流较大。由于电流通过心脏，危险性一般较大。

对于中性点不接地系统，当存在一相接地故障而又未查找处理时，则形成了一相接地的三相供电系统。当人体接触到不接地的任一条导线时，作用在人体上的都是线电压，这时也发生了两相触电。

3. 跨步电压触电

这类事故，主要发生在故障设备的接地点附近，如架空输电线断后落在地面上，或雷击时避雷针接地体附近。因带电体有电流流入大地时，接地电阻越小、电流越大，在接地点周围的土壤中产生的电压降也越大。人在接地点附近行走，两脚间（0.8m）形成跨步电压。当人在这一区域内（20m以内）时，将因跨步电压的原因，发生跨步电压的触电事故。如图8—4所示是跨步电压触电的情形。这时，电流从一只脚，经过腿、胯流向另一只脚。当跨步电压较高时，会引起双腿抽筋而倒地，电流将会通过人体的某些重要器官，危及生命。

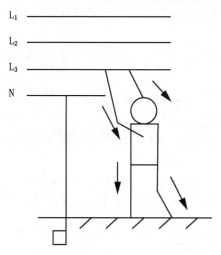

图8—1　中性点接地系统的单相触电

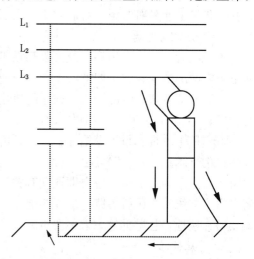

图8—2　中性点不接地系统的单相触电

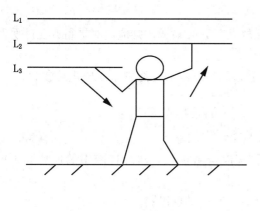

图8—3　两相触电

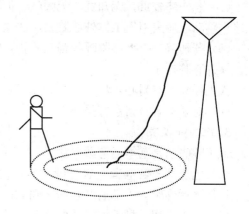

图8—4　跨步电压触电

二、触电的急救方法

虽然人们制定了各种电气安全操作规程，使用各种安全用具，但是触电事故还是可能发生的。

石油工业企业用电量大，相当数量的用电设备于野外、露天等严酷条件下运行，易发生漏电触电事故，一旦发生触电，应立即进行急救。

触电造成的伤害主要表现为电休克和局部的电灼伤。电休克可以造成假死现象，所谓假死，是触电者失去知觉，面色苍白、瞳孔放大、脉搏和呼吸停止。

触电造成的假死，一般是随时发生的，但也有在触电几分钟、甚至一两天后才突然出现假死的症状。

电灼伤都是局部的，它常见于电流进出的接触处，电灼伤大多为三度灼伤，比较严重。灼伤处呈焦黄色或褐黑色，伤面有明显的区域。

发生触电后，现场急救是十分关键的，如果处理得及时、正确，迅速而持久地进行抢救，很多触电人虽心脏停止跳动，呼吸中断，也可以获救；反之，将会产生严重后果。现场急救，包括迅速脱离电源、对症救治、人工呼吸、人工体外心脏挤压和外伤处理几个方面。

1. 迅速脱离电源

人触电后，可能由于痉挛或失去知觉等原因而紧抓带电体，不能摆脱电源，这时应尽快使触电者脱离电源。方法如下：

（1）拉下或切断电源开关，或用绝缘钳子截断电源线，对照明线路触电，应将两条电线都截断；

（2）用干木棍、竹竿等绝缘物，挑开电线或电气设备，或拉住触电者衣服（戴手套或站在绝缘的干木板上），使其脱离电源；

（3）如系高压触电，应立即通知有关部门停电，或者带上安全用具，拉开高压开关，或者抛掷金属线使高压线短路，造成继电保护动作，切断电源。这时需注意，抛掷的金属线一端要可靠接地，且抛掷的一端不要再触及到人。

2. 对症救治

脱离电源以后，应根据触电者的伤害程度，采取相应的措施：

（1）若伤势较轻，可使其安静地休息 1~2h，并严密观察。

（2）若伤势较重，无知觉、无呼吸、但心脏有跳动，应进行人工呼吸。如有呼吸，但心脏停止跳动，应采用人工体外心脏挤压法。

（3）若伤势严重，心跳呼吸都已停止，瞳孔放大，失去知觉，则应同时进行人工呼吸和人工体外心脏挤压。

人工呼吸要有耐心，尽可能坚持 6h 以上，需去医院抢救的，途中不能停止急救。

（4）对触电者严禁乱打强心针。

3. 人工呼吸法

人工呼吸法是基本的急救方法之一。具体步骤如下：

（1）迅速解开触电者上衣、围巾等，使其胸部能自由扩张，清除口腔中的血块和呕吐物，让触电者仰卧，头部后仰，鼻孔朝天；

（2）救护人用一只手捏紧他的鼻孔，用另一只手掰开其嘴巴；

（3）深呼吸后对嘴吹气，使其胸部膨胀，每 5s 吹一次，也可对鼻孔吹气；

（4）救护人换气时，离开触电者的嘴，放松紧捏的鼻，让他自动呼气。

4. 人工体外心脏挤压法

这种方法也是基本的急救方法之一。这是用人工的方法对心脏进行有节律的挤压，代替心脏的自然收缩，从而达到维持血液循环的目的。其方法如下：

（1）解开触电者衣服，使其仰卧在地上或硬板上；

（2）救护人骑在触电者腰部，两手相叠，把手掌放在触电者胸骨下三分之一的部位；

（3）掌根自上而下均衡的向脊背方向挤压；

（4）挤压后，掌根要突然放松，使触电者胸部自动恢复原状。挤压时不要用力过猛过大，每分钟挤压 60 次左右。

用上述方法抢救，需要很长时间，因此要有耐心，不能间断。

5. 外伤处理

（1）用食盐水或温开水冲洗伤口，用干净绷带、布类、纸类进行包扎，以防细菌感染；

（2）若伤口出血，应设法止血，出血情况严重时，可用手指或绷带压住或缠住血管；

（3）高压触电时，由于电弧温度高达几千摄氏度，会造成严重的烧伤，现场急救时，为减少感染最好用酒精擦洗，再用干净布包扎。

三、防止触电措施

发生触电事故的原因固然很多，但主要原因可以归纳为以下四点：

（1）电气设备安装不合理；

（2）维护检修工作不及时；

（3）不遵守安全工作制度；

（4）缺乏安全用电知识。

为确保生产安全用电，电气工作人员首先要做到正确设计、合理安装、及时维护和保证检修质量。其次，应加强技术培训，普及安全用电知识，开展以预防为主的反事故演习。除此以外，要加强用电管理，建立健全安全工作规程和制度，并严格遵照执行。

在电气设备上进行工作，一般情况下均应停电后进行。如因特殊情况必须带电工作时，须经有关领导批准，按照带电工作的安全规定进行。对未经证明是无电的电气设备和导体，均应视作带电体。

1. 断开电源

在检修设备时，把从各方面可能来电的电源都断开，且应有明显的断开点。对于多回路的线路，特别要注意防止从低压侧向被检修设备反送电。在断开电源的同时，还要断开开关的操作电源，刀闸的操作把手也必须锁住。

2. 验电

工作前，必须用电压等级合适的验电器，对检修设备的进出线两侧各相分别验电。明确无电后，方可开始工作。验电器事先应在带电设备上进行试验，以证明其性能正常良好。

3. 装设接地线

装设接地线是防止突然来电的惟一可行的安全措施。对于可能送电到检修设备的各电源，及可能产生感应电压的地方都要装设接地线。装设接地线时，必须先接接地端，后接导体端，接触必须良好。拆接地线的顺序与此相反，先拆导体端，后拆接地端。装拆接地线均应使用绝缘杆或带绝缘手套。

接地线的截面积不可小于 $25mm^2$。严禁使用不符合规定的导线做接地和短路之用。接地线应尽量装设在工作时看得见的地方。

4. 悬挂标示牌和装设遮拦

在断开的开关和闸刀操作手柄上悬挂"禁止合闸，有人工作"的标示牌，必要时加锁固定。

在工作中，距其他带电设备的距离小于表8—1所列的安全距离时，应加装临时遮拦或护罩。临时遮拦和护罩距带电设备的距离不得小于表8—2规定的数值。

四、带电工作中的防触电措施

1. 在低压电气设备上从事带电工作

（1）应由经过训练的人员担任，并派有经验的电气人员监护；

表 8—1　安全距离

电压等级, kV	安全距离, m	电压等级, kV	安全距离, m
15 以下	0.70	44	1.20
20~35	1.00	60~110	1.50

表 8—2　临时遮栏安全距离

电压等级, kV	安全距离, m	电压等级, kV	安全距离, m
15 以下	0.35	44	0.90
20~35	0.60	60~110	1.50

（2）工作人员应穿长袖衣服，戴手套和工作帽，并站在绝缘垫上，严禁穿背心或短裤进行带电工作；

（3）应使用合格的有绝缘手柄的钳子、螺丝刀、活扳手等工具，严禁使用锉刀和金属尺；

（4）将可能碰触的其他带电体及接地物体应用绝缘物隔开或遮盖，防止发生相间短路及接地短路。

2. 在低压线路上带电工作

（1）在带电的低压线路上工作时，应设专人监护，使用合格的有绝缘手柄的工具，穿绝缘鞋或站在干燥的绝缘物上。

（2）高、低压线同杆架设时，应先检查工作人员与高压线可能接近的距离是否符合规定，若不符合规定，要采取防止误碰高压线的措施或将高压线停电。

（3）同一杆上不准两人同时在不同相上带电工作。工作人员穿越线档，必须先用绝缘物将导线遮盖好。

（4）上杆前应分清火线（相线）与地线，选好工作位置。断开导线时，应先断开火线，后断开地线。搭接导线时，应先接地线，后接火线。接火线时，应先将两个线头搭实后再行缠接，切不可使人体同时接触两根导线。

3. 高压设备带电工作

高压设备和高压线路上的带电工作，必须由专门的带电作业人员承担。

五、井下作业井场安全用电规定

井下作业井场用电设备和线路都处在野外环境中，且有易燃易爆区，作业施工搬迁频繁，施工作业应严格执行 SY 5727—1995《井下作业井场用电安全要求》，做到安全用电。

（1）井场所用的电线必须绝缘可靠，严禁用裸线或电话线代替，不准用照明线代替动力电线。

（2）井场电线必须架空，高度不低于 2.5m。井架照明不许直接挂在井架上，防止电线漏电、井架打铁通电、工人上下井架触电。探明灯电线不能在人行道上和油水坑中，以防损坏漏电伤人。

（3）井架照明必须用防爆灯，探明灯必须有灯罩，预防天然气或原油喷出打坏电灯泡引起爆炸着火。

（4）探明灯离井口应在 10m 之外，灯光不能直射司钻或井口操作工人，避免工人眼睛受直光刺激，影响操作。搬移探照灯时，必须先拉掉闸刀开关，其位置应离开套管两边闸门管线喷射方向，预防突然出油气将探明灯打坏引起火灾。

（5）电源闸刀应离开井口 25m 以外，并且安装在值班房内。闸刀开关应装闸刀盒，发现闸刀盒损坏应及时更换，不应凑合使用，应具备简易配电箱。

（6）井下作业发生井喷迹象时，立即将电源切断。

第二节　防火与防爆

一、石油火灾的特点

石油火灾指石油勘探开发和储运加工过程中发生的石油（包括液化石油气、天然气）火灾。石油火灾具有以下几方面的特点。

1. 爆炸危险性大

石油及其产品在一定的温度下能蒸发大量的蒸气。当这些油蒸气与空气混合达到一定比例时，遇到明火即发生爆炸。同样，液化石油气、天然气当其与空气混合达到爆炸极限时，遇明火即发生爆炸。这一类爆炸称之为化学性爆炸。储油（或液化石油气）容器在火焰或高温的作用下，油（液）蒸气压力急剧增加，在超过容器所能承受极限压力时，储油（液）容器发生的爆炸，称之为物理性爆炸。在石油火灾中，有时是先发生物理性爆炸，容器内可燃气体、可燃蒸气冲出引起化学性爆炸，然后在冲击波或高温、高压作用下，发生设备、容器物理性爆炸；有时是物理性与化学性爆炸交织进行。

2. 火焰温度高、辐射热强

石油火灾其火场环境温度较高，辐射热强烈。油气井喷发生火灾时，火焰中心温度可达 1800～2100℃，而气井火焰温度一般比油井火焰温度高，其辐射热与火焰高度以及井喷压力、油气产量有关。火焰高度越大，辐射热越强；压力、产量越大，火场温度越高。距火焰柱 50m 处，人员、车辆便难于靠近，尤其是下风方向，更不易靠近。油罐发生火灾，火焰中心温度可达 1050～1400℃，油罐壁的温度达 1000℃ 以上。油罐火灾的热辐射强度与发生火灾的时间成正比，与燃烧物的热值、火焰的温度有关。燃烧时间越长，辐射热越强；热值越大，火焰温度越高，辐射热强度越大。强热辐射易引起相邻油罐及其他可燃物燃烧，同时，严重影响灭火行动。因此，石油火灾的灭火异常艰巨。

3. 易形成大面积火灾

石油火灾发展蔓延速度快，极易造成大面积火灾。石油井喷火灾，从井下喷出的原油在空中没有完全燃烧，落到井场设备及其周围建筑物上继续燃烧，这样就会造成大面积火灾。井喷火灾当出现泉喷，油气四处流淌扩散或出现异常现象，或井口周围地表冒出天然气，便会引起大面积火灾。石油储罐火灾，伴随油罐的爆炸，油品的沸溢、喷溅、流散，便会发生油罐区大面积火灾。液化石油气储罐区发生火灾，随着大型液化石油气储罐破裂、泄漏，气体向外扩散，其扩散面越大，形成火灾的面积也就越大。

4. 具有复燃、复爆性

石油火灾在灭火后未切断可燃气体、易燃可燃液体的气源或液源的情况下，再次遇到火源或高温将产生复燃、复爆。对于灭火后的油罐、输油管道，由于其壁温过高，如不继续进行冷却，会重新引起油品的燃烧。因此，扑救石油火灾，常因指挥失误，灭火措施不当而造成复燃、复爆。

二、火灾和爆炸事故的一般原因

虽然原因复杂，但事故主要是由于操作失误、设备缺陷、环境和物料的不安全状态、管理不善等引起的。

(1) 大多数事故是因操作人员缺乏有关的防火知识，在火灾和爆炸险情面前思想麻痹，有侥幸心理，违章作业而引起的。

(2) 设备方面原因有设计不符合防火防爆要求，选材不当，设备无安全保护装置，制造工艺缺陷。

(3) 物料方面原因如可燃物的自燃，各种危险品的相互作用，运装时受剧烈震动撞击等。

(4) 环境方面原因有潮湿，高温，通风不良，雷击等。

(5) 管理方面原因有规章制度不健全，没有合理的安全操作规程，没有设备的计划检修制度；生产设备失修，生产管理人员不重视安全，不重视宣传教育和安全培训。

三、火灾燃烧的条件

发生燃烧的条件是可燃物质和助燃物共同存在，构成一个燃烧系统，同时要有导致着火的火源。

(1) 可燃物，是指在火源作用下能被点燃，并且当火源移去后能维持继续燃烧，直至燃尽，即凡能与空气、氧气和其他氧化剂发生剧烈氧化反应的物质。

(2) 助燃物，也称氧化剂，如空气、氧气、氯气、氟和溴等。

(3) 着火源，为具有一定温度和热量的能源。

上述三项为燃烧的基本条件，当三个条件在数量和程度上发生变化时，会使燃烧速度改变甚至停燃，这就是灭火的基本原理。

根据燃烧必须是可燃物、助燃物和火源三个基本条件相互作用才能发生的道理，采取措施，防止三个条件同时存在或避免它们的相互作用，则是防火技术的基本理论。

四、防火基本技术措施

1. 消除着火源

防火的基本原则主要应建立在消除火源的基础之上。因为任何地方都经常处在可燃物和空气之中，具备燃烧三个基本条件中的两项，只有消除火源才能满足预防火灾和爆炸的基本要求。火灾原因调查实际上就是查出着火源种类。

2. 控制可燃物

以难燃和不燃物代替可燃物；降低可燃物在空气中的浓度；防止可燃物跑、冒、滴、漏；对相互作用能产生可燃气体的物品加以隔离，分开存放。

3. 隔绝空气

在必要时可使生产在真空条件下进行，在设备容器中充装惰性介质保护。如燃料容器在检修焊补前用惰性介质置换；可燃物隔绝空气贮存（如金属钠存于煤油中）。

4. 防止形成新的燃烧条件，阻止火灾范围的扩大

设置阻火装置、防火墙，建筑物间留防火间距。

一切防火技术措施都包括：一是防止燃烧基本条件的产生，二是避免燃烧基本条件的相互作用。

五、灭火基本措施

灭火措施是设法消除已产生或形成的燃烧必要条件。

一旦发生火灾，只要消除燃烧条件中的任何一个，火就会熄灭。常用的灭火方法有隔离法、冷却法、窒息法、抑制法。

（1）隔离法，就是将可燃物与着火源隔离开来，燃烧就会停止。

（2）冷却法，是将燃烧物的温度降到着火点（燃点）以下，使燃烧停止。或将邻近着火场的可燃物温度降低，避免扩大形成新的燃烧条件，常用水或干冰（二氧化碳）进行降温灭火。

（3）窒息法，是消除助燃物（空气、氧气或其他氧化剂），使燃烧停止。主要是阻止助燃物进入燃烧区，或用惰性介质或阻燃物质冲淡稀释助燃物，使燃物得不到足够的氧化剂而熄灭。措施：将灭火剂（如四氯化碳、二氧化碳泡沫灭火剂等）不燃气体或液体喷洒在燃烧物表面，使之不与助燃物接触；用惰性介质或水蒸气充满容器设备，将正在着火的容器设备封严密闭；用不燃或难燃材料捂盖燃烧物等。

（4）抑制法，是使维持燃烧反应的火焰中的自由基和活性基因急剧减少，中断燃烧的连锁反应，从而使火焰熄灭，即夺去燃烧链式反应中的活泼自由基来完成灭火—断链过程。措施：干粉灭火剂或卤代烷灭火剂（1211）。

六、天然气火灾与灭火

1. 天然气火灾的危险性

（1）燃烧性：气体燃烧与液体和固体的燃烧不同，它不需要蒸发、溶化等过程。气体在正常条件下就具备燃烧条件，比液、固体易燃、燃烧速度快、放出热量多，产生的火焰温度高、热辐射强，造成的危害大。

此外，天然气处于压力下受冲击，摩擦或其他火源作用，则会发生喷流式燃烧（气井井喷火灾，高压气从燃气系统喷射出来时的燃烧）。这类火灾较难扑救，应当设法断绝气源。

（2）爆炸性：

①爆炸极限。可燃物与空气的混合物，在一定的浓度范围内均匀混合形成混合气，遇着火源才会发生爆炸，这个浓度范围称为爆炸极限（或爆炸浓度极限）。单位是以可燃气体在混合物中所占体积的百分比来表示，最高浓度为爆炸（着火）上限，最低浓度为爆炸下限。爆炸极限受温度、氧含量、惰性介质、压力、容器、能源影响。一般温度高，爆炸下限降低，爆炸极限范围扩大；氧含量增加，爆炸极限范围扩大，尤其爆炸上限提高得更多；天然气中惰性气体增加，爆炸极限范围缩小；压力增大，爆炸极限范围扩大，上限提高得更多；容器直径小，爆炸极限范围小；能源强度越高，加热面积越大，作用时间越长，则爆炸极限范围越宽。

②爆炸危险度。天然气的爆炸浓度极限范围越宽，爆炸极限下限越低，上限越高，则爆炸危险度越大，危险性也就越大。

③传爆能力。传爆能力是天然气混合物传播燃烧爆炸能力。

（3）加热自燃性。

（4）扩散性：指天然气在空气及其他介质中的扩散能力。扩散速度越快，火蔓延扩展的危险性就越大。比空气轻的组分逸散到空气中，易形成爆炸性混合物（氢、甲烷等）；比空气重的组分则漂流在地面积聚（丁烷、戊烷、硫化氢）。

（5）腐蚀、毒害和窒息性：H_2S，CO，SO_2 具有腐蚀性，对人体有害，一旦进入空间，会降低氧量，发生窒息现象。

2. 天然气火灾的原因

（1）设备密封不严而产生漏气；设备长期无防腐措施，因腐蚀而产生漏气；设备老化产生漏气；设备破损而漏气。

（2）火源。

直接火源：明火、电火花、雷击等；

间接火源：加热自燃起火（本身自燃起火）。

3. 天然气火灾的灭火方法

灭火分两大类：物理灭火（冷却法，稀释法，破坏火焰稳定性）、化学灭火（抑制法）。

使用灭火剂灭火时，应先切断气源，以防灭火后出现复燃、复爆。

一旦发生火灾应抓住时机，以快制胜；以冷制热，防止爆炸；先重点、后一般，各个击破、适时合围。

（1）断源灭火。关阀断气，使燃烧中止。但断气灭火时，注意与阀相关的设备、工艺流程的安全。

（2）灭火剂灭火。可选用的灭火剂有水、干粉、卤代烷（1211）、蒸气、氮气、二氨二碳等。

七、防爆

1. 爆炸现象

爆炸是物质在瞬间发生非常迅速的物理或化学变化的一种形式。由于物态剧变，以机械功的形式释放出大量的气体和能量，使周围压力发生急剧的突变，同时产生巨大的声响。其主要特征是压力的急剧升高。

2. 爆炸分类

按照爆炸能量来源的不同，可分为：

（1）物理性爆炸：由物理变化（P. T. V）引起的，前后物质的性质和化学成分不变。

（2）化学性爆炸：物质在短时间内完成化学变化，形成其他物质，同时产生大量气体和能量的现象。

按照爆炸的瞬时燃烧速度的不同，爆炸可分为：

（1）轻爆：爆炸时的燃烧速度为每秒数米以内，无多大破坏力，音响也不大。

（2）爆炸：传播速度在每秒10m至数百米的爆炸，有较大的破坏力，震耳的声音。

（3）爆轰：传播速度在每秒1000m至7000m的爆炸，突然引起极高压力，并产生超音速的"冲击波"。易引起"殉爆"现象发生。

3. 构成爆炸的要素

（1）可燃物与助燃物事先混合好；

（2）变化速度非常快；

（3）产生大量的热；

（4）产生大量的气体。

4. 石油天然气易爆性

石油、天然气的爆炸往往与燃烧相联系，当石油蒸气与空气形成爆炸范围内的混合气时，一遇火源，就先爆后燃，当混合气超过爆炸上限时，遇火源先燃烧，待石油蒸气下降到爆炸上限内时，随即发生爆炸。因此，油品易燃性大，则爆炸危险性也大。

（1）评价石油及石油产品燃爆危险性的参数有：

①闪点。闪点越低，危险性越大。

②饱和蒸汽压。蒸汽压力越大，火灾危险性越大。

③爆炸极限。范围越宽，下限越低，危险性越大。

④电阻率。电阻率高，易发生电火花引爆。

⑤粘度。粘度越低，越易渗漏及流动扩散。

⑥受热膨胀系数。系数越大，受热后易造成容器的膨胀，甚至爆炸。

（2）评价天然气燃爆危险性的参数有：

①自燃点。自燃点越低，危险性越大。

②爆炸极限。

③密度。与空气密度相近者易与空气均匀混合，比空气轻者易使火灾蔓延扩展，比空气重者易窜入沟渠、死角而积聚，造成爆炸隐患。

④扩散系数。越大越易扩散混合，其爆炸及火焰蔓延扩展的危险性越大。

⑤爆炸威力指数。指数越高，破坏性越大。

5. 石油防爆的基本原则

石油工业的爆炸属于化学性爆炸，根据其爆炸特点及影响因素，石油防爆的基本原则如下：

（1）防止或消除爆炸性混合气体的形成；

（2）在有爆炸危险的场所，严格控制火源的进入；

（3）一旦燃爆，应及时泄压，使之转化为单纯的燃烧，以减轻其危害；

（4）切断爆炸传播途径；

（5）减弱爆炸威力及冲击波对附近人员、设备及建筑物的损失；

（6）检测报警。

6. 防火与防爆技术措施

爆炸过程首先是可燃物与氧化剂的相互扩散、均匀混合而形成爆炸性混合物，一遇火源即开始爆炸；其次是连锁反应的发展、爆炸范围的扩大和威力的升级；最后是完成化学反应，爆炸力造成灾害性破坏。因此防爆的基本原则应为：阻止第一过程出现，限制第二过程发展，防护第三过程的危害。

第三节　压裂酸化作业安全要求

压裂酸化是石油天然气开采中的一项重要增产工艺，属于多工种的联合作业。其特点是动用机动设备多、压力高、施工人员多、时间短。施工所用液体绝大部分是用各种化学药剂配制而成，对人体都有不同程度的毒性、刺激性，施工中任何一个环节发生问题，都有可能造成安全事故。因此，压裂酸化过程中必须重视安全问题。

一、施工设计的安全要求

（1）施工设计原则与内容应执行 SY/T 5836—93《中深井压裂设计施工方法》；

（2）应标明添加剂、酸液及酸化反应物的有害因素；

（3）应有井口及管线试压、风向及设备摆放位置的要求；

（4）应提出劳动防护用品以及预防事故的措施；

（5）施工作业的最高压力应小于承压最低部件的额定工作压力；

（6）使用封隔器时，套管平衡压力应低于套管抗内压强度，同时应使封隔器所承压差低于封隔器的额定工作压差；

（7）井口装置或加保护器后的井口装置的额定工作压力必须不小于施工设计的最高压力；

（8）应提出井口装置的固定措施；

（9）酸化、压裂设计应按照 SY/T 5405—1996《酸化用缓蚀剂性能试验方法及评价指标》的要求，对酸液缓蚀剂进行选择。

二、施工作业前的安全要求

1. 施工作业设备、设施的安全要求

（1）高压管汇无裂缝、无变形、无腐蚀，壁厚符合要求；

（2）压裂泵头、泵头内径外表不应有裂纹，阀、阀座不应有沟、槽、点蚀、坑蚀及变形缺陷，若有应及时更换；

（3）压裂酸化地面高压管汇中对应的压裂车出口管线都应配有单流（向）阀；

（4）压裂机组的压力仪表应每年标定一次，以保证其灵敏、准确；

（5）应保证压裂机组发动机紧急熄火装置性能良好；

（6）压裂车泵头保险阀应清洗涂油，安全销子的切断压力应超过额定工作压力；

（7）应设专人检查所有进出口阀门开关是否灵活、控制有效，并按工作流程开启或关闭；

（8）井口装置应进行整体试压，合格后方能使用。

2. 施工作业现场的安全要求

（1）施工场地要坚实、平整、不存积水，便于车辆出入；

（2）在气井或有特殊要求的油井施工作业时，压裂机组发动机或其他进入施工现场车辆、设备的排气管均应装有阻火器；

（3）施工作业应有安全照明措施，作业车辆和液罐的摆放位置应与各类电力线路保持安全距离；

（4）施工作业车辆和液罐应摆放在井口上风方向，各种车辆设备摆放合理、整齐，保持间距，便于撤离，其他车辆应停放在上风方向距井口 20m 以外；

（5）井口装置应按设计要求用钢丝绷绳、地锚等措施固定；

（6）连接井口的弯头应使用高压活动弯头；

（7）井口放喷管线应使用硬管线连接，并分段用地锚固定牢固，两固定点间距不大于 10m，管线末端处弯头的角度应不小于 120℃，且不得有变形；

（8）气井防喷管线与井口出气流程管线应分开，避开车辆设备摆放位置和通过区域；

（9）天然气出口点火位置应在下风方向，距井口 50m 以外；

（10）排污池应设在下风方向，距井口 20m 以外；

（11）油基压裂液罐应摆放在距井口 50m 以外，罐与混砂车应保持 5m 以上的距离，罐的四周有高度不低于 0.5m 的防护堤与设备隔开；

（12）施工作业现场应设有明显的安全标志，严禁烟火，严禁非工作人员入内；

（13）对高压油气井除按常规配备灭火器材外，现场应配备两台以上的消防车。

3. 施工作业人员的安全要求

（1）现场施工负责人应召开所有施工作业人员参加的安全会，进行安全教育；

（2）施工作业人员进入施工作业现场应穿戴相应的劳动安全防护用品；

（3）压裂施工作业时，所有操作人员应坚守岗位，注意力集中，高压作业区内不允许人员来往。非施工人员应远离施工现场；

（4）施工作业应有可能出现的异常情况应急预案以及人员的救护和撤离措施。应明确现场施工负责人及消防人员、救护人员的责任。

三、施工作业中的安全要求

（1）严格按设计程序进行施工，未经现场施工负责人的许可不得变更；

（2）进行循环试运转，检查管线是否畅通，仪表是否正常；

（3）对管汇、活动接头进行试压；

（4）低压管汇应连接可靠，不刺、不漏；

（5）起泵应平稳操作，逐台启动，排量逐步达到设计要求；

（6）现场有关人员应佩戴无绳耳机、送话器，及时传递信息；

（7）操作人员应密切注意设备运行情况，发现问题及时向现场施工负责人汇报，服从指挥；

（8）若泵不上水，应采取措施，若措施无效，应立即停泵；

（9）高压管汇、管线、井口装置等部位发生刺漏，应在停泵、关井、泄压后处理，不允许带压作业；

（10）混砂车、液罐供液低压管线发生刺漏，应采取措施，并做好安全防护；

（11）出现砂堵，应反循环替出混砂液，不应超过套管抗内压强度硬憋；

（12）酸化、压裂施工作业应密闭施工，注完酸后用替置液将高、低压管汇及泵中残液注入井内；

（13）计量液位的人员到罐口应有安全防护措施，其他人员不宜到罐口。

四、施工作业后的安全要求

（1）按设计要求装好油嘴，观察油管、套管压力，控制放喷；

（2）查看出口喷势和喷出物时，施工人员应位于上风处。通风条件较差或无风时，应选择地势较高的位置；

（3）作业完毕应用清水清洗泵头内腔，防止被酸、碱、盐等残留物腐蚀；

（4）禁止乱排乱放施工液体，从井口返出的酸液应排放到预先准备好的池内。

第四节　井下作业"八防"措施

一、防井下落物

（1）起下作业时，井口必须装自封封井器或防吊板；

（2）管钳钳牙、吊卡弹簧销子无松动，吊卡销子拴保险绳；

（3）油管、抽油杆、井下工具及配件要上满扣，起下油管 50 根以上要打背钳；

（4）司机平稳操作，井口操作人员要由专人指挥，密切配合；

（5）井内无管柱时，要盖好井口或坐好油管挂。

二、防井喷

（1）自喷油气井及高压油气水层的井，进行作业时，必须装性能良好、符合地层压力要求的防喷装置，螺丝齐全紧固，否则不准施工；

（2）低压井施工时，井口应装中、低压自封封井器，抽油管柱底部须连接相应的泄油器，井口应连接好平衡液回灌管线，防止因起下管柱造成井底压力失衡所导致的井喷；

（3）起下大直径工具时（工具外径超过油层套管内径 80％），严禁猛提猛下，以防产生活塞效应。起封隔器时，若封隔器胶皮不能收缩，应上下活动破坏胶皮，严禁强提造成井喷，上提时要及时灌注压井液；

（4）压井液性能必须符合设计要求；

（5）射孔前要根据设计选择适当的压井液，灌满井筒，井口装性能良好的防喷装置，射孔时要有专人观察井口变化情况，发现外溢或有井喷先兆时，应停止射孔，起出射孔枪，抢下油管或抢装井口，关闭防喷装置，重建压力平衡后再进行射孔，射孔结束后要迅速下入生产管柱，替喷生产，不准无故停止施工；

（6）采用负压射孔等工艺时，井口必须安装高压封井器及防喷闸门，施工前要明确分工；

（7）保证设备运转正常，发现井喷预兆，应立即抢下油管或采取其他有效防喷措施。

三、防火

（1）油气井作业时，严禁在井场 30m 以内吸烟及用火；

（2）值班房内不准存放易燃物品，严禁在值班房、发电房、锅炉房内用汽油洗物品；

（3）严格执行工业动火审批制度，要认真落实安全、消防措施；

（4）电器开关统一装在值班房配电盘上，井场照明必须用防爆灯或探照灯；

（5）井场消防器材配备齐全，保证性能良好，按时检查（配备 8kg 干粉灭火器 4 个，消防锹 2 把，消防桶 2 只）；

（6）要有完善的消防措施及明确的人员分工；

（7）发生井喷时，立即切断电源和消除火种，并立即上报，采取果断措施，制止井喷或防止事态扩大。

四、防井架倒塌

（1）井架安装必须符合井架安装的标准；

（2）严禁单股大绳起下作业；

（3）在起下作业时严禁猛提猛放；

（4）不准超负荷使用，特殊情况要请示有关部门，采取加固和安全措施；

（5）六级以上大风不准立放和校正井架；

（6）车装作业机井架要打牢，受力要均匀；

（7）在校正井架时，严禁把绷绳松掉，松花篮螺丝要加保险绳；

（8）严禁用机车拖拉井架基础；

（9）施工前，首先严格检查各地锚、花篮螺丝、绷绳、各固定螺丝、井架底座；

（10）井架基础附近不准挖坑和积水，防止井架基础下陷。

五、防冻

（1）冬季施工时，地面管线用完后应空净；

（2）冬季用指重表应使用酒精做传压液，并加防冻液；

（3）冬季修井热洗大罐应保温。使用清水时应随用随放，不用时及时放净。

六、防顶

（1）凡有顶钻可能的井，应采取油管卸压、循环压井等措施，防止钻柱突然上顶造成意外；

（2）对有顶钻可能的井应制定必要的技术措施，并由专人指挥，保证施工安全；

（3）对有顶钻可能的井，井架绷绳必须加够六道。如系折叠式两层井架，大小架间应加U形卡子，或用钢丝绳两边对称加固，以防顶出二层井架伤人；

（4）有顶钻可能的井应组织力量集中在白天施工，闲散人员应远离危险区域。

七、防漏

（1）对于漏失井应采取泡沫冲砂，或用抽油泵抽砂；

（2）凡漏失层，必须记清漏失液性质及数量。

八、防滑

（1）通井（作业）机雨雪天及夜间行车时，要有人指挥领路。若路面打滑，应搞好后再通过；

（2）凡通井（作业）机需通过易结冰路段，应埋设排水管道。蒸汽水不得顺公路排放；

（3）雨雪天、严寒天上下井架要戴好手套，站稳抓牢，防止手滑摔下。

第五节　硫化氢防护措施

一、作业过程中 H_2S 的来源

（1）某些钻井液处理剂在高温高压作用下分解，会产生 H_2S；

（2）钻井液中细菌的作用；

（3）作业进入含 H_2S 地层，大量 H_2S 侵入井中。含 H_2S 气田多存在于碳酸盐岩地层中，尤其在与碳酸盐岩伴生的硫酸盐沉积环境中，H_2S 更为普遍存在。一般地讲，H_2S 含量随地层埋深增加而增大。

二、含硫油气田井场及作业设备的布置

（1）进行井下作业前，应从气象资料中了解当地季节风的风向；

（2）井场及作业设备的安放位置应考虑季节风风向，井场周围要空旷，尽量使前后或左右方向能让季节风畅通；

（3）测井车等辅助设备和机动车辆，应尽量远离井口，至少在 25m 以外；

（4）井场值班室、工作室、泥浆实验室等应设置在井场季节风的上风方向；

（5）在季节风上风方向较远处专门设置消防器材室，配备足够的防毒面具和配套供氧呼吸设备。供氧呼吸设备在空气中含任何浓度 H_2S 的情况下，都能给作业人员以保护，当氧气不足时还能发出警告信号。所有防护器具应存放在取用方便、清洁卫生的地方，并定期检查以保证这些器具处于良好的备用状态，同时做好记录；

（6）井架上、井场季节风入口处、消防器材室等位置应设置风向标。一旦发生紧急情况（如 H_2S 浓度超过安全临界浓度），作业人员可向上风方向疏散；

（7）在作业平台上、下等 H_2S 易聚积的地方，应安装排风扇，以驱散工作场所弥漫的 H_2S；

（8）设备、照明器具的铺设和安装应符合 SY/T 5225—2005 中"试油（气）和井下作业"的规定；

（9）确定通讯系统畅通。

三、H₂S 的监测

(1) 在井场 H_2S 容易聚积的地方，特别是作业平台等常有人员的地方，应安装 H_2S 监测仪及音响报警系统，且能同时开启使用；

(2) 当空气中 H_2S 含量超过安全临界浓度时，监测仪能自动报警，其音响应使所有井场工作人员听到；

(3) 含硫地区的作业队工作人员必须配备便携式 H_2S 监测器；

(4) H_2S 监测仪器应进行周强检。

四、含硫油气田井控设备的安装和材质

1. 安装

(1) 根据地层和压力梯度配备相应压力等级的防喷器组合及井控管汇等设备，并按要求进行安装、固定和试压；

(2) 井口和套管的连接，每条防喷管线的高压区都不允许焊接；

(3) 放喷管线应装两条，其夹角为 90°，并接出井场 100m 以外，若风向改变，至少有一条能安全使用；

(4) 压井管线至少有一条在季节风的上风方向，以便必要时放置其他设备（如压裂车等）供压井使用；

(5) 井控设备（和管线）在安装、使用前应进行无损探伤；

(6) 井控设备（和管线）及其配件在储运过程中，需要采取措施避免碰撞和被敲打，应注明钢级、严格分类保管并带有产品合格证和说明书。

2. 材质

(1) 钢材。钢的屈服极限不大于 655MPa，硬度最大为 HRC22。若需使用屈服极限和硬度比上述要求高的钢材，必须经适当的热处理（如调质、固溶处理等），并在含 H_2S 介质的环境中试验，证实其具有抗 H_2S 应力腐蚀开裂的性能后，方可采用。

(2) 非金属材料。凡密封件选用的非金属材料，应具有在 H_2S 环境中能长期使用而不失效的性能。

五、在含硫油气田修井作业设计的特殊要求

(1) 在含硫地区的修井作业设计中，应注明含硫地层及其深度和预计含量；

(2) 若预计 H_2S 压力大于 0.21kPa 时，必须使用抗硫套管、管柱等其他管材；

(3) 当井下温度高于 93℃时，管柱和作业工具可不考虑抗硫性能；

(4) 高压含硫地区可采用厚壁管柱；

(5) 在含硫地层作业时，设计的压井液密度，其安全附加密度在规定的油井标准 0.05～0.10g/cm³、气井标准 0.07～0.15g/cm³ 上选用上限值；

(6) 作业队必须有足量的高密度压井液（超过钻进用钻井液密度 0.1g/cm³ 以上）和加重材料储备。高密度压井液的储存量一般是井筒容积的 1～2 倍；

(7) 严格限制在含硫地层用常规中途测试工具进行地层测试工作，若必须进行，应减少管柱在 H_2S 中的浸泡时间；

(8) 必须对井场周围 2km 以内的居民住宅、学校、厂矿等进行勘测，并在设计书上标明位置。在有 H_2S 溢出井口的危险情况下，应通知上述单位人员迅速撤离。

六、含硫油气田修井作业的安全操作

(1) 必须制定一个完整的对作业队进行救援的计划，在进入气层前和医院、消防部门取

得联系；

(2) 在作业即将进入含硫地层时，应对作业队进行一次防 H_2S 的安全培训，并向当班的各岗位人员发出警告信号；

(3) 在高含硫地区作业进入油气层井段时，以及发生井涌、井喷后，应有医生、救护车、技术安全人员在井场值班；

(4) 严格按设计修井液密度配制修井液。未经批准，不得随意修改设计修井液密度。发现地层压力异常时，应及时调整修井液密度以保持井内压力平衡；

(5) 做到及时发现溢流显示，迅速控制井口，并尽快调整修井液密度压井；

(6) 利用修井液除气器和除硫剂，将修井液中 H_2S 的含量控制在 75mg/L 以下，并随时对修井液的 pH 值进行监测；

(7) 在油气层和油气层以上起管柱时，前 10 根管柱起钻速度应控制在 0.5m/s 以内；

(8) 在油气层和通过油气层进行下管柱作业时，必须进行短程起下管柱；

(9) 钢材，尤其是管杆，其使用拉应力需控制在屈服极限的 60% 以下；

(10) 在油气层作业时，若在井场动用电、气焊，必须采取绝对安全的防火措施，并按规定程序报批执行；

(11) 在 H_2S 含量超过安全临界浓度的污染区进行必要的作业时，必须配带防护器具，而且至少有两人同在一起工作，以便相互救护；

(12) 作业队在现有条件下不能实施井控作业而决定放喷点火时，点火人员应配带防护器具，并在上风方向，离火口距离不得小于 10m，用点火枪远程射击；

(13) 控制住井喷后，应对井场各个岗位和可能积聚 H_2S 的地方进行浓度检测，只有在安全临界浓度以下时，人员方能进入。

七、H_2S 防护演习

为了使在井场上的所有作业人员都能高效地应付 H_2S 紧急情况，应当每天进行一次 H_2S 防护演习，若所有人员的演习都令人满意了，该防护演习可放宽到每星期一次。当 H_2S 报警器发出警报时，应采取下列步骤：

(1) 所有必要人员都要戴上呼吸器，井队的健康、安全与环境监督应检查管道空气系统上的呼吸空气供应阀，作业人员应按应急计划采取必要的措施；

(2) 平台上的鼓风机工况良好，并且所有明火都应熄灭；

(3) 保证至少两人在一起工作，防止任何人单独出入 H_2S 污染区；

(4) 如果有不必要的人员在井场，他们须戴上呼吸器离开现场；

(5) 封锁井场大门，并派人巡逻，在大门口插上红旗，警告作业机械附近有极度危险；

(6) 发出 H_2S 情况解除信号后，作业队的健康、安全与环境监督应做到：

①检查呼吸器、空气软管等，并判断可能出现的故障，进行必要的整改；

②给自持式呼吸器充气，以供下次使用，检查有无故障或损坏，必要时进行整改，每个自持式呼吸器要存在取用方便、卫生的地方；

③检查 H_2S 传感和检测设备，发现故障及时整改；

④用手提式检查仪检测低洼区、空气不通区，以及作业机周围有无 H_2S 聚积；

⑤汇报各种 H_2S 检测设备、防护设备等有无破损情况。

(7) H_2S 防护演习应记录在值班日志上，记录内容包括：

①日期；

②培训；

③作业深度；

④完成作业所需时间；

⑤天气情况；

⑥参加练习的队员名单；

⑦在作业平台或安全汇报点活动的简单描述；

⑧在演习过程中应注明队员的不规范操作或设备的故障，在日常作业报告上也应注明每次 H_2S 的防护演习情况。

（8）演习后，对通知当地政府和警告井场附近居民撤离现场的 H_2S 应急计划进行讨论。

八、人员疏散

一旦听到 H_2S 报警器的声音，HSE 监督将对情况做出评价，并决定将采取的行动：

（1）一旦收到 HSE 监督的疏散通知，所有不必要的人员应迅速离开井场；

（2）只要认为井场没有别的事情可做，则所有必要人员应转移到安全区域并疏散；

（3）HSE 监督必须通知紧急情况管理部门，必要时，应协助危险区域的居民疏散；

（4）为保护井场安全，未经许可，无关人员不得进入井场。

九、H_2S 中毒的早期抢救与护理

1. H_2S 中毒的早期抢救

（1）进入毒气区抢救伤员，必须先戴上防毒面具；

（2）迅速将中毒者从毒气区抬到通风且空气新鲜的上风地区；

（3）如果中毒者已停止呼吸和心跳，应立即实施人工呼吸和胸外心脏按压（具体方法见本章第一节），直至呼吸和心跳恢复正常，亦可使用呼吸器进行抢救；

（4）如果中毒者没有停止呼吸，应绝对保持中毒者处于放松状态，并给予输氧。随时保持中毒者的体温，不能乱抬乱背，应将中毒者放于平坦干燥的地方就地抢救。

2. 一般护理知识

（1）当呼吸和心跳恢复后，可给中毒者饮些兴奋性饮料，如浓茶、咖啡，并派专人护理；

（2）如眼睛轻度损害，可用干净水清洗或冷敷；

（3）即使轻微中毒，也要休息几天，不得再度受 H_2S 的伤害。因为被 H_2S 伤害过的人，对 H_2S 的抵抗力变得更低了。

十、H_2S 防护技术培训

井下作业人员必须进行 H_2S 防护技术培训，取得培训合格证书者，才允许在含硫地区从事井下作业工作。培训内容如下：

（1）了解 H_2S 的物理化学性质和对设备、人体带来的危害，以及遇到 H_2S 可能产生的严重后果。

①H_2S 的物理化学性质。H_2S 是一种无色、剧毒、强酸性气体。低浓度的 H_2S 气体有臭鸡蛋味。其相对密度为 1.176，较空气重。H_2S 燃点 250℃，燃烧时呈蓝色火焰，产生有毒的 SO_2。H_2S 与空气混合，浓度达 4.3%～46% 时就形成一种爆炸混合物；

②H_2S 对人体的危害。H_2S 的毒性较 CO 大 5～6 倍，几乎与氰化氢同样剧毒。不同浓度的 H_2S 对人体的危害不同，具体见 SY/T 6137—2005。

③H_2S 对金属材料的腐蚀。H_2S 溶于水形成弱酸，对金属的腐蚀形式有电化学失重腐

蚀、氢脆和硫化物应力腐蚀开裂，其中以后两者为主，一般统称为氢脆破坏。氢脆破坏往往造成井下管柱的突然断落、地面管汇和仪表的爆破、井口装置的破坏，甚至发生严重的井喷失控或着火事故；

④H_2S能加速非金属材料的老化。在地面设备、井口装置、井下工具中有橡胶、浸油石墨、石棉等非金属材料制作的密封件，它们在 H_2S 环境中使用一定时间后，橡胶会产生鼓泡胀大、失去弹性，浸油石墨及石棉绳上的油会被溶解而导致密封件的失效；

⑤H_2S对压井液的污染。主要是对水基压井液有较大的污染，会使压井液性能发生很大变化，如密度下降、pH 值下降、粘度上升，以至形成流不动的冻胶，颜色变为瓦灰色、墨色或墨绿色。

（2）了解井场地形、作业设备位置与本地季节风方向之间关系、H_2S 监测仪器放置情况、报警器音响特点和风标位置，以及安全撤退路线等。

（3）掌握修井作业安全操作中的各项措施和规定。

（4）掌握防毒面具、供氧呼吸器等防护器具及硫化氢监测仪器的性能和使用方法，具备救护 H_2S 中毒人员的知识和基本技能。

十一、H_2S 的检测

检测硫化氢气体的方法有几种。当空气中硫化氢含量为 0.13mg/L 时，有明显的和令人讨厌的气味。当硫化氢浓度达到 4.6mg/L，会使人的嗅觉钝化。如果硫化氢在空气中的含量达到100mg/L 以上，嗅觉会迅速钝化，而得出空气中不含硫化氢的不可靠的嗅觉。因此根据嗅觉器官来测定硫化氢的存在是极不可靠的、十分危险的，应该采用化学试剂或测量仪器来确定硫化氢的存在及含量。

1. 用化学方法测定硫化氢的存在和含量

（1）醋酸铅试纸法。将醋酸铅试液涂在白色的试纸（或涂片）上，试纸（或涂片）仍为白色，当与硫化氢气体接触时会变成棕色或黑色。让试纸（或涂片）与被测定区空气接触 3~5min，根据色谱带对照试纸（涂片）改变颜色的深度可判断硫化氢的浓度（在使用时注意将试纸沾上水）。

试液配方：10g 醋酸铅 + 100mL 醋酸（或蒸馏水）。

测量原理：$Pb(CH_3COO)_2 + H_2S \rightarrow PbS$（棕色或黑色）$+ 2CH_2COOH$。

这种测量方法的优点是价格低，简单易行，但存在不少缺点。在测定时间（3~5min）内，检测员与含硫化氢空气接触易出危险，浓度指标准确度低（试纸在含低浓度硫化氢的空气中时间长同样可变得很黑），是一种定性（判断有无硫化氢存在）或半定量（大致估计硫化氢浓度）的测量方法。

（2）安培瓶法。安培瓶内装有白色 $Pb(CH_3COO)_2$ 固体颗粒，瓶口由海绵塞住，硫化氢气体可通过海绵侵入瓶内，与 $Pb(CH_3COO)_2$ 反应，使醋酸铅白色颗粒变黑，与试纸法一样，是一种定性、半定量测量方法。

（3）抽样检测管法。用醋酸铅试纸法和安培瓶法只能判断有无硫化氢存在。为了测得精确浓度，应戴上防毒面具再进行气体抽样检查或用电子探测器测定，抽样检查装置由检测管和风箱（或真空泵）组成。

①检测管。检测管内装有浸过 $Pb(CH_3COO)_2$ 的固体颗粒。检测管出厂时两端是封口的，有效保存期两年，使用前将两端封口切掉。短管用来测量低浓度硫化氢空气，长管用来测量高浓度硫化氢空气，管上有刻度。

②真空泵。真空泵结构如图 8—5 所示，真空泵可以拉伸或压缩，体积变化量为 ΔV，上下各装有一个单向阀门，排出或吸入空气。检测管装在吸入阀门处。

测量操作方法是将检测管两端玻璃封口切掉，装在已经排掉空气的真空泵（或风箱）的进气口上，拉伸真空泵（风箱），使含硫化氢的空气通过检测管进入泵（或风箱）内，空气中所含的硫化氢体积一定量，空气中硫化氢的含量越高，检测管变黑的长度就越长，可以从检测管刻度上读取数据，计算出硫化氢的浓度。

硫化氢浓度 ＝ ［（读数×系数）/进入风箱的空气体积］×100％

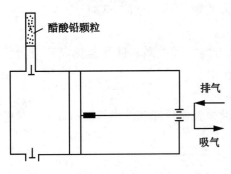

图 8—5　真空泵结构示意图

测量时应注意预先将风箱（或真空泵）内空气排尽，并检查风箱（或真空泵）的密封性能，以保证通过检测管进入风箱（真空泵）内的气体体积达到精确要求，避免计算出现误差。

这种测量方法检测精度高、成本低，是一种较好的定量检测方法，缺点是测量操作复杂，测量精度受检验员技术熟练程度的影响。

2. 用电子探测仪测定硫化氢的含量

电子探测仪器类型很多，价格昂贵。这里简单介绍几种：一般电子探测仪都具有声光报警功能和硫化氢浓度显示功能，有的还能实现远距离探测。

（1）可携式硫化氢电子探测报警器。该报警器是采用控制电位电解法原理设计的一种优质微型监测报警设备。它能在硫化氢气体对人体危害出现之前，对硫化氢气体的浓度进行检测报警。该仪器具有灵敏度高、感应快、体积小、质量轻等优点。

H_2S—1 探测报警器，有两个浓度预警值，当浓度超过第一预警值时，仪器将发出断续声光报警，当浓度超过第一预警值的三倍时，将发出连续声光报警，其具体浓度将由液晶数字屏上显示出来。

该仪器设有照明装置，在黑暗处使用时，按下照明按钮，就能从显示屏上清晰读数。当浓度超过 40mg/L 时，显示屏上将出现超量符号"←"，当在嘈杂环境时，可将耳塞机插入耳塞插座内监听。

使用监测报警器应注意如下事项：

①在显示器上出现超量符号时，应停止作业；

②该仪器严禁撞击；

③严禁在可燃气体达到危险的环境中更换电池；

④零位调节时，调不到"0.0.0"，不能进行正常调校，显示器显示数值不稳定。

此外，还有 SP—114 型便携式硫化氢检测报警仪。

（2）固定式硫化氢探测设备。固定式硫化氢探测设备装在控制室或某中心场所，四台（或六台）感应器可以同时装在这种探测仪上，这些感应器将被安放在毒气区不同位置。如果需要大量信号，几台固定式监测仪可以同时装在操纵台上。固定式硫化氢探测仪必须保持良好的操作与维护及定期校正。

十二、防毒面具的使用

1. 过滤型防毒面具

这种防毒面具是使含硫化氢的空气通过一个化学药品过滤罐，硫化氢被药品吸收（发生化学反应）而过滤掉，从而得到不含硫化氢的空气供工作人员使用。随着含硫化氢空气进入，药品不断与硫化氢反应，最后过滤罐将失效而必须更换才能使用。这种防毒面具一般只能短时间应用，使用时间一般为 30min。我国目前生产的型号有 TF—1 型（头盔式面罩）、TF—4 型（面罩只保护口和鼻，不能保护眼睛）等。下面以 TF—1 型毒气过滤器为例说明这类面罩的结构、使用等知识。

TF—1 型毒气过滤器结构如图 8—6。这种防毒面具采用头盔面罩，能避免眼睛受硫化氢刺激。它由面罩、导气管和滤毒罐三部分组成，面罩的大小分为四个编号，各色滤毒罐均装有特别药剂，能分别防御各类有害气体，见表 8—3。

表 8—3　滤毒罐防护范围及质量标准

色别	试验标准			防护范围举例
	气体名称	气体浓度 mg/L	防护时间 min	
草绿加白道	氯化氢	3.0 ± 0.3	40	氢氰酸及其衍生物、砷化氢、光气、氯化氰、苯、双光气、溴甲烷、二氯甲烷、路易氏气、磷化氢
草绿	氢氰酸	3.0 ± 0.3	55	氢氰酸、砷化物、芥子气、各种有机蒸气
褐	苯	16.2 ± 0.5	130	各种有机气体、醇类、苯胺类、二硫化碳、四氯化碳、丙酮、氯仿、硝基烷等
灰	氨	3.6 ± 0.5	60	氨、硫化氢
白	一氧化碳	5.8 ± 0.5	110	一氧化碳
黑	汞	0.01 ± 0.0012	4800	汞蒸气
黄	三氧化硫	13.3 ± 0.5	32	各种酸性气体、卤化氢、氨气、光气、硫的氧化物

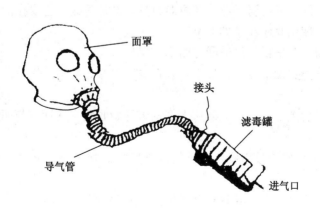

图 8—6　TF—1 型毒气过滤器

（1）面罩规格选配。取由头顶沿两颊到下腭的周长，再量取沿上额通过眉毛边沿至两耳鞍点一线之长度，将两次量取的长度相加，如图 8—7 所示，依相加的得数按表 8—4 确定面罩编号。

图8—7　面罩规格选配尺寸测量

（2）注意事项：

①使用前应检查全套面具密封性。方法是戴好面具后，用手或橡皮塞堵上滤毒罐进气孔，做深呼吸，如没有空气进入，则全套面具密封性能好，可以使用，否则应处理或更换；

②佩戴时如闻到毒气微弱气味，应立即离开有毒区域；

③有毒区的氧气占总体积18％以下，或有毒气体浓度占总体积2％以上的地方，各型滤毒罐都不能起到防护作用；

④两次使用的间隔时间在1d以上，应将滤毒罐的螺帽盖拧上，塞上橡皮塞保持密闭，以免受潮失效；

表8—4　TF—1型毒气过滤器面罩规格

尺寸，cm	94以下	95～97	98～100	101以上
编号	1	2	3	4

⑤每次使用后应对面罩进行消毒；

⑥滤毒罐应储存于干燥、清洁、空气流通的库房，严防潮湿、过热。有效期为五年，超过五年时应重新鉴定。

2. 自持型防毒面具

1）直接供氧式自持型防毒面具

（1）带氧式防毒面罩。这种防毒面具由背在背上的空气瓶提供空气，当佩戴这种防毒面具的人员从事体力劳动时，常规使用的气瓶可供气30min，也可以使用供气时间更长的气瓶。

HZK—7型消防空气呼吸器属于带氧式防毒面具，这种呼吸器主要在消防部门使用，也可以在作业现场使用。使用时应注意如下事项：

①擦洗面罩的面窗，并把供气调节器与面罩连接好；

②佩戴装具，根据身材调节肩带、腰带，以合身、牢靠、舒适为宜，同时系好胸带；

③开启气瓶阀，检查储气压力；

④先放松系带，然后戴上面罩，依次从下部系带开始收紧，使面罩与面贴合良好，无明显压痛；

⑤深呼吸2～3次，感觉应该舒畅，有关的阀件性能必须可靠，屏气时供气调节器阀门应该关闭，停止进气；

⑥关闭气瓶阀，深呼吸数次，随着管路中的余气被吸完后，面罩体应向人体面部移动，这时腔内保持负压，人体感觉呼吸困难，以证明面罩和呼吸阀气密性良好；

⑦重新开启气瓶，可重复使用。当气瓶内储压力降低至3.43～4.41MPa时，警报器发出气笛声，此时气瓶还能供气8～10min，以便使用者撤离作业现场。

（2）非带氧式防毒面具。这种防毒面具是由带氧式防毒面具演变而来的。面具佩戴者不需背空气瓶，而是通过一条长软管与固定的大空气瓶联接供气，开头就装在面具使用者身上，它的优点是使用者的负重比带氧式防毒面具轻。但使用者的活动范围受软管长度的限制，而且当进入毒区后软管迫使使用者只能从原来进入的路线返出，因此使用这种防毒面具必须要带一个"逃跑瓶"，紧急情况下拨掉供氧软管利用"逃跑瓶"内的应急氧气逃离毒气区。

2）化学反应生氧式防毒面具

这种防毒面具原理是人体呼出的 CO_2 和水蒸气经过一个生氧罐与罐中药品反应生成氧气，再供人体呼吸。它的循环系统与外界隔绝，能防护任何毒气，也可以在缺氧区域使用。供氧时间较长，一般可使用 2h。我国目前生产的有 SM—1 型隔绝式生氧器，YGQ—2 型防护供氧器，AHG 型氧气呼吸器等。这里以 SM—1 型隔绝式生氧器为例说明这种类型的自持型呼吸器的结构、原理和使用注意事项。

（1）使用注意事项：

①使用时应根据头型大小，选择适合的面罩。当佩戴时，其边缘应与头部密合，同时不得引起头痛的感觉，一般选择面罩型号的方法如下：量取由头顶沿两颊到下腭一线之长度，再量取沿上额通过眉毛上沿至两耳鞍点一线之长度。将两次量取结果相加，根据获得的总数，按表 8—5 确定面罩型号；

表 8—5　面罩型号的确定

量取尺寸相加总数，cm	面罩型号
＜94	1
94~99	2
＞99	3

②每次进入有毒区域前，均应检查面具的气密性；

③检查各接头是否联接妥当；

④戴好后，阻水罩的上部要紧贴鼻梁上，下部应贴下腭，如果镜片有雾气出现，说明阻水罩与面部贴合不够紧密，应重新戴或更换；

⑤戴好面具后，即猛呼一口气，应能使产氧罐能迅速放出人呼吸需要的氧气；

⑥在使用中，如果发现氧气供给不足而喘不过气时，用应急措施，即用手指按一下应急补药装置。压碎玻璃瓶让药品流出与生氧剂接触，放出的氧气可供给人员 2~3min 急用，这时应立即离开现场，摘下面具。应急装置只能使用一次，用后要重新填装药剂后才能第二次使用。

（2）产氧罐使用说明：

①产氧罐是产生氧气的关键组件；

②不得任意把产氧罐盖拧松，避免进入湿气及二氧化碳而降低产氧罐使用效果以致失效；

③产氧罐怕振动，严禁与油类和易燃物接触；

④使用失效后可在装药孔处把药剂倒出。如倒不尽可在水中浸泡倒出，浸水后必须进行严格干燥后才能装药（装药量 1.1~1.3kg），倒出药剂呈碱性，应注意安全；

⑤装药必须在干燥、清洁的环境中进行（或返回制造厂进行重新装药）。

（3）维修保养：

①面罩如脏污后，将面罩从头上取下，用肥皂水或 0.5％的高锰酸钾清洗消毒，不可使用任何有机溶液洗涤面罩，以免损坏橡胶部件，每套面具可多次使用，直到面罩上产生裂纹或橡胶老化，不能保证气密时为止；

②使用完毕后，应把面罩摘下，拧上螺帽，保持系统气密，以免受潮变质或失效；

③备用生氧面具应储存于干燥、清洁空气的库房内，严禁与油类等其他易燃品放在一起，防止水分、杂质、二氧化碳等侵入；

④库房条件：温度为 0～35℃，湿度为 70％以下；

⑤生氧剂是一种强的氧化剂，在保存中要严加小心。

第六节　常用现场急救技术

据有关资料统计，因多发伤害而死亡的病人 50％死于创伤现场，30％死于创伤早期，20％死于创伤后期的并发症。这足以说明现场有效急救和创伤早期妥善处理的重要意义。实际上，现场急救的第一救护者应是伤员自己和第一目击者。伤员自己在可能的情况下首先要自救，或者第一目击者、现场人员应立即参与互救，并及时向急救部门呼救，这样就会为拯救生命、减少伤残赢得宝贵的时间。

一、心肺脑复苏

通常将心肺脑复苏分为三个阶段：基础生命支持（BLS）、进一步生命支持（ALS）和长程生命支持（即脑复苏）。

1. 基础生命支持

基础生命支持亦称基础复苏。其目的是迅速恢复循环和呼吸，维持重要器官供氧和供血，维持基础生命活动，为进一步复苏处理创造有利条件。基础生命支持包括心脏骤停或呼吸停止的识别，气道阻塞的处理、建立气道、人工呼吸和循环。

1）确定病人是否心脏骤停

发现突然丧失意识的病人时，立即呼唤和摇动病人肩部，观察有无反应，同时触摸病人颈动脉或股动脉有无搏动。

2）呼唤救助

如果病人无反应，应立即呼唤救助。

3）安置病人

当确定病人意识丧失时，立即将病人置于平坦、坚硬的地面或硬板上，复苏者位于病人右侧，开始心肺复苏。

4）保持气道通畅

对意识丧失的病人迅速建立气道，并清除气道内异物或污物。常用开放气道解除梗阻的方法有三种：

（1）头后仰—下颌上提法；

（2）头后仰—抬颈法；

（3）下颌前提法。

5）人工呼吸

（1）口对口人工呼吸

复苏者用拇指和食指捏住病人鼻孔，深吸气后，向其口腔吹气 2 次，每次吹气量为 800

~1200mL，吹气速度均匀。继而以 12 次/min 的频率继续人工通气，直至获得其他辅助通气装置或病人恢复自主呼吸。

（2）口对鼻人工呼吸

对有严重口部损伤或牙关紧闭者，采用口对鼻通气法。复苏者一只手前提病人下颌，另一只手封闭病人口唇，进行口对鼻通气。通气量及通气频率同口对口呼吸。

6）建立人工循环

（1）判断病人有无脉搏，人工通气支持时，应随时检查颈动脉有无搏动，5～10s 无脉搏，立即开始人工循环。

（2）胸外心脏按压。采用胸外心脏按压应掌握六个要点：①复苏者应在病人右侧。②按压部位与手法：双手叠加，掌根部放在胸骨中下 1/3 处垂直按压。③按压深度：成人为 4～5cm，儿童为 3～4cm，婴儿为 1.3～2.5cm。④按压频率：成人和儿童为 80～100 次/min，婴儿为 100 次/min 以上。⑤按压与放松时间比为 1：1。⑥按压与呼吸频率：单人复苏时为 15：2，双人复苏时为 5：1。

心肺复苏期间，心脏按压中断时间不得超过 5s。气道内插管或搬动病人时，中断时间不应超过 30s。

2. 进一步生命支持

进一步生命支持是指在医院急诊部门的急救，主要措施为：

（1）开放气道与通气支持：供氧、开放气道、机械辅助通气。

（2）人工辅助循环。

（3）心电监测。

3. 脑复苏

复苏成功并非仅指自主呼吸和循环恢复，智能恢复即脑复苏是复苏的最终目的。因此，从现场基础生命支持开始，即应着眼于脑复苏。脑复苏需要借助检测仪器对病情进行严密观察。这里不再赘述。

二、止血技术

（1）加压包扎止血法，一般用于较小创口的出血；

（2）指压止血法，主要用于动脉出血的一种临时止血方法；

（3）抬高肢体止血法，抬高出血的肢体是减缓血液流速的临床应急止血措施；

（4）屈肢加垫止血法，主要用于无骨折和关节损伤的四肢出血的止血方法；

（5）填塞止血法，先可用明胶海绵填入伤口，后用大块无菌敷料加压包扎；

（6）止血带止血法，主要用于四肢大血管出血加压包扎不能有效止血时。在出血部位近心端肢体上选择动脉搏动处，在伤口近心端垫上衬垫，左手在距止血带一端约 10cm 处用拇指、食指和中指捏紧止血带，手背下压衬垫，右手将止血带绕伤肢一圈，扎在衬垫上，绕第二圈后把止血带塞入左手食指、中指之间，两指夹紧，向下牵拉，打成一个活结，外观呈一个倒置 A 字形。

三、包扎技术

包扎具有保护创面、压迫止血、骨折固定、用药及减轻疼痛的作用。

（1）包扎用物：绷带、三角巾、多头带、丁字带。

（2）包扎方法：主要包括绷带和三角巾包扎法。

四、固定技术

对于骨折、关节严重损伤、肢体挤压和大面积软组织损伤的伤病员，应采取临时固定的方法，以减轻痛苦、减少并发症、方便转运。

（1）固定材料：木制夹板、充气夹板、钢丝夹板、可塑性夹板、其他制品。

（2）固定方法：脊柱骨折固定、上肢骨折固定、下肢骨折固定。

（3）固定的注意事项：

①对于各部位骨折，其周围软组织、血管、神经可能有不同程度的损伤，或有体内器官的损伤，应先处理危及生命的伤情、病情，如心肺复苏、抢救休克、止血包扎等，然后才是固定；

②固定的目的是防止骨折断端移位，而不是复位，对于伤病员，看到受伤部位出现畸形，也不可随便矫正拉直，注意预防并发症；

③选择固定材料应长短、宽窄适宜，固定骨折处上下两个关节，以免受伤部位的移动；

④对于开放性骨折合并关节脱位应先包扎伤口，用夹板固定时，先固定骨折下部，以防充血；

⑤固定时动作应轻巧，固定应牢靠，且松紧适度。

五、转运技术

在转运过程中应正确地搬运病人，根据病情选择合适的搬运方法和搬运工具。

（1）徒手搬运：救护人员不使用工具，而只运用技巧徒手搬运伤病员，包括单人搀扶、背驮、双人搭椅、拉车式及三人搬运等；

（2）担架搬运的种类：

①铲式担架搬运，适用于脊柱损伤、骨盆骨折的病人；

②板式担架搬运，适用于心肺复苏及骨折病人；

③四轮担架搬运，可以推行、固定于救护车、救生艇、飞机上，也可以与院内担架车对接，而不必搬运病人即可将病人连同担架移至另一辆担架车上；

④其他包括帆布担架，可折叠式搬运椅等。

第七节　常见急症的急救

一、出血

1. 定义

出血是许多病症的一个急性症状，也是创伤后的主要并发症之一，要及时判断血压是否正常，估计出血量。

2. 首先判断出血性质

动脉出血者，出血为搏动样喷射，呈现鲜红色；静脉出血者，血液从伤口持续涌出，呈现暗红色；毛细血管出血，血液从伤口渗出或流出，量少，呈红色。

500mL 以下的出血，病人常无明显反应。500～1000mL 出血，病人可表现口唇苍白或紫绀、四肢冰凉、头晕、无力等。1000～2000mL 出血，病人可表现心悸、四肢厥冷、脉搏细速、反应冷淡、心率 130 次/min 以上、血压下降。

根据出血性质，采用不同的止血措施，方可达到良好的止血效果。

止血技术参见本章第六节。

二、晕厥

1. 定义

晕厥是突然发生的暂短的、完全的意识丧失。

2. 急救措施

(1) 卧床休息；

(2) 保持呼吸道通畅，解开衣领，病人平卧或头低脚高位；

(3) 注意环境空气流通；

(4) 注意保暖；

(5) 病人清醒后可给热糖水；

(6) 安慰病人。

三、抽搐与惊厥

1. 定义

抽搐是由于各种不同原因引起的一时性脑功能紊乱，伴有或不伴有意识丧失，出现全身或局部骨骼群非自主的强直性或阵挛性收缩，导致关节运动。

惊厥是全身或局部肌肉突然出现的强直性或阵发性痉挛，双眼球上翻并固定，常伴有意识障碍。

2. 急救措施

(1) 抽搐与惊厥发作时的救护：

①平卧，头偏向一侧；

②开放气道；

③安全保护，保持环境安静，避免刺激；

④降温、解毒。

(2) 发作后的护理：

①安静、充分休息以恢复体力；

②安慰病人。

四、错迷

1. 定义

错迷是指高级神经活动对内、外环境的刺激处于抑制状态。

2. 急救措施

(1) 使昏迷的人取平卧位，避免搬运，松解衣领、腰带，取出义齿，头偏向一侧，防止舌后坠，或用舌钳将舌拉出，开放气道；

(2) 保持呼吸道通畅；

(3) 禁食；

(4) 针灸，根据病情，可按压或针刺人中、合谷等穴位；

(5) 转运，迅速转运到医院进一步救护。

五、猝死

1. 定义

猝死是指突然意外临床死亡（从发病到死亡不超过 1h）。

2. 猝死原因

猝死原因有冠心病、心律失常、脑卒中、胰腺炎、触电、溺水、中毒、创伤等。

3. 猝死的诊断

（1）意识突然丧失；

（2）大动脉（颈动脉和股动脉）搏动消失（或听诊心音消失）；

（3）呼吸突然变慢或停止；

（4）皮肤苍白、紫绀、全身抽搐；

（5）瞳孔散大。

4. 现场急救

参见本章第六节心肺脑复苏。应在 5～10s 内作出心脏骤停的诊断，不应为诊断而延迟开始复苏的时间。

六、休克

1. 定义

休克是以突然发生的低灌注导致广泛组织细胞缺氧和重要器官严重功能障碍为特征的临床综合症。

2. 休克的原因、类型

（1）失血大于 1000mL 引起的休克；

（2）心肌梗塞、心衰引起的休克；

（3）过敏引起的休克；

（4）神经源引起的休克；

（5）放射性引起的休克；

（6）烧伤引起的休克；

（7）呕吐、腹泻引起的休克；

（8）感染性休克。

3. 休克的症状与体征

各种原因引起的休克的共同症状与体征表现为：低血压、心动过速、呼吸增快、少尿、意识模糊、皮肤温冷、四肢末端皮肤出现网状青斑，胸骨部皮肤或甲床按压后毛细血管再充盈时间大于 2s 等。

4. 休克的急救

（1）据休克原因的不同，采取不同的措施。对最常见的低血容量性休克或神经源性休克，应取仰卧位，下肢抬高 20°～30°，心源性休克有呼吸困难者，头部抬高 30°～45°；

（2）保暖；

（3）观察病情并及时转院。

七、中毒

1. 一氧化碳中毒

（1）病因：吸入过量 CO。

（2）机理：CO 进入血液与血红蛋白结合成碳化血红蛋白而降低血液携带氧气的能力，使肌体缺氧。

（3）分型：急性、慢性。

（4）症状：轻型——头晕、心悸、恶心、呕吐、无力；重型——昏睡、昏迷、猝死。

（5）急救：

①脱离环境，打开门窗、吸入新鲜空气（氧气）；

②保温；

③对猝死者立即进行心肺复苏；

④急送医院高压氧舱治疗。

2. **硫化氢中毒**

（1）病因：不慎吸入硫化氢气体。

（2）机理：硫化氢进入人体随血液进入器官组织，与组织细胞呼吸酶结合，使其丧失活性，造成细胞缺氧。

（3）症状：急性轻度中毒时眼睛畏光、流泪、胸闷；急性中度中毒时头昏、恶心、呕吐、晕厥；急性重度中毒时几秒钟内神志不清、抽搐、昏迷，"电击样死亡"。

（4）急救：抢救与护理方法见本章第五节。

（5）预防：安装硫化氢监测仪；在超标部位作业应用防毒面具。

3. **食物中毒**

（1）病因：食用不洁、有毒的食物。

（2）机理：

①食物中存在过多致病微生物；

②有毒物质污染（常见有农药、砷、亚硝酸盐）导致吸收中毒；

③食物加工不合理生成毒物（扁豆、蚕豆、白果、发芽土豆、野蘑菇、木薯等）导致中毒。

（3）症状：

①潜伏期短、起病急、来势凶，可造成集体中毒；

②急性胃肠炎症状：剧烈腹痛，吐、泻频繁；

③特异的中毒症状：根据毒物而定，如：河豚——神经麻痹；扁豆——生物碱凝、溶血等。

（4）分型：

①轻度，一般急性胃肠炎表现，如呕吐、腹痛、腹泻等；

②中度，出现神经、循环、呼吸系统症状；

③重度，昏迷、休克、呼吸心跳停止。

（5）急救：

①排除毒物：主要有催吐、导泻、洗胃、利尿；

②对症处理：补液、休息；

③对毒处理：微生物中毒选用抗生素；亚硝酸盐中毒选用1％美兰静脉注射。

（6）预防：

①认真清洗食物，不吃变质、过期、腐败食品；

②把住采购关，不采购"三无"、污染食品；

③食品要煮熟，合理加工；

④剩余食品必须加热处理后才食用。

4. **铅中毒**

（1）病因：人体内存在超标准的铅（100μg/L），主要原因是焊接、印刷、油漆作业及吸入含铅汽油，使用陶器所致，经呼吸、口进入体内。

（2）机理：铅对人体神经、消化和血液具有毒性作用。

（3）分型：急性中毒和慢性积蓄中毒。

（4）症状：神经系统出现末梢神经炎（典型为腕下垂）、智力降低（儿童明显）、感觉迟钝、神经衰弱等，消化系统出现脐周阵发腹痛（绞痛）、消化不良；血液系统出现贫血、苍白无力。

（5）急救：用依地酸二钠钙驱铅，10％葡萄糖酸钙推注止腹痛。

（6）预防：早期铅积蓄、人体无异常表现，但对神经、血液的毒性已经发生（对小儿的智力损害尤大），因此应日常预防。常用预防办法为：降低场所的铅浓度、通风或减少接触时间、使用劳保用品等，同时长期从事焊接、印刷、油漆作业的人员要定期体检、检测血铅浓度（国外已列入常规），做到及时动态观察，及时治疗。

八、软组织扭伤（踝关节扭伤）

1. 定义

软组织扭伤是指踝关节受到外力冲击引起关节周围软组织的损伤。病因如下：

（1）行、跑时足踩到不平地面，受力不平衡；

（2）腾空落地时，足部受力不均匀；

（3）躯体摆动时，足部摆动不平衡。

2. 机理

部分软组织（肌肉、肌腱、韧带）过度牵拉或收缩。

3. 症状

一般表现为红、肿、热、痛。红即损伤处皮肤发红或淤斑；肿即局部肿胀、发亮；热即用手触摸受伤部位温度增高；痛即局部疼痛难忍、压痛明显、不敢触摸。

4. 处置

（1）立即休息，受伤踝关节不许活动；

（2）抬高患肢、冷敷（24h 内冷敷，24h 后热敷）；

（3）用绷带"8"字缠裹固定；

（4）服药，可服跌打丸、白药等；

（5）怀疑骨折时，应送医院检查、治疗；

（6）急性期过后，可按摩治疗。

5. 预防

（1）活动前，踝关节做适宜准备运动；

（2）野外作业，穿高腰鞋（反复扭伤者更应如此）防护。

九、急性腰扭伤

1. 定义

腰部脊柱关节、软组织受到外力冲击引起的损伤。

2. 机理

过重外力、不平衡外力使脊柱关节、软组织过度牵拉或收缩、移位，而使关节结构改变、软组织受伤。

3. 症状

（1）局部撕裂感（响声），立即剧烈疼痛；

（2）局部肿胀、僵直，不敢活动（翻身、起床、咳嗽时剧烈痛）；

（3）明显的压痛点；

（4）椎间盘突出者脊柱侧弯，出现下肢麻木、放射痛。

4. 处理

（1）立即休息，止动；

（2）局部封闭治疗；

（3）急性期后按摩治疗；

（4）怀疑椎间盘突出时应送医院检查、处理。

5. 预防

（1）干活前，腰部做适应活动；

（2）扛重物时，腰、胸挺直，髋、膝弯曲；

（3）提重物时，半蹲位、腰挺直、身体尽量接近物体；

（4）集体扛物时，听指挥、迈步要稳；

（5）负荷不应超过自己的能力（切勿不堪重负）；

（6）强劳动（举重、负重）时可用护腰带。

十、多发伤

1. 定义

多发伤是指在同一伤因的打击下，人体同时或相继有两个或两个以上解剖部位的组织或器官受到严重创伤，其中之一即使单独存在创伤也可能危及生命。

2. 多发伤的急救

（1）立即脱离现场，避免现场不安全因素的再度损害；

（2）保持良好通气，使伤员呼吸道始终保持通畅；

（3）对疑为呼吸、心博停止者，应立即试行心肺复苏；

（4）止血：压迫、加压包扎，抬高伤肢，四肢大血管撕裂时可用止血带止血等，参见本章第六节止血技术部分内容；

（5）包扎：包扎可减轻疼痛，还可以帮助止血和保护创面，减少污染，包扎材料可就地取材，如清洁毛巾、衣服、被单、布类等均可；

（6）固定：固定可减轻疼痛和休克，并可避免骨折移位，而导致血管和神经损伤，现场固定材料可以是树枝、树皮、树干、木棍、木板、书卷成筒等；

（7）观察病情，及时转入医院。

十一、烧伤

1. 定义

烧伤是由于热力、化学物质、电流及放射线所致引起的皮肤、粘膜及深部组织器官的损伤，一般指热烧伤。

2. 烧伤面积计算

（1）中国新九分法。以人体表面积 9％ 为单位计算烧伤面积。

成人头颈部表面积为：9％（1 个 9％）；

双上肢：18％（2 个 9％）；

躯干：27％（含会阴 1％，3 个 9％）；

双下肢：46％（含臀部，5 个 9％＋1％）。

（2）手掌法。病人自己五指并拢的手掌面积相当于自己体表面积的 1％。

3. 烧伤分度

采用三度四分法：

Ⅰ度：皮肤发红、肿胀、灼痛，但无渗出、水疱；

浅Ⅱ度：肿胀明显，渗液多，形成大小不等的水疱，剧痛；

深Ⅱ度：局部肿胀，有小水疱，感觉迟钝；

Ⅲ度：局部苍白、焦黄、焦黑色，无痛觉。

4. 烧伤分类

（1）轻度烧伤：烧伤总面积小于 9％ 的 Ⅱ 度烧伤；

（2）中度烧伤：烧伤总面积为 10％～29％ 或 Ⅲ 度烧伤面积小于 10％；

（3）重度烧伤：烧伤总面积为 30％～49％ 或 Ⅲ 度烧伤面积为 10％～19％；

（4）特重烧伤：烧伤总面积大于 50％ 或 Ⅲ 度烧伤面积大于 20％ 或伴有严重并发症。

5. 急救

（1）脱离致伤场所（灭掉伤员身上之火），若是酸、碱等化学品所致的伤，应用清水长时间冲洗，最好用中和方法冲洗；

（2）检查危及生命的情况，首先处理和抢救，如大出血、窒息、开放性气胸、严重中毒等，应迅速进行处理与抢救；

（3）镇静、镇痛；

（4）保持呼吸道通畅；

（5）全面处理：防感染，用清洁被单、衣服等简单保护，冬季防寒保暖，急救包扎时，已肯定灭火的衣服可不脱掉，以减少再污染，若为化学烧伤，浸湿衣服必须脱掉；

（6）掌握时机转运医院。

十二、中暑

1. 定义

中暑是由于高温环境或烈日曝晒，引起人的体温调节中枢功能障碍、汗腺功能衰竭和水、电解质丢失过多，从而导致代谢失常而发病。

2. 中暑分类

（1）热射病；

（2）日射病；

（3）热痉挛；

（4）热衰竭。

3. 现场处理

（1）脱离高温环境，移到凉爽、低温处；

（2）积极降温，用凉水、风扇等方法；

（3）休息、安慰病人；

（4）补液、补盐；

（5）危重者送医院抢救。

十三、电击

1. 定义

当一定量的电流或电能量（静电）通过人体时所造成的组织损伤和功能障碍称为电损伤，严重者可危及生命。

2. 现场救护

触电时的急救包括两个阶段：使触电者摆脱电流的作用、在医生到达前对其进行医疗救护。触电的后果取决于电流通过人体的持续时间，因此，使触电者尽快摆脱电流，并立即给予医疗救护是十分重要的。这一点同样适用于触电即死的事故，因为诊断死亡期可延续数分钟。

在任何触电情况下，必须立即对触电者进行不间断的抢救，同时要立即去请医生。

摆脱电流作用的方法：触电时，触电者往往继续处于与带电部分接触状态，而且不能独立脱离这种状态，以致大大加重了触电伤害的严重程度。

为了使触电者摆脱电流，首先应迅速切断他所接触的那部分电气设备的电源。如果触电者位于高处，必须采取预防坠落或保证其安全的措施。

在任何情况下，救护人员都应当使触电者尽快摆脱电流的作用，并且当心自己不要触及带电部分和触电者的身体，也不要处于跨步电压的作用下。

临时急救措施：现代医学拥有使触电死亡者复苏的一切手段。但是，要让医务人员携带一切必要的急救器材，很快赶到事故地点的可能性是很小的。因此，每一个电气工人，都要学会对触电进行急救的技能。

按现行安全技术规程的要求，电气设备的所有操作人员，都要掌握使触电者摆脱电流的手段和在医生到达之前进行急救的方法。经验表明，当人处于诊断假死状态时，若施行及时、正确的急救，一般都能使假死者复苏。

必须强调指出，只有在心脏停止跳动不超过 4～5min 的情况下，施行复苏急救才可能奏效。触电者的复苏，往往是共同工作的同志和其他现场人员，在医生到达之前对其进行及时而又熟练的抢救的结果。在伤势十分严重的情况下，这样的救助可以维持假死者机体内的生命力，直到医生的到来，以便采取最有效的复苏措施。但必须注意，在医生到达之前，急救工作不能间断，有时甚至要坚持数小时，记载的许多复苏触电者，一般是在 3～4h 后复苏的，个别的在 10～12h 以后才复苏。在这段时间内，救护者对触电者不断地施行人工呼吸和心脏挤压。只有医生才有权对处于诊断死亡状态的人做出不必继续抢救的决定和关于他是否真死（生物学死亡）的结论。

十四、淹溺

1. 定义

淹溺是指人淹没于水或其他液体中，由于液体充塞呼吸道及肺泡或反射性引起喉痉挛，发生窒息和缺氧。

2. 发病机制

干性淹溺、湿性淹溺（淡水淹溺、海水淹溺）。

3. 现场救护

（1）清理呼吸道，将淹溺者救出水后，首先清理呼吸道；

（2）心肺复苏（参见本章第六节心肺脑复苏部分内容）；

（3）保温；

（4）严密观察。

对淹溺时间较长者，仍然存在救活的可能性，不应轻易放弃抢救的机会。

十五、灾难急救

1. 定义

世界卫生组织对灾难所下的定义为：任何能引起设施破坏、经济受损、人员伤亡、健康状况及卫生服务条件变化的事件，如其规模已超出事件发生社区的承受能力而不得不向社区外部要求专门援助时，称其为灾难。

2. 灾难分类

灾难分为自然灾难、人为灾难。

3. 灾难所致伤病类型

(1) 机械损伤所致疾病；

(2) 生物因素所致疾病；

(3) 气体尘埃因素所致疾病；

(4) 应激性疾病；

(5) 灾难性心理障碍。

4. 急救

(1) 进入灾区，首先初步将伤员分类，第一类、第二类危重伤员经过适当救治，伤情常能稳定，第三类可推迟数小时而不危及生命。按轻、中、重、死亡分别用红、黄、蓝、黑标志分类标明，将标志置于伤员左胸部或明显部位，便于医护人员到来时辨认并采取相应的急救措施。

(2) 检查伤情：注意发现危及生命的病情，如出血、气道堵塞、内脏器官穿孔、发热抽搐、骨折等，都应在转运前处理。

(3) 伤情处理：针对不同病情进行适时处理。

(4) 掌握好时机转运伤员到附近就医。

复 习 题

一、名词解释

1. 假死

2. 火灾

3. 晕厥

4. 休克

5. 多发伤

6. 中暑

7. 淹溺

8. 灾难

二、填空题

1. 在企业生产过程中，容易发生的触电有（   ）、（   ）和跨步电压触电。

2. 装设接地线是防止突然来电的惟一可行的安全措施，必须先接（   ），后接（   ），接触必须良好。拆接地线的顺序与此相反。

3. 燃烧的三项基本条件是（   ）和（   ）共同存在，构成一个系统，同时要有导致着火的火源。

4. 在硫化氢含量超过安全临界浓度的污染区进行必要的作业时，必须（   ），而且至少有两人同在一起工作，以便相互救护。

5. 在油气层和油气层以上起管柱时，前 10 根管柱起钻速度应控制在（　　）以内。

6. 常用的灭火方法有（　　）、（　　）、（　　）、（　　）。

7. 过滤型防毒面具一般只能（　　）应用，使用时间一般为（　　）。

8. 滤毒罐应储存于（　　）、清洁、空气流通的库房，严防（　　）、过热，有效期为（　　），超过（　　）时应重新鉴定。

9. 单人心肺复苏法，每做（　　）次胸外心脏按压，人工呼吸两次；双人心肺复苏法，每按压心脏（　　）次，人工呼吸一次。

10. 救护人员不使用工具而只运用技巧搬运伤病员的徒手搬运法包括（　　）、（　　）、（　　）、（　　）及（　　）等。

11. 在低压配电系统中，单相触电时，人体承受的电压约为（　　），危险性大。

12. 跨步电压触电事故，主要发生在（　　）附近，或者雷击时（　　）附近。

13. 石油火灾在灭火后未切断（　　）、易燃可燃液体的（　　）或（　　）的情况下，遇到火源或高温将产生（　　）、（　　）。

14. 天然气火灾的灭火方法分为两大类，它们是（　　）和（　　）。

15. 按照爆炸的瞬时燃烧速度的不同，爆炸可分为（　　）、（　　）和（　　）三种类型。

三、选择题（每题 4 个选项，只有 1 个是正确的，将正确的选项填入括号内）

1. 对于同一个人、同一时刻，相比较而言，下列（　　）种触电情况危险性最大。

(A) 中性点接地系统的单相触电　　　　　　(B) 两相触电

(C) 中性点不接地系统的单相触电　　　　　(D) 跨步电压触电

2. 在含硫地层作业时，设计的修井液密度，其安全附加值在规定的油井标准（　　）上选用上限值。

(A) 0.05～0.10g/cm³　　　　　　　　　　(B) 0.07～0.15g/cm³

(C) 0.05～0.15g/cm³　　　　　　　　　　(D) 0.07～0.10g/cm³

3. 化学反应生氧式防毒面具产氧罐储存库房条件为温度为（　　），湿度为 70% 以下。

(A) −5～45℃　　　(B) −20～50℃　　　(C) −20～0℃　　　(D) 0～35℃

4. 下列（　　）种描述为重度烧伤。

(A) 烧伤总面积小于 9% 的 Ⅱ 度烧伤

(B) 烧伤总面积为 10%～29% 或 Ⅲ 度烧伤面积小于 10%

(C) 烧伤总面积为 30%～49% 或 Ⅲ 度烧伤面积为 10%～19%

(D) 烧伤总面积大于 50% 或 Ⅲ 度烧伤面积大于 20% 或伴有严重并发症

5. 石油、天然气的爆炸往往与燃烧相联系，当石油蒸气与空气形成爆炸范围内的混合气时，一遇火源就（　　）。

(A) 先爆后燃　　　(B) 先燃后爆　　　(C) 同时燃爆　　　(D) 燃、爆随机进行

6. 井口放喷管线应使用硬管线连接，分段用地锚固定牢固，两固定点间距不大于 10m，管线末端处弯头的角度应（　　），且不得有变形。

(A) 不小于 150°　(B) 不小于 120°　(C) 大于 120°　(D) 大于 150°

7. 压裂酸化施工作业现场排污池应设在下风方向，距井口（　　）以外。

(A) 30m　　　　(B) 50m　　　　(C) 10m　　　　(D) 20m

— 163 —

8. 为防止出现井下落物现象，起下作业时井口必须装（   ）或防掉板。

(A) 全封封井器   (B) 自封封井器   (C) 半封封井器   (D) 旋转防喷器

9. 对有顶钻可能的井，井架绷绳必须加够（   ）。

(A) 十道   (B) 八道   (C) 六道   (D) 四道

10. 井场季节风入口处等位置应设置风向标，一旦发生紧急情况（如 H_2S 浓度超过安全临界浓度），作业人员应首选向（   ）疏散。

(A) 上风方向   (B) 下风方向   (C) 高岗处   (D) 低洼处

11. 放喷管线应装两条，其夹角为（   ），若风向改变，至少有一条能安全使用。

(A) 90°   (B) 120°   (C) 150°   (D) 180°

12. 主要用于无骨折和关节损伤的四肢出血的止血方法是（   ）。

(A) 指压止血法   (B) 抬高肢体止血法   (C) 屈肢加垫止血法(D) 加压包扎止血法

13. 高压触电会造成严重的烧伤，现场急救时，为减少感染最好用（   ）擦洗，再用干净布包扎。

(A) 食盐水   (B) 温开水   (C) 酒精   (D) 凉开水

四、判断题（对的画√，错的画×）

（   ）1. 对高压高产含硫气井，应考虑防喷器（特别是剪切闸板）组合。

（   ）2. 遇到高压触电情况时，可以用抛掷金属线的方法造成继电保护动作，切断电源。

（   ）3. 在低压线路上带电工作搭接导线时，应先接火线，后接地线。

（   ）4. 井场所用的电线可以用电话线代替。

（   ）5. 石油火灾爆炸中，物理爆炸和化学爆炸不可能交织进行。

（   ）6. 装设接地线是防止突然来电的唯一可行的安全措施。

（   ）7. 抑制灭火法的典型代表是卤代烷灭火器。

（   ）8. 天然气的爆炸浓度极限范围越宽，爆炸极限下限越低，上限越高，则爆炸危险度越大，危险性也就越大。

（   ）9. 压裂酸化施工作业的最高压力不小于承压最低部件的额定工作压力。

（   ）10. 压裂酸化施工作业车辆和液罐应摆放在井口上风方向。

（   ）11. 压裂酸化施工作业现场天然气出口点火位置应在下风方向。

（   ）12. 压井管线应全部布置在季节风的上风方向，以便必要时放置其他设备（如压裂车等）作压井用。

（   ）13. 起下大直径工具时（工具外径超过油层套管内径 80%），严禁猛提猛下，以防产生活塞效应。

（   ）14. 油气井作业时，严禁在井场 15m 以内吸烟及用火。

（   ）15. 根据嗅觉器官来测定硫化氢的存在是极不可靠和十分危险的。

（   ）16. 硫化氢中毒最重要的急救措施是迅速将中毒者移到通风处，脱离污染区。

（   ）17. 只有在心脏停止跳动不超过 4～5min 的情况下，施行复苏急救才可能奏效。

（   ）18. 接地线的截面积可以小于 $25mm^2$。

（   ）19. 防爆的基本原则应为阻止第一过程出现，限制第二过程发展，防护第三过程的危害。

（   ）20. 井场作业人员做 H_2S 防护演习，H_2S 报警器发出警报时，如果有不必要的人员在井场，这些人员必须迅速离开现场。

五、简答题

1. 发生触电后，现场急救是十分关键的，急救包括哪几个方面？

2. 防火的基本技术措施有哪些？

3. 压裂酸化施工作业后的安全要求有哪些？

4. 预防食物中毒应注意哪些事项？

5. 预防急性腰扭伤有哪些措施？

附录一 中国石油天然气集团公司 石油与天然气井下作业井控规定

(中油工程字〔2006〕247号文)

第一章 总 则

第一条 为做好井下作业井控工作,有效地预防井喷、井喷失控和井喷着火、爆炸事故的发生,保证人身和财产安全,保护环境和油气资源,特制定本规定。

第二条 各油气田应高度重视井控工作,必须牢固树立"以人为本"的理念,坚持"安全第一,预防为主"方针。

第三条 井下作业井控工作是一项要求严密的系统工程,涉及各管理(勘探)局、油(气)田公司的勘探开发、设计、施工单位、技术监督、安全、环保、装备、物资、培训等部门,各有关单位必须高度重视,各项工作要有组织地协调进行。

第四条 利用井下作业设备进行钻井(含侧钻和加深钻井)的井控要求,均执行《石油与天然气钻井井控规定》。

第五条 井下作业井控工作的内容包括:设计的井控要求,井控装备,作业过程的井控工作,防火、防爆、防硫化氢等有毒有害气体的安全措施和井喷失控的紧急处理,井控培训及井控管理制度等六个方面。

第六条 本规定适用于中国石油天然气集团公司(以下简称集团公司)陆上石油与天然气井的试油(气)、射孔、小修、大修、增产增注措施等井下作业施工。

第二章 设计的井控要求

第七条 井下作业的地质设计、工程设计、施工设计中必须有相应的井控要求或明确的井控设计。

第八条 地质设计(送修书或地质方案)中应提供井身结构、套管钢级、壁厚、尺寸、水泥返高及固井质量等资料,提供本井产层的性质(油、气、水)、本井或邻井目前地层压力或原始地层压力、油气比、注水注汽区域的注水注汽压力、与邻井地层连通情况、地层流体中的硫化氢等有毒有害气体含量,以及与井控有关的提示。

第九条 工程设计中应提供目前井下地层情况、套管的技术状况,必要时查阅钻井井史,参考钻井时钻井液密度,明确压井液的类型、性能和压井要求等,提供施工压力参数、施工所需的井口、井控装备组合的压力等级。提示本井和邻井在生产及历次施工作业硫化氢等有毒有害气体监测情况。

压井液密度的确定应以钻井资料显示最高地层压力系数或实测地层压力为基准,再加一个附加值。附加值可选用下列两种方法之一确定:

(一)油水井为 $0.05\sim0.1\mathrm{g/cm^3}$;气井为 $0.07\sim0.15\mathrm{g/cm^3}$

(二)油水井为 $1.5\sim3.5\mathrm{MPa}$;气井为 $3.0\sim5.0\mathrm{MPa}$

具体选择附加值时应考虑：地层孔隙压力大小、油气水层的埋藏深度、钻井时的钻井液密度、井控装置等。

第十条　施工单位应依据地质设计和工程设计做出施工设计，必要时应查阅钻井及修井井史等资料和有关技术要求，施工单位要按工程设计提出的压井液、压井液加重材料及处理剂的储备要求进行选配和储备，并在施工设计中细化各项井控措施。

第十一条　工程设计单位应对井场周围一定范围内（含硫油气田探井井口周围 3km、生产井井口周围 2km 范围内）的居民住宅、学校、厂矿（包括开采地下资源的矿业单位）、国防设施、高压电线和水资源情况以及风向变化等进行勘察和调查，并在工程设计中标注说明和提出相应的防范要求。施工单位应进一步复核，并制定具体的预防和应急措施。

第十二条　新井（老井补层）、高温高压井、气井、含硫化氢等有毒有害气体井、大修井、压裂酸化措施井的施工作业必须安装防喷器、放喷管线及压井管线，其他情况是否安装防喷器、放喷管线及压井管线，应在各油田实施细则中明确。

第十三条　设计完毕后，按规定程序进行审批，未经审批同意不准施工。

第三章　井控装备

第十四条　井控装备包括防喷器、射孔防喷器（闸门）及防喷管、简易防喷装置、采油（气）树、内防喷工具、防喷器控制台、压井管汇和节流管汇及相匹配的闸门等。

第十五条　含硫地区井控装置选用材质应符合行业标准 SY/T 6610—2005《含硫化氢油气井井下作业推荐作法》的规定。

第十六条　防喷器的选择应按以下要求执行：

（一）防喷器压力等级的选用，原则上应不小于施工层位目前最高地层压力和所使用套管抗内压强度以及套管四通额定工作压力三者中最小者。

（二）防喷器组合的选定应根据各油田的具体情况，参考推荐的附图进行选择。

（三）特殊情况下不装防喷器的井，必须在作业现场配备简易防喷装置和内防喷工具及配件，做到能随时抢装到位、及时控制井口。

第十七条　压井管汇、节流管汇及阀门等的压力级别和组合形式要与防喷器压力级别和组合形式相匹配，其整体配置按各油田的具体情况并参考推荐的附图进行选择。

第十八条　井控装备在井控车间的试压与检验应按以下要求执行：

（一）井控装备、井控工具要实行专业化管理，由井控车间（站）负责井控装备和工具的站内检查（验）、修理、试压，并负责现场技术服务。所有井控装备都要建档并出具检验合格证。

（二）在井控车间（站）内，应对防喷器、防喷器控制台、射孔闸门等按标准进行试压检验。

（三）井控车间应取得相应的资质。

第十九条　现场井控装备的安装、试压和检验按各油田实施细则规定执行。

第二十条　放喷管线安装在当地季节风的下风方向，接出井口 30m 以远，高压气井放喷管线接出井口 50m 以远，通径不小于 50mm，放喷闸门距井口 3m 以远，压力表接在内控管线与放喷闸门之间，放喷管线如遇特殊情况需要转弯时，转弯处要用锻造钢制弯头，每隔 10～15m（填充式基墩或标准地锚）固定。出口及转弯处前后均固定。压井管线安装在当地季节风的上风方向。

第二十一条 井控装备在使用中应按以下要求执行：

（一）防喷器、防喷器控制台等在使用过程中，井下作业队要指定专人负责检查与保养并做好记录，保证井控装备处于完好状态。

（二）油管传输射孔、排液、求产等工况，必须安装采油树，严禁将防喷器当做采油树使用。

（三）在不连续作业时，必须关闭井控装置。

（四）严禁在未打开闸板防喷器的情况下进行起下管柱作业。

（五）液压防喷器的控制手柄都应标识，不准随意扳动。

第二十二条 采油树的保养与使用应按以下要求执行：

施工时拆卸的采油树部件要清洗、保养完好备用。当油管挂坐入大四通后应将顶丝全部顶紧。双闸门采油树在正常情况下使用外闸门，有两个总闸门时先用上闸门，下闸门保持全开状态。对高压油气井和出砂井不得用闸门控制放喷，应采用针型阀或油嘴放喷。

第二十三条 所有井控装备及配件必须是经集团公司认可的生产厂家生产的合格产品。

第四章 作业过程的井控要求

第二十四条 作业过程的井控工作主要是指在作业过程中按照设计要求，使用井控装备和工具，采取相应的技术措施，快速安全控制井口，防止发生井喷、井喷失控、着火和爆炸事故的发生。

第二十五条 井下作业队施工前的准备工作应按以下要求执行：

（一）对在地质、工程和施工设计中提出的有关井控方面的要求和技术措施要向全队职工进行交底，明确作业班组各岗位分工，并按设计要求准备相应的井控装备及工具。

（二）对施工现场已安装的井控装备在施工作业前必须进行检查、试压合格，使之处于完好状态。

（三）施工现场使用的放喷管线、节流及压井管汇必须符合使用规定，并安装固定试压合格。

（四）施工现场应备足满足设计要求的压井液或压井液加重材料及处理剂。

（五）钻台上（或井口边）应备有能连接井内管柱的旋塞或简易防喷装置作为备用内、外防喷工具。

（六）建立开工前井控验收制度，对于高危地区（居民区、市区、工厂、学校、人口稠密区、加油站、江河湖泊等）、气井、高温高压井、含有毒有害气体井、射孔（补孔）井及压裂酸化井等开工前必须经双方有关部门验收，达到井控要求后方可施工。

第二十六条 现场井控工作要以班组为主，按不同工况进行防喷演习。

第二十七条 及时发现溢流是井控技术的关键环节，在作业过程中应有专人观察井口，以便及时发现溢流。

第二十八条 发现溢流后要及时发出信号（信号统一为：报警信号为一长鸣笛，关井信号为两短鸣笛，解除信号为三短鸣笛），关井时，要按正确的关井方法及时关井或装好井口，其关井最高压力不得超过井控装备额定工作压力、套管实际允许的抗内压强度两者中的最小值。

第二十九条　压井施工时，必须严格按施工设计要求和压井作业标准进行压井施工，压井后如需观察，观察后要用原性能压井液循环一周以上，然后进行下一步施工。

第三十条　拆井口前要测油管、套管压力，根据实际情况确定是否实施压井，确定无异常方可拆井口，并及时安装防喷器。

第三十一条　射孔作业应按以下要求执行：

各油田应根据本油田的实际情况，确定射孔方式，即常规电缆射孔、油管传输射孔、过油管射孔。

（一）常规电缆射孔应按以下要求执行：

1. 射孔前应根据设计中提供的压井液及压井方法进行压井，压井后方可进行电缆射孔。

2. 射孔前要按标准安装防喷器或射孔闸门、放喷管线及压井管线。

3. 射孔过程中要有专人负责观察井口显示情况，若液面不在井口，应及时向井筒内灌入同样性能的压井液，保持井筒内静液柱压力不变。

4. 射孔过程中发生溢流时，应停止射孔，及时起出枪身，来不及起出射孔枪时，应剪断电缆，迅速关闭射孔闸门或防喷器。

5. 射孔结束后，要有专人负责观察井口显示情况，确定无异常时，才能卸掉射孔闸门进行下一步施工作业。

（二）油管传输射孔、过油管射孔应按以下要求执行：

1. 采油（气）树井口压力级别要与地层压力相匹配。

2. 采油（气）树井口上井安装前必须按有关标准进行试压，合格后方可使用。

3. 采油（气）树井口现场安装后要整体试压，合格后方可进行射孔作业。

4. 射孔后起管柱前应根据测压数据或井口压力情况确定压井液密度和压井方法进行压井，确保起管柱过程中井筒内压力平衡。

第三十二条　诱喷作业应按以下要求执行：

（一）在抽汲作业前应认真检查抽汲工具，装好防喷管、防喷盒。

（二）发现抽喷预兆后应及时将抽子提出，快速关闭闸门。

（三）预计为气层的井不应进行抽汲作业。

（四）用连续油管进行气举排液、替喷等项目作业时，必须装好连续油管防喷器组。

第三十三条　起下管柱作业应按以下要求执行：

（一）在起下封隔器等大直径工具时，应控制起下钻速度，防止产生抽吸或压力激动。

（二）在起管柱过程中，应及时向井内补灌压井液，保持液柱压力平衡。

（三）起下管柱作业出现溢流时，应立即抢关井。经压井正常后，方可继续施工。

（四）起下管柱过程中，要有防止井内管柱顶出的措施，以免增加井喷处理难度。

第三十四条　冲砂作业应按以下要求执行：

（一）冲砂作业要使用符合设计要求的压井液进行施工。

（二）冲开被埋的地层时应保持循环正常，当发现出口排量大于进口排量时，及时压井后再进行下步施工。

（三）施工中井口应坐好自封封井器和防喷器。

第三十五条　钻磨作业应按以下要求执行：

（一）钻磨水泥塞、桥塞、封隔器等施工作业所用压井液性能要与封闭地层前所用压井液性能相一致。

（二）钻磨完成后要充分循环洗井至 1.5～2 个循环周，停泵观察至少 30min，井口无溢流时方可进行下步工序的作业。

（三）施工中井口应坐好自封封井器和防喷器。

第三十六条 出现不连续作业、设备熄火或井口无人等情况时，必须关闭井控装置或装好井口。

第三十七条 测试、替喷及压裂酸化后施工作业等的井控要求各油田应根据本油田的实际情况具体制定。

第五章　防火、防爆、防硫化氢等有毒有害气体
安全措施和井喷失控的紧急处理

第三十八条 井场设备的布局要考虑防火的安全要求，标定井场内的施工区域并严禁烟火。在森林、苇田、草地、采油（气）场站等地进行井下作业时，应设置隔离带或隔离墙。值班房、发电房、锅炉房等应设在井场盛行季节风的上风处，距井口不小于 30m，且相互间距不小于 20m，井场内应设置明显的风向标和防火防爆安全标志。若需动火，应执行 SY/T 5858《石油工业动火作业安全规程》中的安全规定。

第三十九条 井场电器设备、照明器具及输电线路的安装应符合 SY 5727《井下作业井场用电安全要求》、SY 5225《石油与天然气钻井、开发、储运防火、防爆安全技术规程》和 SY/T 6023《石油井下作业安全生产检查规定》等标准要求。井场必须按消防规定备齐消防器材并定岗、定人、定期检查维护保养。

第四十条 在含硫化氢等有毒有害气体井进行井下作业施工时，应严格执行 SY/T 6137—2005《含硫化氢的油气生产和天然气处理装置作业的推荐作法》、SY/T 6610—2005《含硫化氢油气井井下作业推荐作法》和 SY/T 6277—2005《含硫化氢油气田硫化氢监测与人身安全防护规程》标准。

第四十一条 各单位应根据本油区的实际情况制定具体的井喷应急预案，对含硫等有毒有害油气井应急预案的编制，应参考 SY/T 6610—2005《含硫化氢油气井井下作业推荐作法》的有关规定。

第四十二条 各单位应根据本油区的实际情况，制定关井程序和相应的措施。

第四十三条 一旦发生井喷失控，应迅速启动应急预案，成立现场抢险领导小组，统一领导，负责现场抢险指挥。同时配合地方政府，紧急疏散井场附近的群众，防止人员伤亡。

第六章　井 控 培 训

第四十四条 各油气田应在经集团公司认证的井控培训单位进行相关人员的取证和换证的培训工作。

第四十五条 各油气田必须对从事井下作业地质设计、工程设计、施工设计及井控管理、现场施工、现场监督等人员进行井控培训，经培训合格后做到持证上岗。要求培训岗位如下：

（一）油气田的井下作业现场管理人员、设计人员、作业监督人员。

（二）井下作业公司及下属分公司主管生产、安全、技术的领导、机关从事一线生产指挥人员、井控车间技术干部。

（三）井下作业队的主要生产骨干（副班长以上）。

第四十六条 井控培训应按以下要求执行：

（一）对工人的培训，重点是预防井喷，及时发现溢流，正确快速实施关井操作程序及时关井（或抢装井控工具），掌握井控设备的日常维护和保养方法。

（二）对井下作业队生产管理人员的培训，重点是正确判断溢流，正确关井，按要求迅速建立井内平衡，能正确判断井控装备故障，及时处理井喷事故。

（三）对井控车间技术人员、现场服务人员的培训，重点是掌握井控装备的结构、原理，会安装、调试，能正确判断和排除故障。

（四）对井下作业公司经理、主管领导（安全总监）、总工程师、二、三线从事现场技术管理的技术人员的培训重点是井控工作的全面监督管理、井控各项规定和规章制度的落实、井喷事故的紧急处理与组织协调等。

（五）对预防含硫化氢等有毒有害气体的培训，按 SY/T 6137—2005《含硫化氢的油气生产和天然气处理装置作业的推荐作法》的相关内容执行。

第四十七条 对井控操作持证者，每两年由井控培训中心复培一次，培训考核不合格者，取消（不发放）井控操作证。

第七章 井控管理

第四十八条 应建立井控分级责任制度，内容包括：

（一）各管理（勘探）局和油（气）田公司应分别成立井控领导小组，明确各单位主管生产和技术工作的局（公司）领导是井控工作的第一责任人由第一责任人担任组长。双方领导小组共同负责组织贯彻执行井控规定，制定和修订井控工作实施细则，组织开展井控工作。

（二）各采油厂（作业区）、井下作业公司（工程技术处）、井下作业分公司、作业施工队、井控车间（站）应相应成立井控领导小组，负责本单位的井控工作。

（三）井下作业公司（工程技术处）配备有专（兼）职井控技术和管理人员。

（四）各级负责人按"谁主管，谁负责"的原则，应恪尽职守，做到职、权、责明确到位。

（五）集团公司工程技术与市场部和油（气）田公司上级主管部门每年联合组织一次井控工作大检查，各油（气）田每半年联合组织一次井控工作大检查，各井下作业公司（工程技术处）对本单位下属作业队，至少每季度进行一次井控工作检查，井下作业队每天要进行井控工作检查。

第四十九条 应持证人员经培训考核取得井控操作合格证后方可上岗。

第五十条 井控装置的安装、检修、现场服务制度包括以下内容：

（一）井控车间（站）应按以下要求执行：

1. 负责井控装置的建档、配套、维修、试压、回收、检验、巡检服务。

2. 建立保养维修责任制、巡检回访制、定期回收检验制等各项管理制度。

3. 在监督、巡检中应及时发现和处理井控装备存在的问题，确保井控装备随时处于正常工作状态。

4. 每月的井控装备使用动态、巡检报告等应及时逐级上报井下作业公司主管部门。

（二）作业队应定岗、定人、定时对井控装置、工具进行检查、保养，并认真填写运转、保养和检查记录。

第五十一条 井下作业队必须根据作业内容定期进行不同工况下的防喷演习，并做好防喷演习讲评和记录工作。演习记录包括：班组、日期和时间、工况、演习速度、参加人员、存在问题、讲评等。

第五十二条 作业队干部应坚持24h值班，并作好值班记录。值班干部应监督检查各岗位井控措施执行、落实制度情况，发现问题立即整改。

第五十三条 井喷事故逐级汇报制度包括以下内容。

（一）井喷事故分级：

1. 一级井喷事故（Ⅰ级）。

海上油（气）井发生井喷失控；陆上油（气）井发生井喷失控，造成超标有毒有害气体逸散，或窜入地下矿产采掘坑道；发生井喷并伴有油气爆炸、着火，严重危及现场作业人员和作业现场周边居民的生命财产安全。

2. 二级井喷事故（Ⅱ级）。

海上油（气）井发生井喷；陆上油（气）井发生井喷失控；陆上含超标有毒有害气体的油（气）井发生井喷；井内大量喷出流体造成对江河、湖泊、海洋和环境造成灾难性污染。

3. 三级井喷事故（Ⅲ级）。

陆上油气井发生井喷，经过积极采取压井措施，在24h内仍未建立井筒压力平衡，集团公司直属企业难以短时间内完成事故处理的井喷事故。

4. 四级井喷事故（Ⅳ级）。

发生一般性井喷，集团公司直属企业能在24h内建立井筒压力平衡的井喷事故。

（二）井喷事故报告要求：

1. 事故单位发生井喷事故后，要在最短时间内向管理（勘探）局和油（气）田公司汇报，管理（勘探）局和油（气）田公司接到事故报警后，初步评估确定事故级别为Ⅰ级、Ⅱ级井喷事故时，在启动本企业相应应急预案的同时，在2h内以快报形式上报集团公司应急办公室，油（气）田公司同时上报上级主管部门。情况紧急时，发生险情的单位可越级直接向上级单位报告。

油（气）田公司应根据法规和当地政府规定，在第一时间立即向属地政府部门报告。

集团公司应急办公室接收企业Ⅰ级、Ⅱ级井控事故信息，经应急领导小组组长或副组长审查后，立即向国务院及有关部门做出报告。

2. 发生Ⅲ级井控事故时，管理（勘探）局和油（气）田公司在接到报警后，在启动本单位相关应急预案的同时，24h内上报集团公司应急办公室。油（气）田公司同时上报上级主管部门。

3. 发生Ⅳ级井喷事故，发生事故的管理（勘探）局和油（气）田公司启动本单位相应应急预案进行应急救援处理。

（三）发生井喷或井喷失控事故后应有专人收集资料，资料要准确。

（四）发生井喷后，随时保持各级通信联络畅通无阻，并有专人值班。

（五）各管理（勘探）局和油（气）田公司，在每月10日前以书面形式向集团公司工程技术与市场部汇报上一月度井喷事故（包括Ⅳ级井喷事故）处理情况及事故报告。汇报实行零报告制度，对汇报不及时或隐瞒井喷事故的，将追究责任。

（六）井喷事故发生后，事故单位以附录 2 内容向集团公司汇报，首先以表一（快报）内容进行汇报，以便集团公司领导在最短的时间内掌握现场情况，然后再以表二（续报）内容进行汇报，使集团公司领导及时掌握现场抢险救援情况。

第五十四条 井控例会制度包括以下内容：

（一）作业队每周召开一次由队长主持的以井控为主的安全会议；每天班前、班后会上，值班干部或班长必须布置井控工作任务，检查讲评本班组井控工作。

（二）井下作业分公司每月召开一次井控例会，检查、总结、布置井控工作。

（三）井下作业公司（工程技术处）每季度召开一次井控工作例会，总结、协调、布置井控工作。

（四）各油气田每半年联合召开一次井控工作例会，总结、布置、协调井控工作。

（五）集团公司工程技术与市场部和油（气）田公司上级主管部门每年联合召开一次井控工作例会，总结、布置、协调井控工作。

第八章　附　　则

第五十五条 各油气田应根据本规定，结合本地区油、气、水井井下作业的特点，制订相应实施细则；在浅海、滩海地区进行井下作业的有关单位还应结合自身特点补充有关技术要求，报集团公司工程技术与市场部备案。各油气田应当通过合同约定，要求进入该地区的所有井下作业队伍严格执行本规定及井控实施细则。

第五十六条 本规定自印发之日起施行。集团公司原市场管理部 2004 年 7 月印发的《石油与天然气井下作业井控规定》同时废止。

第五十七条 本规定由集团公司工程技术与市场部负责解释。

附件 1　推荐井控装置及节流、压井管汇组合图

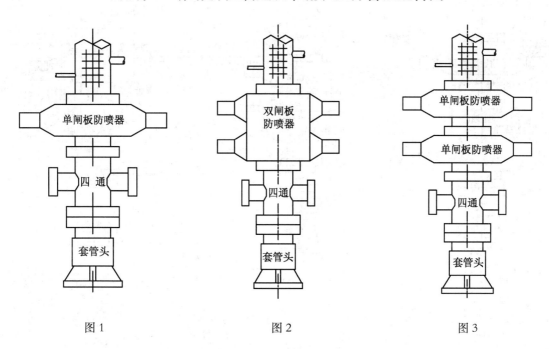

图 1　　　　　　　　　　图 2　　　　　　　　　　图 3

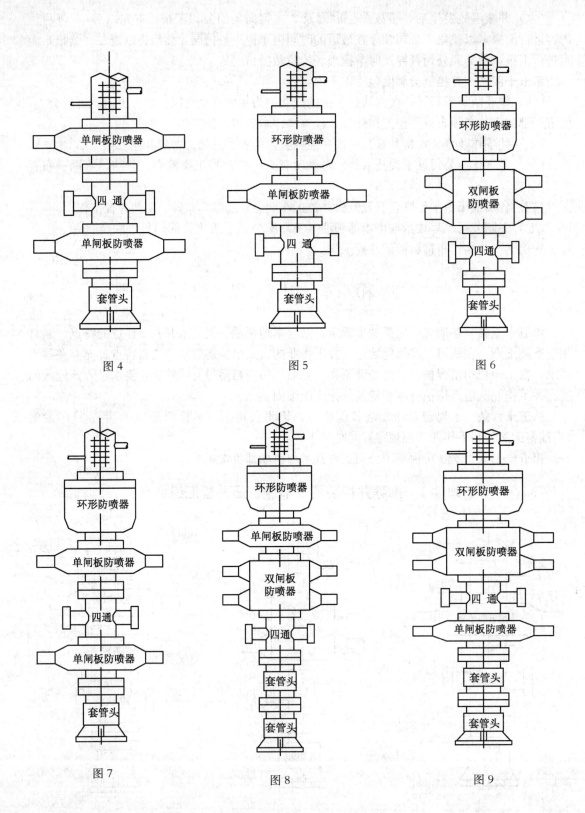

图 4   图 5   图 6

图 7   图 8   图 9

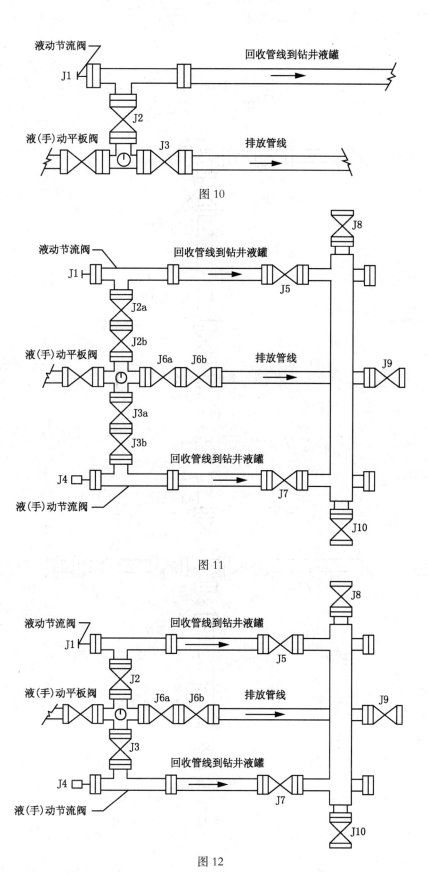

图 10

图 11

图 12

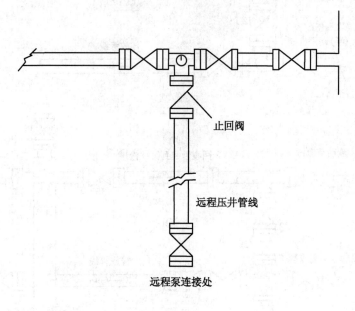

图 13

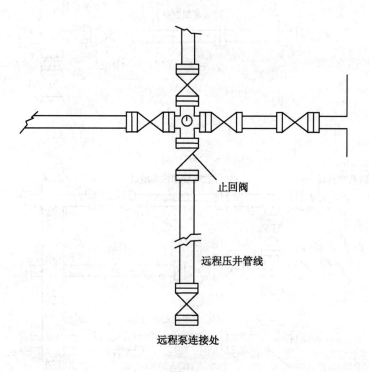

图 14

附件 2 集团公司井下作业井喷失控事故信息收集表（快报）

收到报告时间	年 月 日 时 分				
报告单位					
报告人		职务		联系电话	
发生井喷单位					
现场抢险负责人		职务		电话	
事故发生地理位置					

基本情况	井喷发生时间		机组类型		作业队号	
	井 号		井别		井型	水平井 □ 定向井 □ 直井 □
	油层套管尺寸，cm		人工井底，m		油层井段，m	
	构造		地层压力		目前管柱的垂深(m)	
	表层套管下深		井内液体类型		井内液体密度，g/cm³	
	施工作业主要内容					

有毒气体类型	H₂S □ CO₂ □ CO □	人员伤亡情况	

井口装备状况	防喷器状况	额定工作压力	
		型号	
		开关状态	开 □ 关 □
		可控或失控	可控 □ 失控 □
	采油树型号、状况	型号	完好情况	开关
	地面流程状况		

内防喷工具状况	完好情况		开关状态	

井喷具体状况	喷势描述及估测产量	
	喷出物	气 □ 油 □ 水 □ 气油水 □
	环境污染情况	

周边 500m 内环境状况	居民	数量	工农业设施	名称及数量	
		距离		距离	
	江、河、湖、泊的距离				

| 已疏散人群 | | | | | |

附件3 集团公司井下作业井喷失控事故报告信息收集表（续报）

事故级别	I □ II □ III □ IV □		有毒气体含量	H₂S（　）　CO₂（　）　CO（　）		
井口压力，MPa	油压		套压			
现场气象、海况及主要自然天气情况	阴或晴		雨或雪		风力	
	风向		气温		海浪高	
井喷过程简要描述及初步原因						
井身结构及管柱结构图						
邻近注水、注气井情况						
救援地名称及距离						
周边道路情况						
已经采取的抢险措施						
下一步将采取的措施						
井场压井材料储备	重压井液	密度	g/cm³	量		m³
	工程用水	m³				
	加重材料	重晶石	t	石灰石粉	t	铁矿石粉 t
救援需求						

附录二　大庆油田井下作业井控技术管理实施细则

（庆油发字［2006］36号文）

第一章　总　则

第一条　井下作业井控是保证油田开发井下作业安全、环保的关键技术。为做好井控工作，保护油气层，有效地防止井喷、井喷失控及火灾事故发生，保证员工人身安全和国家财产安全，保护环境和油气资源，按照国家有关法律法规，以及中国石油天然气集团公司《石油与天然气井下作业井控规定》，结合油田实际，特制定本细则。

第二条　井喷失控是井下作业中性质严重、损失巨大的灾难性事故。一旦发生井喷失控，将会造成自然环境污染、油气资源的严重破坏，还易造成火灾、设备损坏、油气井报废甚至人员伤亡。因此，必须牢固树立"安全第一，预防为主，以人为本"的指导思想，切实做好井控管理工作。

第三条　井下作业井控工作是一项要求严密的系统工程，涉及到各单位的设计、施工、监督、安全、环保、装备、物资、培训等部门，各有关单位必须高度重视，各项工作要有组织地协调进行。

第四条　井下作业井控工作的内容包括：设计的井控要求，井控装备，作业过程的井控工作，防火、防爆、防硫化氢有毒有害气体安全措施和井喷失控的紧急处理，井控培训及井控管理制度等六个方面。

第五条　本细则适用于在大庆油田区域内，利用井下作业设备进行试油（气）、射孔（补孔）、大修、增产增注措施、油水井维护等井下作业施工。进入大庆油田区域内的所有井下作业队伍均须执行本细则。

第六条　利用井下作业设备进行钻井（侧钻）施工，执行《大庆油田井下作业井控技术管理实施细则》。

第二章　井下作业设计的井控要求

第七条　井下作业地质设计、工程设计和施工设计中必须有相应的井控要求或明确的井控设计。要结合所属作业区域地层及井的特点，本着科学、安全、可靠、经济的原则开展井下作业井控设计。

第八条　各有关单位每年根据油田开发动态监测资料和生产情况，画出或修改井控高危区域图，为井控设计提供依据，以便采取相应防控措施。

第九条　地质设计中应提供井身结构、套管钢级、壁厚、尺寸、水泥返高、固井质量、本井产层的性质（油、气、水）、本井或邻井目前地层压力或原始地层压力、气油比、注水注汽（气）区域的注水注汽（气）压力、与邻井地层连通情况、地层流体中的硫化氢等有毒有害气体含量，以及与井控有关的提示。

第十条 工程设计应提供目前井下地层情况、井筒状况、套管的技术状况，明确压井液的类型、性能和压井要求等，提供施工压力参数、施工所需的井口、井控装备组合的压力等级。提示本井与邻井在生产及历次施工作业中，硫化氢等有毒有害气体的检测情况。

压井液密度的确定应以钻井资料显示最高地层压力系数或实测地层压力为基准，再加一个附加值。附加值可选用下列两种方法之一确定：

（一）油水井为 $0.05 \sim 0.1 g/cm^3$；气井为 $0.07 \sim 0.15 g/cm^3$。

（二）油水井为 $1.5 \sim 3.5 MPa$；气井为 $3.0 \sim 5.0 MPa$。

具体选择附加值时应考虑：地层孔隙压力大小、油气水层的埋藏深度、钻井时的钻井液密度、井控装置等。

第十一条 施工单位应依据地质设计和工程设计做出施工设计，必要时应查阅钻井及修井井史等资料和有关技术要求，选择合理的压井液，并选配相应压力等级的井控装置，并在施工设计中细化各项井控措施。

第十二条 工程设计单位应对井场周围一定范围内（有毒有害油气田探井井口周围3km、生产井井口周围2km范围内）的居民住宅、学校、厂矿（包括开采地下资源的矿业单位）、国防设施、高压电线和水资源情况以及风向变化等进行勘察和调查，并在工程设计中标注说明和提出相应的防范要求。施工单位应进一步复核，并制定具体的预防和应急措施。

第十三条 新井（老井补层）、高温高压井、气井、含硫化氢等有毒有害气体井、大修井、压裂酸化措施井的施工作业必须安装防喷器、放喷管线及压井管线。

第十四条 设计完毕后，应按规定程序进行审批，未经审批不准施工。

第三章 井控装备

第十五条 井控装备包括防喷器、简易防喷装置、采油（气）树、旋塞阀、内防喷工具、防喷器控制台、压井管汇、节流管汇及相匹配的阀门等。

第十六条 井控装备的选择：

（一）防喷器压力等级的选用，原则上应不小于施工层位目前最高地层压力和施工用套管抗内压强度，以及套管四通额定工作压力三者中最小者。

（二）压井管汇、节流管汇及阀门等的压力级别和组合形式要与防喷器压力级别和组合形式相匹配。

（三）特殊情况下不装防喷器的井，必须在作业现场配备简易防喷装置和内防喷工具及配件，做到能随时抢装到位，及时控制井口。

（四）根据施工井的作业项目，井控装备选用可按以下形式选择：

1. 取套井作业选用 TC2FZ32—14 液动双闸板承重防喷器及液控系统，同时配备相应压力级别的压井管汇、节流管汇、套铣筒旋塞阀、钻杆旋塞阀。

2. 侧斜井作业选用 TC2FZ32—21 液动双闸板承重防喷器及液控系统，同时配备相应压力级别压井管汇、节流管汇、钻杆旋塞。

3. 大修井作业选用 2SFZ18—14 手动双闸板防喷器，同时配备相应压力级别钻杆旋塞阀、油管旋塞阀。

4. 浅气层发育区、气层发育区、油层气发育区、油层异常高压区等井控高危区域的大修井作业选用 2SFZ18—21 手动双闸板防喷器；气井修井选用 2FZ18—35 液动双闸板防喷器及液控系统，同时配备相应压力级别的压井管汇、节流管汇。

5. 压裂井作业选用 2SFZ18—14 或 2SFZ18—21 手动双闸板防喷器，配备相应压力级别油管旋塞阀。针对井控高危区域施工井，选用 2FZ18—35 液动双闸板防喷器及液控系统，同时配备相应压力级别的压井管汇、节流管汇。

6. 深层气井作业选用 FH18—21 过油管防喷器，2FZ18—35 或 2FZ18—70 液动双闸板防喷器及液控系统和相应压力级别的压井管汇、节流管汇，配备相应压力级别油管旋塞阀。

7. 深层气井修井作业选用 FH18—21 过油管防喷器，2FZ18—35 或 2FZ18—70 液动双闸板防喷器及液控系统和相应压力级别的压井管汇、节流管汇；配备 70MPa 的钻杆旋塞阀和油管旋塞阀。

8. 射（补）孔井作业：

（1）射孔：井底压力低于 20MPa 的井，电缆射孔时选用 STFZ12—21 电缆全封防喷器，井底压力在 20～35MPa 的井，选用 STFZ12—35 电缆全封防喷器。

（2）射孔作业：井底压力低于 20MPa 的井，选用 $2\frac{7}{8}$in 油管旋塞阀（35MPa）、$3\frac{1}{2}$in 油管旋塞阀（35MPa）；井底压力在 20～35MPa 的特殊井施工时选用 SFZ18—35 半封防喷器、$2\frac{7}{8}$in 油管旋塞阀（35MPa）、$3\frac{1}{2}$in 油管旋塞阀（35MPa）。

（3）配合射孔的作业：选用 SFZ18—21 半、全、自封一体化多功能手动防喷器和相应压力级别的油管旋塞阀。

9. 试油测试作业：

（1）产油层：井底压力低于 20MPa，选用 SFZ18—21 半、全、自封一体化多功能手动防喷器；井底压力在 20～35MPa，选用 SFZ18—35 半、全、自封一体化多功能手动防喷器或 2FZ18—35 远程液压控制防喷器；每口井配备 $3\frac{1}{2}$in、$2\frac{7}{8}$in（35MPa）旋塞阀。

（2）产气层：井底压力低于 35MPa，选用 2FZ18—35 液压双闸板防喷器组；井底压力高于 35MPa，选用 2FZ18—70 或 2FZ18—105 液压双闸板防喷器组；每口井配备 $3\frac{1}{2}$in、$2\frac{7}{8}$in（70MPa）旋塞阀和相应压力级别的压井管汇、节流管汇。

10. 油水井维护性作业：根据井内压力情况，选用简易防喷器，配备由提升短节、阀门或旋塞、油管挂等组成的快速抢装井口装置；选用 SFZ18—14 多功能防喷器或选用 SFZ18—14 半封闸板防喷器、全封闸板防喷器，并配备油管旋塞；在高危区域井作业时应选用 SFZ18—21 多功能防喷器和 2SFZ18—21 手动双闸板防喷器。

第十七条 井控装备在井控车间的试压、检验：

井控装备、井控工具要实行专业化管理，14MPa 及以下的井控装置由工具车间（站）负责井控装备和工具的站内检查、修理、试压，并负责现场技术服务。大于 14MPa 的井控装置到油田公司指定的具有资质的井控车间进行检测。所有井控装备都要建档并出具检验合格证。

第十八条 现场井控装备的安装、试压、检验：

（一）现场安装前要认真保养防喷器，并检查闸板芯子尺寸是否与所使用管柱尺寸相吻合，检查配合三通的钢圈尺寸、螺孔尺寸是否与防喷器、套管四通尺寸相吻合。

（二）防喷器安装必须平正，各控制阀门、压力表应灵活可靠，上齐上全连接螺栓。

（三）防喷器控制系统必须采取防冻、防堵、防漏措施，安装在距井口 25m 以远，保证灵活好用。

（四）全套井控装置在现场安装完毕后，用清水（冬季加防冻剂）对井控装置连接部位进行试压。试压到额定工作压力的70％。

（五）放喷管线安装在当地季节风向的下风方向，接出井口30m以远，高压气井放喷管线接出井口50m以远，通径不小于50mm，放喷阀门距井口3m以远，压力表接在内控管线与放喷阀门之间，放喷管线如遇特殊情况需要转弯时，要用钢弯头或钢制弯管，转弯夹角不小于120°，每隔10～15m用地锚或水泥墩固定牢靠。压井管线安装在上风向的套管阀门上。

（六）若放喷管线接在四通套管阀门上，放喷管线一侧紧靠套管四通的阀门应处于常开状态，并采取防堵、防冻措施，保证其畅通。

第十九条 井控装备在使用中的要求：

（一）防喷器、防喷器控制台等在使用过程中，井下作业队要指定专人负责检查与保养并做好记录，保证井控装置处于完好状态。

（二）油管传输射孔、排液、求产等工况，必须安装采油树，严禁将防喷器当采油树使用。

（三）在不连续作业时，必须关闭井控装置。

（四）严禁在未打开闸板防喷器的情况下进行起下管柱作业。

（五）液动防喷器的控制手柄都要标识，不准随意扳动。

（六）防喷器在不使用期间应保养后妥善保管。

第二十条 采油（气）树的保养与使用：

（一）施工时拆卸的采油（气）树部件要清洗、保养完好备用。

（二）当油管挂坐入大四通后应将顶丝全部顶紧。

（三）双阀门采油（气）树在正常情况下使用外阀门，有两个总阀门时先用上阀门，下阀门保持全开状态。对高压油气井和出砂井不得用阀门控制放喷，应采用针型阀或油嘴放喷。

第二十一条 井控装置生产制造厂应具有"防喷器全国工业产品生产许可证"，产品质量应符合国家行业标准SY/T 5053.1—2000《防喷器及控制装置 防喷器》的要求。所有井控装备及配件必须是经油田公司专业部门认可的生产厂家生产的合格产品。

第四章 作业施工过程中的井控

第二十二条 作业过程的井控工作主要是指在作业过程中按照设计要求，使用井控装备和工具，采取相应的技术措施，快速安全控制井口，防止发生井涌、井喷、井喷失控和着火、爆炸事故的发生。

第二十三条 施工前作业队必须做到：

（一）对在地质、工程和施工设计中提出的有关井控方面的要求和技术措施要向全队员工进行交底，明确作业班组各岗位分工，并按设计要求准备相应的井控装备及工具。

（二）施工现场的值班房、作业设备、井架、工具房、管杆桥、消防器材等摆放或安装要符合安全规定的要求。

（三）对施工现场已安装的井控装备在施工作业前必须进行检查、试压合格，使之处于完好状态。

（四）施工现场使用的放喷管线、压井管汇必须符合规定，并安装固定试压合格。

（五）施工现场应备足满足设计要求的压井液或压井液加重材料及处理剂。

（六）钻台上或井口边应备有能连接井内管柱的旋塞或简易防喷装置作为备用的内、外防喷工具。

（七）建立开工前井控验收制度，对于高危地区（居民区、市区、工厂、学校、人口稠密区、加油站、江河湖泊等）、气井、高温高压井、含有毒有害气体井、射孔（补孔）井及压裂酸化井等开工前必须经有关部门验收，达到井控要求后方可施工。

第二十四条 现场井控工作要以班组为主，按不同工况进行防喷演习。

第二十五条 及时发现溢流是井控技术的关键环节，在作业过程中要有专人观察井口，以便及时发现溢流。

第二十六条 发现溢流后要及时发出信号（信号统一为：报警信号为一长鸣笛，关井信号为两短鸣笛，解除信号为三短鸣笛），关井时，要按正确的关井方法及时关井或装好井口，其关井最高压力不得超过井控装备额定工作压力、套管实际允许的抗内压强度两者中的最小值。

第二十七条 压井施工时，必须严格按施工设计要求和压井作业标准进行压井施工，压井后如需观察，观察后要用原压井液循环一周以上，然后进行下一步施工。

第二十八条 拆井口前要测油管、套管压力，根据实际情况确定是否实施压井，确定无异常方可拆井口，并及时安装防喷器。

第二十九条 射孔作业：

（一）常规电缆射孔：

1. 射孔前应根据设计中提供的压井液及压井方法进行压井，压井后方可进行电缆射孔。

2. 射孔前要按标准安装防喷器。

3. 射孔过程中要有专人负责观察井口显示情况，若液面不在井口，应及时向井筒内灌入同样性能的压井液，保持井筒内静液柱压力不变。

4. 射孔过程中发生溢流时，应停止射孔，及时起出枪身，来不及起出射孔枪时，应剪断电缆，迅速关闭射孔闸门或防喷器。

5. 射孔结束后，要有专人负责观察井口显示情况，确定无异常时，才能卸掉射孔闸门进行下一步施工作业。

（二）油管传输射孔、过油管射孔：

1. 采油（气）树井口压力级别要与地层压力相匹配。

2. 采油（气）树井口上井安装前必须按有关标准进行试压，合格后方可使用。

3. 采油（气）树井口现场安装后要整体试压，合格后方可进行射孔作业。

4. 射孔后起管柱前应根据测压数据或井口压力情况确定压井液密度和压井方法进行压井，确保起管柱过程中井筒内压力平衡。

第三十条 诱喷作业：

（一）抽汲作业前应认真检查抽汲工具，装好防喷管、防喷盒。

（二）发现抽喷预兆后应及时将抽子提出，快速关闭闸门。

（三）预计为气层的井不应进行抽汲作业。

（四）用连续油管进行气举排液、替喷等项目作业时，必须装好连续油管防喷器组。

第三十一条 起下作业：

（一）在起下封隔器等大尺寸工具时，应控制起下速度，防止产生抽吸或压力激动。

（二）在起下管柱过程中，应及时向井内补灌压井液，保持液柱压力平衡。

（三）起下管柱作业出现溢流时，应立即抢关井。经压井正常后，方可继续施工。

（四）起下管柱过程中，要有防止井内管柱顶出的措施，以免增加井喷处理难度。

第三十二条 冲砂作业：

（一）冲砂作业要使用符合设计要求的压井液进行施工。

（二）冲开被埋的地层时应保持循环正常，当发现出口排量大于进口排量时，及时压井后再进行下步施工。

（三）施工中井口应安装好自封封井器和防喷器。

第三十三条 钻磨作业：

（一）钻磨水泥塞、桥塞、封隔器等施工作业所用压井液性能要与封闭地层前所用压井液性能相一致。

（二）钻磨完成后要充分循环洗井至 1.5～2 个循环周，停泵观察至少 30min，井口无溢流时方可进行下步工序的作业。

（三）施工中井口应安装好防喷器。

第三十四条 压裂、酸化、化学堵水、防砂等特殊措施作业施工时，要严格按其相关的技术要求和操作规程进行施工，防止井喷。

第三十五条 因特殊原因判断可能形成超压情况下应控制放喷，及时汇报，并做好压井准备。

第三十六条 出现不连续作业、设备熄火或井口无人等情况时必须关闭井控装置或装好井口。

第五章 防火、防爆、防硫化氢等有毒有害气体 安全措施和井喷失控的紧急处理

第三十七条 井场设备的布局要考虑防火的安全要求，标定井场内的施工区域严禁烟火。在森林、苇田、草地、采油（气）场站等地进行井下作业时，应设置隔离带或隔离墙。值班房、发电房、锅炉房等应设在盛行季风的上风处，距井口不小于 30m，且相互间隔不小于 20m，井场内应设置明显的风向标和防火防爆标志。若需动火，应执行 SY/T 5858《石油工业动火作业安全规程》中的安全规定。

第三十八条 井场电器设备、照明器具及输电线路的安装应符合 SY 5727《井下作业井场用电安全要求》、SY 5225《石油与天然气钻井、开发储运防火、防爆安全生产管理规定》和 SY 6023《石油井下作业队安全生产检查规定》等标准要求。井场必须按消防规定备齐消防器材并定岗、定人、定期检查维护保养。

第三十九条 在含硫化氢等有毒有害气体井进行井下作业施工时，应严格执行 SY/T 6137—2005《含硫化氢的油气生产和天然气处理装置作业的推荐作法》、SY/T 6610—2005《含硫化氢油气井井下作业推荐作法》和 SY/T 6277—2005《含硫化氢油气田硫化氢监测与人身安全防护规程》标准。

第四十条 各单位要根据本油区的实际制定具体的井喷应急预案，编制含硫等有毒有害油气井应急预案，要参考 SY/T 6610—2005《含硫化氢油气井井下作业推荐作法》的有关规定。

第四十一条　各单位要根据本油区的实际，制定关井程序和相应的措施。

第四十二条　井喷失控后的紧急处理：

（一）一旦发生井喷失控，应迅速停机、停车、断电，并设置警戒线。在警戒线以内，严禁一切火源，并将氧气瓶、油罐等易燃易爆物品拖离危险区。同时进行井口喷出油流的围堵和疏导，防止井场地面易燃物扩散。

（二）迅速做好储水、供水工作，用消防水枪向油气喷流和井口周围大量喷水冷却，保护井口。

（三）成立有领导干部参加的现场抢险组，迅速启动或制定抢险方案，集中、统一领导，负责现场施工指挥。

（四）测定井口周围及附近的天然气和硫化氢气体的浓度，划分安全范围，并准备必要的防护用具。

（五）清除井口周围和抢险通道上的障碍物。

（六）井喷失控抢险施工尽量避免在夜间进行。施工时，不要在施工现场同时进行可能干扰施工的其他作业。

（七）抢险中每个步骤实施前，必须进行技术交底和演习，使有关人员心中有数。

（八）做好人身安全防护工作，避免烧伤、中毒、噪音等伤害。

第六章　井控技术培训

第四十三条　由大庆油田有限责任公司指定的具有井下作业井控培训资格的单位负责进行相关人员的培训、取证和换证工作。

第四十四条　对从事井下作业地质设计、工程设计、施工设计及井控管理、现场施工、现场监督等人员必须进行井控培训，经培训合格后做到持证上岗。要求培训岗位如下：

（一）作业管理：采油厂（分公司）主管作业生产、技术、安全的领导和机关科室有关人员、各大队的有关领导。

（二）作业设计：工程技术大队、地质大队、采油矿、作业大队负责编写设计的有关人员。

（三）作业监督：工程技术大队、地质大队、采油矿等的现场监督。

（四）生产骨干：作业小队的主要生产骨干（副班长以上）、作业大队主管生产、技术、安全的有关人员、井控车间的有关人员。

第四十五条　井控培训要求：

（一）对工人的培训，重点是预防井喷，及时发现溢流，正确实施关井操作程序及时关井或抢装井控工具，掌握井控设备日常维护和保养方法。

（二）对作业队生产管理人员的培训，重点是正确判断溢流，正确关井，按要求迅速建立井内平衡，能正确判断井控装置故障，及时处理井喷事故。

（三）对井控车间技术人员、现场服务人员的培训，重点是掌握井控装备的结构、原理，能够安装、调试，能正确判断和排除故障。

（四）对采油厂、井下作业分公司、试油试采分公司主管井控的领导（安全总监）、总工程师，二、三线从事现场技术管理的技术人员的培训，重点是井控工作的全面监督管理、井控各项规定和规章制度的落实、井喷事故的紧急处理与组织协调等。

（五）对预防含硫化氢等有毒有害气体的培训，按 SY/T 6137—2005《含硫化氢的油气生产和天然气处理装置作业的推荐作法》的相关内容执行。

第四十六条 对持有井控操作证者，每两年由井控培训部门复培一次，培训考核不合格者，取消井控操作证。

第七章　井控工作七项管理制度

第四十七条 井控分级责任制度：

（一）井控工作是井下作业安全工作的重要组成部分，油田公司主管开发领导是井下作业井控工作的第一责任人。

（二）油田公司成立井控领导小组，组长由井控工作第一责任人担任。领导小组下设办公室，办公室设在油田公司开发部。主要负责组织贯彻执行井控规定，制定和修订井控工作实施细则，组织开展井控工作。

（三）采油各厂、井下作业分公司、试油试采分公司以及下属作业大队、作业队、工具车间（站）应相应成立井控领导小组，负责本单位的井控工作。

（四）各单位作业大队必须配备有专（兼）职井控技术和管理人员。

（五）各级负责人要按"谁主管，谁负责"的原则，恪尽职守，做到职、权、责明确到位。

（六）油田公司每半年组织一次井控工作大检查。采油各厂、井下作业分公司、试油试采分公司对本单位下属作业队，每季度进行一次井控工作检查，作业队每天要进行井控安全检查，及时发现和解决问题，杜绝井喷事故发生。

第四十八条 井控操作证制度：

应持证人员经培训考核取得井控操作合格证后方可上岗。

第四十九条 井控装置的安装、检修、现场服务制度。

（一）井控（工具）车间：

1. 负责井控装置的建档、配套、维修、试压、回收、检验、巡检服务。

2. 建立保养维修责任制、巡检回访制、定期回收检验制等各项管理制度。

3. 在监督、巡检中应及时发现和处理井控装备存在的问题，确保井控装备随时处于正常工作状态。

4. 每月的井控装备使用动态、巡检报告等应及时逐级上报井下作业专业主管部门。

（二）作业队应定岗、定人、定时对井控装置、工具进行检查，并认真填写运转和检查记录。

第五十条 防喷演习制度：

井下作业队必须根据作业内容定期进行不同工况下的防喷演习，并做好防喷演习讲评和记录工作。演习记录包括：班组、日期和时间、工况、演习速度、参加人员、存在问题、讲评等。

第五十一条 作业队干部值班制度：

（一）作业队干部应坚持 24h 值班，并作好值班记录。

（二）值班干部应检查监督井控各岗位执行、落实制度情况，发现问题立即整改。

第五十二条 井喷事故逐级汇报制度。

（一）井喷事故分级。

1. 一级井喷事故（Ⅰ级）：

海上油（气）井发生井喷失控；陆上油（气）井发生井喷失控，造成超标有毒有害气体逸散，或窜入地下矿产采掘坑道；发生井喷并伴有油气爆炸、着火，严重危及现场作业人员和作业现场周边居民的生命财产安全。

2. 二级井喷事故（Ⅱ级）：

海上油（气）井发生井喷；陆上油（气）井发生井喷失控；陆上含超标有毒有害气体的油（气）井发生井喷；井内大量喷出流体造成对江河、湖泊、海洋和环境造成灾难性污染。

3. 三级井喷事故（Ⅲ级）：

陆上油气井发生井喷，经过积极采取压井措施，在24h内仍未建立井筒压力平衡，中国石油天然气集团公司直属企业难以短时间内完成事故处理的井喷事故。

4. 四级井喷事故（Ⅳ级）：

发生一般性井喷，各单位能在24h内建立井筒压力平衡的井喷事故。

（二）一旦发生井喷或井喷失控应有专人收集资料，资料要齐全、准确。

（三）发生井喷后由下至上逐级上报，2h内要报告公司开发部，并立即报告油田公司主管领导。情况紧急时，发生险情的单位可越级直接向上级单位报告。发生Ⅰ级、Ⅱ级井喷事故，公司开发部接到报警后要立即上报集团公司应急办公室（办公厅）和中国石油天然气股份有限公司勘探与生产分公司，同时向当地政府进行报告；发生Ⅲ级井喷事故，公司开发部接到报警后24h内上报集团公司应急办公室（办公厅）和股份公司勘探与生产分公司。

（四）发生井喷后，要随时保持各级通信联络畅通无阻，并有专人值班。

（五）各单位在每月上旬以书面形式向公司开发部汇报上一月度井喷事故处理情况及事故报告。汇报实行零报告制度，对汇报不及时或隐瞒井喷事故的，将追究责任。汇报格式见附件1、附件2。

第五十三条 井控例会制度

（一）作业队每周召开一次由队长主持的以井控工作为主要内容的安全会议，每天班前、班后会上，值班干部、班长必须布置井控工作任务，检查、讲评本班组井控工作。

（二）作业大队每月召开一次井控例会，检查、总结、布置井控工作。

（三）采油各厂、井下作业分公司、试油试采分公司每季度召开一次井控工作例会，总结、协调、布置井控工作。

（四）油田公司每半年召开一次井控工作例会，总结、布置、协调井控工作。

第八章　附　　则

第五十四条　本细则自印发之日起施行。原大庆油田有限责任公司关于印发《大庆油田井下作业井控技术管理实施细则（试行）》的通知（庆油发〔2004〕66号文）同时废止。

第五十五条　本细则由大庆油田有限责任公司开发部负责解释。

附件1：井下作业井喷失控事故信息收集表（快报）；

附件2：井下作业井喷失控事故报告信息收集表（续报）。

附件1 井下作业井喷失控事故信息收集表（快报）

收到报告时间	年 月 日 时 分				
报告单位					
报告人		职务		联系电话	
发生井喷单位					
现场抢险负责人		职务		电话	
事故发生地理位置					
基本情况	井喷发生时间		机组类型		施工单位	
	井 号		井别		井型 水平井 □ 定向井 □ 直井 □
	油层套管尺寸，mm		人工井底，m		油层井段，m
	构造		地层压力		目前管柱的垂深，m
	表层套管下深		井内液体类型		井内液体密度，g/cm³
	施工作业主要内容				
有毒气体类型	H₂S □ CO₂□ CO □			人员伤亡情况	
井口装备状况	防喷器状况	额定工作压力		
		型号		
		开关状态	开 □ 关 □
		可控或失控	可控 □ 失控 □
	采油树型号、状况	型号	完好情况		开关	
	地面流程状况			
内防喷工具状况	完好情况		开关状态	
井喷具体状况	喷势描述及估测产量			
	喷出物	气□ 油□ 水□ 气油水 □		
	环境污染情况			
周边500m内环境状况	居民	数量		工农业设施	名称及数量	
		距离			距离	
	江、河、湖、泊的距离				
已疏散人群					

附件 2 井下作业井喷失控事故报告信息收集表（续报）

事故级别	I □ II □ III □ IV □		有毒气体含量	H_2S（ ） CO_2（ ） CO（ ）	
井口压力，MPa	油压		套压		
现场气象、海况及主要自然天气情况	阴或晴		雨或雪	风力	
	风向		气温	海浪高	
井喷过程简要描述及初步原因					
井身结构及管柱结构图					
邻近注水、注气井情况					
救援地名称及距离					
周边道路情况					
已经采取的抢险措施					
下一步将采取的措施					
井场压井材料储备	重泥浆	密度	g/cm^3	量	m^3
	工程用水	m^3			
	加重材料	重晶石　　t	石灰石粉　　t	铁矿石粉　　t	
救援需求					

附录三 石油与天然气井下作业井控检查表（征求意见稿）

一、井控工作管理制度检查内容

检查项目	检查内容	检查结果
1. 井控规定的制定及有关文件的落实	(1) 是否建立并及时修订完善适应本油田特点的《井下作业井控实施细则》； (2) 关于加强"三高"地区井控工作等文件的落实情况，是否对"三高"井施工作业采取有针对性井控安全措施	
2. 井控制度建立分级责任制度	(1) 是否建立井控分级责任制度并建立井控管理网络； (2) 是否成立井控工作领导小组； (3) 是否按要求进行井控工作检查； (4) 是否建立管理局与油田分公司联合井控领导小组并开展工作； (5) 各级井控领导小组是否按期召开井控例会并安排部署井控工作	
3. 井控操作证制度	(1) 所有相关人员是否按规定要求持证，井控证是否过期； (2) 实际持证人数是否达到要求； (3) 未持证岗位（人数）及未持证原因； (4) 随机抽查各岗位人员进行面试，检查培训质量； (5) 现场是否有井控知识和实际操作的自我培训学习，是否有记录	
4. 井控装置的安装、检修、试压、现场服务制度	(1) 井控设备的管理是否定岗、定人； (2) 井控设备的保养、检查制度是否落实； (3) 井口装置、控制系统、压井及放喷管线是否经过检验和试压； (4) 是否定岗定时对井控装置、工具检查、维修保养，填写记录； (5) 井控车间是否定期回收检验； (6) 施工前井控装备现场试压是否落实	
5. 防喷演习制度	(1) 是否建立了防喷演习制度； (2) 是否定期开展各种不同工况的演习，现场历次的防喷演习是否有记录； (3) 防喷演习记录中时间、内容、参加人员及总结等是否齐全详实； (4) 在现场进行一次防喷演习，检查各岗位是否按标准要求操作，各岗位动作是否正确熟练，在规定时间内实现关井； (5) 是否对防喷演习情况进行评价，讲评是否具有针对性	
6. 井下作业队干部24h值班制度	(1) 是否建立了防喷演习制度； (2) 是否定期开展各种不同工况的演习，现场历次的防喷演习是否有记录； (3) 防喷演习记录中时间、内容、参加人员及总结等是否齐全详实； (4) 在现场进行一次防喷演习，检查各岗位是否按标准要求操作，各岗位动作是否正确熟练，在规定时间内实现关井； (5) 是否对防喷演习情况进行评价，讲评是否具有针对性	
7. 井喷事故逐级汇报制度	(1) 井喷发生后，是否及时上报； (2) 井喷事故发生后，有无准确真实记录； (3) 现场人员是否知道发生井喷事故应向哪里汇报？汇报哪些内容； (4) 是否有相关管理部门和急救抢险部门的联系地址	

检查项目	检查内容	检查结果
8. 井控例会制度	(1) 是否建立井控例会制度； (2) 班前、班后会及生产碰头会是否检查、布置井控工作； (3) 是否把井控工作做为每次生产安全检查的重要内容； (4) 是否按规定召开井控例会； (5) 对"三高"井施工是否召开专门会议安排部署井控特殊措施	
9. 应急预案	(1) 是否建立局（油田公司）、二级单位、大队、作业队（单井）四级应急预案； (2) 应急预案演练记录情况和现场演练情况； (3) 应急抢险物资准备情况（工具、材料、设备）	

二、三项设计检查内容

检查项目	检查内容	检查结果
1. 地质工程设计	(1) 是否有明确的井控要求； (2) 是否提供本井的地质、钻井及完井基本数据。包括井身结构、套管钢级、壁厚、尺寸、水泥返高等资料，提供本井和邻井的油气水层深度及目前地层压力、气油比、注水注汽（气）区域的注水注汽（气）压力、与邻井油层连通情况，地层流体性质，有井控提示； (3) 是否提供本井近期作业简况，套管技术状况，近三个月的生产情况，当前井内生产管柱； (4) 对于射孔井，是否提供地层压力系数，油层解释情况，是气层或含气层有无明显提示内容，并提出井控要求； (5) 是否提供井场周围一定范围内（含硫油气田探井井口周围 3km、生产井井口周围 2km 范围内）居民、住宅、学校、厂矿、人口积聚场所、养殖场（池）、滩涂等环境敏感区域勘察和调查资料	
2. 工程设计	(1) 工程设计是否依据地质设计提出井控、安全环保要求； (2) 是否明确了作业井压井液类型、性能； (3) 是否明确作业井井控装置类型和压力级别； (4) 是否明确提出含硫区块本井或邻井生产和近几次作业中有毒有害气体检测情况，含硫化氢等有毒有害气体的井是否有相应的防范措施； (5) 对于地下情况不清及敏感区域等作业井，工程设计中是否考虑采用有利于井控及安全环保的成熟工艺技术？如油管传输射孔等； (6) 对"三高"地区的长停井，恢复利用时是否有要求进行工程测井	
3. 施工设计	(1) 进行详细的施工现场勘察，根据环境的实际情况，按照地质设计和工程设计的要求完成施工设计的井控设计内容； (2) 根据工程设计配套相应压力等级的井控装置，要求示意图标明； (3) 井控装备的准备，包括井控设备、工具、材料的明细及有关要求； (4) 硫化氢等有害气体检测与防护措施； (5) 井喷突发事故的应急处理及抢险物资的准备； (6) "三高"井的施工设计有较细的井控和环保措施	

检查项目	检查内容	检查结果
4. 设计审批和执行情况	(1) "三高"井的设计是否由油田公司（局）总工程师负责审批； (2) 一般的作业施工井是否由油田公司（局）指定的专业部门负责审批； (3) 设计进行更改时，是否严格执行了审批程序和制度，有无擅自更改设计的情况； (4) 是否存在不顾安全、环保的要求，为片面追求降低成本，出现违反科学作业的问题； (5) 在施工过程中是否有不按设计施工的情况； (6) 地质设计、工程设计、施工设计是否齐全	
5. 设计、审核、审批人员持证情况	(1) 设计、审核、审批人员是否持有有效的井控证； (2) 设计、审核人员的资质是否达到设计资质管理的要求	

三、作业施工现场检查内容

检查项目	检查内容	检查结果
1. 井场布置、警戒、用电等	(1) 作业井井场是否满足作业设备摆放的要求及放喷管线安装的要求； (2) 是否设置明显的风向标、防火防爆等各类安全标志和逃生通道；是否在不同方向上划定两个紧急集合点； (3) 井场设备的布局是否考虑防火的安全要求，井场周围的施工区域是否有警戒线； (4) 井口与民宅、学校、医院和大型油库等人口密集性、高危性场地等距离是否满足规定要求； (5) 值班房、发电房、锅炉房等是否设置在上风位置，距井口不小于30m，相互间距不小于20m； (6) 值班房内电路安装是否符合要求； (7) 值班房是否有安全标志； (8) 井口作业区和油罐区电气设备，电源开关是否防爆； (9) 在环境敏感地区，放喷池容积是否满足最大排放要求； (10) 井场照明是否使用安全电压照明装置，电线、灯具是否按照技术规范进行安装； (11) 在森林、苇田、草地、采油（气）场站等地进行井下作业时，是否设置隔离带或隔离墙； (12) 井场上是否有可随时联络的通信设备及相关管理、救援、报警等部门通讯地址	
2. 防喷器检查内容	(1) 防喷器组合的选用是否符合本油田的具体规定； (2) 防喷器的安装压力等级是否符合规定； (3) 是否指定专人负责检查与保养井控装备，是否及时，是否有记录； (4) 井控装备现场应用前是否试压和检验合格，有无试压卡片； (5) 井口附近是否有油管（钻杆）内防喷工具，扣型是否正确； (6) 内防喷工具是否处于常开状态，专用开关工具是否放在井口指定位置； (7) 在不连续作业时，井口控制装置是否及时关闭； (8) 防喷器的安装是否符合规定要求； (9) 防喷器闸板是否与作业管柱相匹配； (10) 防喷器闸阀是否挂牌编号并标明其开、关状态开关灵活	

检 查 项 目	检 查 内 容	检 查 结 果
3. 远控台	(1) 远程控制台的控制手柄应有明显标识；距井口大于 25m； (2) 离放喷管线距离大于 1m，周围留有宽度不少于 2m 的人行通道，周围 10m 内不得堆放易燃、易爆、易腐蚀物品； (3) 电源线从配电板总开关处直接引出，用单独的开关控制； (4) 气动泵总气源与司控台气源分开连接配置气源排水分离器，并保持压力 17.5～21MPa，泵运转正常，油雾气工作正常； (5) 储能器压力 17.5～21MPa，环型防喷器压力 10.5MPa，管汇压力 10.5MPa； (6) 油箱油面在标准油面以上；管线、阀门等密封无泄漏； (7) 与放（防）喷管线距离不少于 1m，车辆跨越处装过桥盖板，管排架上无杂物并不得作为电焊接地线或在其上进行焊割作业	
4. 节流管汇、压井管线、放喷管线检查内容	(1) 压井管汇、节流管汇及阀门等的压力级别和组合形式是否与防喷器压力级别和组合形式相匹； (2) 放喷管线出口是否安装在当地季节风的下风向，放喷管线接出井口是否达到 30m 以远，高压气井放喷管线接出 50m 以远，通径不小于 50mm 的要求； (3) 放喷管线转弯处是否用锻造钢制弯头，转弯处及放喷口是否用基墩双卡固定； (4) 放喷管线是否每隔 10～15m 用基墩固定；是否平直且固定牢靠； (5) 放喷管线是否是钢制硬管线，车辆跨越处是否装过桥盖板等覆盖装置； (6) 放喷管线出口处是否有障碍物； (7) 压井管线自套管闸门接出，是否安装在当地季节风的上风方向； (8) 压井管线必须是钢制硬管线；是否平直且固定牢靠； (9) 压井管线长度是否满足压井设备连接的要求； (10) 节流管汇压力级别是否执行设计要求，是否固定牢靠； (11) 是否达到闸阀挂牌编号并标明其开、关状态（正确），开关灵活，联接螺栓合格的要求； (12) 是否有高、低压表（有闸阀控制），量程和校验是否符合要求； (13) 压井液回收管线拐弯及出口处是否固定牢靠，内径不小于 78mm； (14) 关井提示牌是否数据齐全，字迹清楚，正对操作者； (15) 管线冬季是否有防堵、防冻措施	
5. 内防喷工具	(1) 是否备有钻具、油管用旋塞； (2) 是否有与钻具相匹配的防喷单根； (3) 内防喷工具是否处于常开状态，专用开关工具是否与内防喷工具在一起； (4) 井口附近是否有油管（钻杆）内防喷工具，螺纹类型是否正确	
6. 施工准备及施工现场	(1) 施工前是否对全队职工进行地质、工程和井控技术交底，并明确作业班组各岗位分工； (2) "三高"油气井施工现场是否按照设计要求准备的压井液或者压井液材料及添加剂； (3) 在作业过程中是否有专人负责观察井口； (4) 是否及时安装好井控装置； (5) 井口是否有工具台，工具摆放是否规整，安全通道是否畅通；	

检查项目	检查内容	检查结果
6. 施工准备及施工现场	(6) 所有进入井场的动力设备是否带防火帽； (7) 各种安全阀、压力表、指重表及硫化氢检测仪是否按要求标校检验； (8) 在施工过程中是否有不按设计施工的情况； (9) 在起下封隔器等大尺寸工具时，是否控制起下钻速度； (10) 在起管柱过程中，是否及时向井内补灌压井液； (11) 常规电缆射孔、油管传输射孔、诱喷作业等是否有相应措施； (12) 井场员工是否规范穿戴劳动保护用品（安全帽、工作服、劳保鞋等）； (13) 是否有一套与在用闸板同规格的闸板和相应的密封件及其拆装工具和试压工具	

四、硫化氢防护

检查项目	检查内容	检查结果
硫化氢防护	(1) 含硫地区井，生产班每人一套正压式呼吸器，另配一定数量作为公用（低压报警、面罩密封）； (2) 含硫地区，井场是否有固定式硫化氢监测仪、配有 5 套以上便携式硫化氢监测仪； (3) 硫化氢检测和防护设施是否及时标校和保养； (4) 打开井口前是否按设计要求准备好压井液、除硫剂及其他应急抢险物资； (5) 在操作台上、井架底座周围是否使用防爆通风设备； (6) 在高含硫、高压地层井是否安装剪切闸板； (7) 硫化氢应急预案是否经过审查（由生产经营单位审查）； (8) 含硫地区或新构造上的预探井，是否按照硫化氢应急预案进行演练； (9) 是否有专职安全监督，资质是否满足要求； (10) 各种应急救援预案是否齐全并可操作性强； (11) 全套的井控装备是否在常规基础上提高一个级别； (12) 含硫地区进行作业前，是否进行专门的安全防护培训、井控及应急救援演练	

五、井下作业监督检查表

检查项目	检查内容	检查结果
1. 机构设置及人员配备情况	(1) 井下作业（试油）监督分级管理机构； (2) 井下作业（试油）监督人员配备情况； (3) 井下作业（试油）监督岗位职责； (4) 井下作业（试油）监督持证情况（监督证、井控证）	
2. 井下作业（试油）监督管理	(1) 井下作业（试油）监督管理制度； (2) 井下作业（试油）监督例会制度； (3) 井下作业（试油）监督考核办法	
3. 井下作业（试油）监督井控记录台账	(1) 井下作业（试油）井的井控级别（类别）； (2) 井下作业（试油）井的井控装备检查记录； (3) 井下作业（试油）井井控演练情况记录	

检 查 项 目	检 查 内 容	检 查 结 果
4. 井下作业（试油）监督人员井控知识考核	井下作业（试油）监督人员井控知识掌握情况	

六、井控培训中心检查内容

检 查 项 目	检 查 内 容	检 查 结 果
1. 基本情况	(1) 了解机械设置、人员配备、培训能力和范围等； (2) 教学设备配备、场地是否满足井控培训的需要； (3) 了解已培训人数和发证人数的情况； (4) 了解每年井控培训的投资情况如何	
2. 教师	(1) 教师的配备人数是否满足需要； (2) 教师的素质是否满足要求； (3) 教师是否取得井控培训证书； (4) 了解教师学历、职称、工龄、现场经验、教学年限等	
3. 教具配备情况	(1) 是否有实验井，可否进行模拟井喷进行实际操作训练； (2) 是否有井控模拟装置； (3) 是否实现多媒体电子化教学； (4) 图表、模型、幻灯片、录像、实物备件等是否齐全	
4. 教材	(1) 使用何种教材，插件是否齐全生动； (2) 是否编有适合本油田实际情况的教材补充内容； (3) 培训中有无井喷失控案例内容； (4) 是否建立了井下作业井控培训考试题库，题库内容是否全面； (5) 有无井下作业井控培训教材	
5. 教学管理制度	(1) 培训点各岗位人员的岗位责任制是否健全； (2) 采取何种培训方式； (3) 是否严格按培训考核结果进行井控合格证的发放； (4) 是否对培训人员、考卷、考核结果、井控证发放等资料进行计算机管理； (5) 是否按不同工种进行分层次培训，目前采用何种方法来提高培训质量	

七、井控车间检查内容

检 查（项目）内 容	检 查 结 果
1. 井控车间的情况：井控车间人员的配备、组织结构、维修安装能力、井控设备动态	
2. 新购置的井控设备是否有质量验收标准	
3. 井控设备维修、保养质量及检验制度是否建立	
4. 是否有井控设备现场安装标准	

检查（项目）内容	检查结果
5. 是否有井控设备报废标准	
6. 是否有专职检验人员，有几名	
7. 防喷器是否编号建档？运行记录是否齐全	
8. 井控设备维修能力的配备情况 （1）试压条件； （2）提升设备； （3）车间面积和场地	
9. 井控设备橡胶件及其他配件的储备及保管情况（恒温、避光），是否过期失效	
10. 防喷器试压是否符合规定要求，试压稳压时间不少于 10min，压降不大于 0.7 MPa，密封部位无渗漏	
11. 井控车间各岗位人员的岗位责任制是否建立	
12. 是否建立了井控设备进站、安装、试压、出站、回收一条龙服务	
13. 井控车间人员是否按规定持有井控合格证	

八、_____管理局（油田公司）井下作业井控装备统计表

防喷器通径	压力等级MPa	环形防喷器	双闸板防喷器	单闸板防喷器	其他类型防喷器	合计
	14					
	21					
	合计					
	105					
	70					
	合计					
	105					
	70					
	35					
	21					
	合计					
	35					
	合计					
	35					
	21					
	合计					
其他						
备注						

压井节流管汇				
压力等级 MPa	21	34	60	合　计
防喷器控制系统				
型　号				合　计
数　量				
井控辅助装置				
名　称				
旋　塞				
液面检测装置				

九、_____管理局（油田公司）井下作业井控操作证在岗人员持证情况统计表

年　月　日

单　位	应持证岗位 人　数	已持证 人　数	持证率 %	备　注
局（油公司）机关				从事井下作业技术管理人员
二级单位机关				从事井下作业技术管理人员
井下作业分公司（大队）机关				从事井下作业技术管理人员
其他专业化技术服务公司				从事井下作业技术管理人员
井下作业队				
井控车间				
培训中心				
管理（勘探）局小计				
油气田分公司小计				
油气田合计				

附录四 防喷器及控制装置 防喷器
（SY/T 5053.1—2000）

1 范围

本标准规定了防喷器的分类与命名、要求、试验方法、检验规则、标志、包装、贮存等。本标准同时规定了与防喷器相配套的钻井四通的分类、要求及试验方法等〔附录 A（标准的附录）〕。

本标准适用于石油、天然气钻井、修井等用防喷器及相配套的钻井四通的设计、制造和检验。

2 引用标准

下列标准所包含的条文，通过在本标准中引用而构成为本标准的条文。本标准出版时，所示版本均为有效。所有标准都会被修订，使用本标准的各方应探讨使用下列标准最新版本的可能性。

GB/T 222—1984 钢的化学分析用试样取样法及成品化学成分允许偏差

GB/T 228—1987 金属拉伸试验法

GB/T 229—1994 金属夏比缺口冲击试验方法

GB/T 230—1991 金属洛氏硬度试验方法

GB/T 231—1984 金属布氏硬度试验方法

GB/T 531—1992 硫化橡胶邵尔 A 硬度试验方法

GB/T 5677—1985 铸钢件射线照相及底片等级分类方法

GB/T 7233—1987 铸钢件超声探伤及质量评级标准

GB/T 9443—1988 铸钢件渗透探伤及缺陷显示痕迹的评级方法

GB/T 9444—1988 铸钢件磁粉探伤及质量评级方法

SY 5279.1—91 石油井口装置 额定工作压力与公称通径系列

SY 5279.2—91 石油井口装置 法兰型式、尺寸及技术要求

SY 5279.3—91 石油井口装置 法兰用密封垫环型式、尺寸及技术要求

SY/T 5715—95 石油钻采机械产品用承压铸钢件通用技术条件

HG/T 2198—91 硫化橡胶物理试验方法的一般要求

JB 3970—85 卡箍联结器

JB 4726—94 压力容器用碳素钢和低合金钢锻件

JB 4730—94 压力容器无损检测

3 定义

本标准采用下列定义。

承压件 pressure – containing part（s）

与井内流体接触并承受井压的零件或元件，如本体、盖、侧门等。

4 分类与命名

4.1 分类与代号

防喷器分两类，即环形防喷器和闸板防喷器。

4.1.1 环形防喷器分为单环形防喷器和双环形防喷器，其中分别装有一个环形胶芯和两个环形胶芯。

4.1.2 闸板防喷器分为单闸板防喷器、双闸板防喷器、三闸板防喷器，其中分别装有一副、两副、三副闸板，以密封不同管柱或空井。

4.1.3 防喷器代号由防喷器名称主要汉字汉语拼音的第一个字母组成，见表1。

表1 代号

类 型	名 称	代 号
环形防喷器	单环形防喷器	FH[1] 或 FHZ[2]
	双环形防喷器	2FH[1] 或 2FHZ[2]
闸板防喷器	单闸板防喷器	FZ
	双闸板防喷器	2FZ
	三闸板防喷器	3FZ
1) FH 表示胶芯为半球状的环形防喷器；		
2) FHZ 表示胶芯为锥台状的环形防喷器		

4.2 基本参数

防喷器的公称通径和最大工作压力应符合表2的规定。

表2 防喷器规格

通径代号	公称通径 mm（in）	通径规直径 mm	最大工作压力 MPa					
18	179.4（$7^{1}/_{16}$）	178.6	14	21	35	70	105	140
23	228.6（9）	227.8	14	21	35	70	105	—
28	279.4（11）	278.6	14	21	35	70	105	140
35	346.1（$13^{5}/_{8}$）	345.3	14	21	35	70	105	—
43	425.5（$16^{3}/_{4}$）	424.7	14	21	35	70	—	—
48	476.3（$18^{3}/_{4}$）	475.5	—	—	35	70	105	—
53	527.1（$20^{3}/_{4}$）	526.3	—	21	—	—	—	—
54	539.8（$21^{1}/_{4}$）	539.0	14		35	70	—	—
68	679.5（$26^{3}/_{4}$）	678.7	14	21	—	—	—	—
76	762.0（30）	761.2	14	21	—	—	—	—

注：通径规直径极限偏差为 $^{+0.05}_{0.00}$ mm，长度大于通径50mm，且最短不小于300mm

4.3 工作条件

4.3.1 防喷器工作介质为钻井液、原油、天然气等流体。

4.3.2 防喷器金属材料工作温度范围应符合表3的规定。

4.4 命名

型号表示方法：

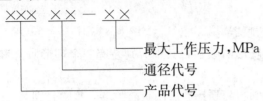

最大工作压力，MPa
通径代号
产品代号

示例：通径为346.1mm，最大工作压力为70MPa的双闸板防喷器，其型号表示为：2FZ35—70。

表3 金属材料的工作温度范围

温度分级代号	工作温度范围
	℃（℉）
T75	$-59\sim+121$（$-75\sim+250$）
T20	$-29\sim+121$（$-20\sim+250$）
T0（常规温度）	$-18\sim+121$（$0\sim+250$）

5 要求

5.1 设计要求

5.1.1 端部出口连接

端部出口连接应符合 SY 5279.1、SY 5279.2、SY 5279.3 的规定。

5.1.2 设计方法

5.1.2.1 以应力分析为基础的承压件设计

a）设计许用应力应符合下列之一种或几种公式：

$$\sigma_t \leqslant 0.9\sigma_{0.2} \quad\cdots\cdots\cdots\cdots\cdots\cdots\cdots\cdots\cdots\cdots \text{(1)}$$

$$\sigma_m \leqslant \frac{2}{3}\sigma_{0.2} \quad\cdots\cdots\cdots\cdots\cdots\cdots\cdots\cdots\cdots\cdots \text{(2)}$$

式中：σ_t——静水压强度试验压力下的最大许用一次薄膜应力强度，MPa；

σ_m——最大工作压力下的设计应力强度，MPa；

$\sigma_{0.2}$——材料屈服强度，MPa。

b）按变形能理论计算许用应力：

$$\sigma_E = \sigma_{0.2} \quad\cdots\cdots\cdots\cdots\cdots\cdots\cdots\cdots\cdots\cdots \text{(3)}$$

式中：σ_E——按变形能理论计算的最大许用应力，MPa。

c）实验应力分析可采用应力、应变测试方法，验证测试数据是否与理论计算相符。

5.1.2.2 设计验证

按型式检验要求对设计进行验证。设计验证应按要求形成文件。

5.2 材料要求

5.2.1 承压件金属材料

5.2.1.1 力学性能要求

a）承压件金属材料常温力学性能应符合表 4 的规定。

表 4 承压件金属材料常温力学性能

材料代号	屈服强度 $\sigma_{0.2}$ MPa	抗拉强度 σ_b MPa	伸长率 δ_5 %	断面收缩率 ψ %
36K	≥248	≥483	≥20	—
45K	≥310	≥483	≥18	≥32
60K	≥414	≥586	≥17	≥35
75K	≥517	≥655	≥17	≥35

b）温度级别为 T0，T20，T75 级的承压件金属材料，分别作 −18，−29，−59℃低温下的夏比"V"形缺口冲击试验，试验及冲击值应符合附录 B（标准的附录）的规定。

c）承压件用钢为碳钢、CrMo 系或 CrNiMo 系合金结构钢，热处理硬度 HRC 小于或等于 22 时，可用于 H_2S 环境。

5.2.1.2 化学成分

承压件金属材料化学成分中，合金元素成分限制应符合表 5 的规定。

表 5 承压件用钢常用合金元素成分限制（质量分数） %

合金 元素	碳钢和低合金钢		马氏体不锈钢	
	元素含量	允许偏差范围	元素含量	允许偏差范围
碳	≤0.45	0.08	≤0.15	0.08
锰	≤1.80	0.40	≤1.00	0.40
硅	≤1.00	0.30	≤1.50	0.35
镍	≤1.00	0.50	≤4.50	1.00
铬	≤2.75	0.50	11.00～14.00	—
钼	≤1.50	0.20	≤1.00	0.20
钒	≤0.30	0.10	—	—
磷	≤0.04	—	≤0.04	—
硫	≤0.04	—	≤0.04	—

5.2.2 密封垫环材料

5.2.2.1 密封垫环型式及尺寸应符合 SY 5279.3 的规定。

5.2.2.2 密封垫环材料及硬度应符合表 6 的规定。

表 6 密封垫环硬度

钢 号	硬度 HB
08，10	≤121
0Cr18Ni9	≤159

5.2.3 螺柱、螺栓、螺钉及螺母材料

5.2.3.1 法兰连接螺柱、螺栓、螺钉材料应符合 SY 5279.2 的规定。

5.2.3.2 承压件连接螺柱、螺栓、螺钉材料性能应符合表 7 的规定。

表 7 螺柱、螺栓、螺钉材料性能

直　径 mm	性能指标				
	$\sigma_{0.2}$ MPa	σ_b MPa	δ_5 %	ψ %	HRC[1]
M22～M64	≥725	≥862	≥16	≥50	28～37
M68～M102	≥657	≥794	≥16	≥50	25～35
1) 硬度指标为参考指标					

5.2.3.3 低温用螺栓材料除符合表 7 规定之外，还应进行低温夏比"V"形缺口冲击性能试验，冲击值应符合附录 B（标准的附录）的规定。

5.2.3.4 螺母材料应符合 SY 5279.2 的规定。

5.2.4 防喷器胶芯

防喷器胶芯橡胶材料及性能要求见附录 C（标准的附录）。

5.3 质量控制

5.3.1 炼钢、铸造和热加工工艺

a）铸件由电炉钢铸成。

b）对承压 70MPa 及以上压力的承压件，要求限制残余含铝总量不大于 0.03%。

c）对承压 70MPa 及以上压力的承压件，应采用炉外精炼或其他工艺措施，以降低钢中有害元素的含量。

d）承压铸件应符合 SY/T 5715 的规定。

e）承压锻件应符合 JB 4726 的规定。

5.3.2 承压件热处理

热处理设备应具有温度自动控制和自动记录仪表，其精度不低于 1‰。

热处理加热炉工作区内各部位热处理温度上下偏差为 ±14℃。

水或水基淬火液的淬火初始温度不应超过 38℃，淬火后淬火液温度不超过 50℃；油基淬火液的淬火初始温度应高于 38℃。

5.3.3 试样要求

5.3.3.1 承压件机械性能用试样应在本体上附铸或在浇铸途中单独铸出，试样尺寸规格和所在位置应符合工艺图纸规定，单独铸出的试件随本体进行热处理。试样从本体上取下，不得采用影响其机械性能的割取方法。

5.3.3.2 承压件机械性能试验中，若有一个试样不合格，应加倍抽样进行试验。如仍有一个试样不合格，这批零件应重新热处理。重新热处理后试样试验仍不合格，该批零件应作报废处理。

5.3.4 无损检测

5.3.4.1 承压铸件的射线探伤应符合 GB/T 5677 的规定，其最大允许缺陷为 II 级。

5.3.4.2 承压铸件的超声波探伤应符合 GB/T 7233 的规定，其最大允许缺陷为 II 级。

5.3.4.3 承压锻件的超声波探伤应符合 JB 4730 的规定，其最大允许缺陷为 II 级。

5.3.4.4 铸钢件表面的磁粉探伤或渗透探伤应分别符合 GB/T 9444 和 GB/T 9443 的规定，最大允许为 II 级，垫环槽密封面不允许有任何裂纹。

5.3.4.5 法兰连接的承压件用螺柱、螺栓和螺钉应进行磁粉探伤，不允许有任何裂纹，最

大允许缺陷为Ⅱ级。

5.3.5 承压件缺陷的补焊

5.3.5.1 补焊应按焊接工艺评定后制定的工艺规程进行。

5.3.5.2 补焊材料不得使用未经检验或检验不合格的材料。

5.3.5.3 补焊前，必须彻底清理缺陷。

5.3.5.4 补焊后应及时进行消除应力处理，处理温度不得超过母材的回火温度。

5.3.5.5 补焊后对补焊部位进行质量检查，无损检测不合格者，允许按上述步骤返修，但不得超过两次，否则按报废处理。

5.3.6 无损检测、补焊人员资格

5.3.6.1 无损检测人员经国家有关部门考核取证，取得资格证书者才允许上岗操作。

5.3.6.2 补焊操作人员经国家有关部门考核取证，取得压力容器焊接资格证者才允许上岗操作。

5.3.7 性能要求

5.3.7.1 防喷器承压件及连接螺栓等组装后，应进行静水压强度试验。试验要求见表8，试验压力值见表9。

5.3.7.2 防喷器组装后，不装环形胶芯或闸板进行液控油路、油缸的强度试验。试验要求见表8。

5.3.7.3 环形防喷器和闸板防喷器均应进行密封性能试验。试验要求见表8。

5.3.7.4 闸板防喷器性能试验还包括以下试验：

剪切闸板还应进行剪断管柱试验，试验要求见表10。

带手动锁紧装置的闸板防喷器，应做手动关闭试验，试验要求见表8。

带液压锁紧装置的闸板防喷器，应做液压锁紧试验，试验要求见表8。

5.3.7.5 防喷器必须做通径试验。组装的防喷器组或单个防喷器，在完成表8规定的各项试验后，用通径规对防喷器进行通径试验。通径规在不施加外力下，在30min内能顺利通过。

5.3.7.6 用于勘探开发天然气的防喷器，根据用户要求，可进行气密封性能试验。气密封试验压力值为防喷器最大工作压力。试验时，将被试件置于水下，密封部位不得有气泡冒出。

5.3.8 涂漆要求

5.3.8.1 在涂漆前，必须清除影响涂层质量的各种缺陷，以保证涂漆面平整光洁。清除内部水渍、油污，并擦干。

5.3.8.2 未加工内表面应涂以耐油防水的红丹防锈漆，外部非加工面涂红色油漆。

5.3.8.3 未涂油漆的机加工面，应涂以防锈油脂。

5.3.9 质量记录要求

5.3.9.1 记录要求

a）制造厂应建立并保持质量记录的标识、收集、编目、查阅、归档、贮存、处理的形成文件的程序。

b）记录应清晰、易识别，产品编号与记录应一致，具有跟踪性。

c）所有记录应签名并注明日期，计算机贮存的记录应保存记录人的编码代号。

d）每台产品质量记录至少保存10年。

表8 防喷器性能试验项目及试验要求

序号	试验项目		第一次试压			第二次试压			试 验 要 求
			试验压力值 MPa	稳压时间 min	压力降[1] MPa	试验压力值 MPa	稳压时间 min	压力降[1] MPa	
1	壳体静水压强度试验		见表9	≥3	Δp[2]	见表9	≥15	Δp[2]	无渗漏、无冒汗现象
2	环形防喷器	液控油路、油缸强度试验	21		0	21		0	无渗漏
		密封管柱试验[4]	1.4~2.1	≥10	≤0.1	p_w[3]	≥10	≤1.0	密封部位无渗漏
		密封空井试验				$p_w \times 50\%$			
3	闸板防喷器	液控油路、油缸强度试验	31.5	≥3		31.5	≥15	0	无渗漏
		管子闸板密封性能试验	1.4~2.1	≥10	0.07	p_w[3]	≥10	0.7	密封部位无渗漏
		全封闸板密封性能试验							
		变径闸板[5]密封性能试验							
		剪切闸板密封性能试验		≥3			≥3		见表10
		手动关闭闸板密封性能试验		≥10			≥6		密封部位无渗漏
		液压锁紧闸板密封性能试验[6]							

1) 压力降值为参考值。
2) 允许压力降值从试验压力值的5%或3.5MPa两个数值中取小者。
3) p_w 为防喷器最大工作压力。
4) 对通径小于或等于228.6mm的环形防喷器，采用88.9mm试验管柱；对通径大于或等于279.4mm的环形防喷器，采用127.0mm试验管柱。
5) 变径闸板按厂家规定的密封最大和最小尺寸管柱进行试验。
6) 液压锁紧是在液压关闭闸板后，锁紧闸板，将液压降压为零，再进行试验

表9 静水压强度试验压力值

最大工作压力 MPa	试 验 压 力 值 MPa	
	公称通径≤346.1mm	公称通径≥425.5mm
14.0	28.0	21.0
21.0	42.0	31.5
35.0	70.0	70.0
70.0	105.0	105.0
105.0	157.5	157.5
140.0	210.0	—

表 10 剪切闸板剪断管柱试验要求

防喷器公称通径 mm	剪断管柱尺寸 mm	钻杆级别	钻杆规格 kg/m	密 封 要 求
179.4	88.9	E	19.8	在剪断管柱后，做密封性 能试验，密封部位无渗漏
279.4	127.0	E	29.0	
≥346.1	127.0	G	29.0	

5.3.9.2 主要记录文件

    a）设计文件（含有限元计算文件）。

    b）出厂试验及功能试验记录文件。

    c）重要零部件（承压件、螺栓等）应有：

        1）材料记录：化学成分、力学性能、冲击试验、硬度试验。

        2）无损检测记录：探伤方法、检验部位、探伤结果描述、检验级别。

        3）补焊记录：缺陷检验描述、补焊方法、补焊数量及部位、再检结果。

        4）热处理记录。

        5）关键尺寸记录。

6 试验方法

6.1 金属材料理化性能

6.1.1 金属材料力学拉伸性能试验按 GB/T 228 进行。

6.1.2 金属材料低温夏比"V"形缺口冲击试验按 GB/T 229 进行。

6.1.3 金属材料硬度试验按 GB/T 231 进行。

6.1.4 金属材料化学成分分析取样按 GB/T 222 进行。

6.2 防喷器胶芯测试

    防喷器胶芯橡胶硬度和物理性能测试分别按附录 C（标准的附录）中的 C2 和 C4 规定进行。

6.3 防喷器性能试验

6.3.1 试验介质

    承压件静水压强度试验和密封性能试验用清水；液控油路、油缸强度试验用 20 号液压油；气密封性能试验用压缩空气或氮气。

6.3.2 试验装置及仪表

    试验装置及仪表应定期进行检定、校准和调整。

    压力测量仪表和压力传感器精度等级不低于 1.5 级。

    压力表最小表面直径为 100mm，测量压力值在压力表刻度 25％～75％范围内，压力传感器允许用至全量程。

6.3.3 试验程序

    按表 8 所列项目和要求逐项进行性能试验。

6.3.3.1 强度试验按下列程序进行：

    a）逐级缓慢升压，每一级升压 5.0～10.0MPa，稳压 1.0～2.0min，压力升至试验压力值，待压力稳定后计时，稳压时间不少于 3.0min；

b）缓慢降压至零；

c）按 a）、b）程序重复试验一个压力循环，压力稳定后计时，稳压时间不少于 15.0min，然后缓慢降压至零。

6.3.3.2 密封性能试验应分别进行低压和高压密封性能试验。低压试验后不用降压至零，可直接进行高压密封性能试验。

6.3.3.3 气密封性能试验压力值为防喷器最大工作压力。试验时，将被试件置于水下，观察密封部位是否有气泡冒出。

6.3.4 安全措施

试验过程中应有安全防护措施及监视设备。静水压强度试验时，严禁人员靠近被试件观察试验情况或手动操作被试件。

6.4 通径试验

组装好的防喷器组或单个防喷器在完成表 8 规定的各项试验后，用通径规对防喷器进行通径试验，并记录下通径规自防喷器上端至下端的通过时间。

6.5 防喷器功能试验

防喷器功能试验按附录 D（标准的附录）进行。

7 检验规则

7.1 检验分类

防喷器的检验分为出厂检验和型式检验。

7.2 出厂检验

7.2.1 出厂检验项目包括金属材料力学拉伸性能、金属材料低温夏比"V"形缺口冲击、金属材料化学成分、金属材料硬度、无损检测、防喷器胶芯橡胶硬度和物理性能、静水压强度、液控油路和油缸强度、密封性能和通径试验。

7.2.2 抽检项目按附录 B（标准的附录）和附录 C（标准的附录）抽样和判定。

7.2.3 出厂检验项目中有一项不合格，则判定该产品不合格。

7.3 型式检验

7.3.1 有下列情况之一时，应进行型式检验：

a）新产品投产鉴定时；

b）正式生产后，如产品结构、工艺和材料有重大改变，可能影响产品性能时；

c）国家质量监督机构提出进行型式检验要求时；

d）出厂检验结果与原检验结果有较大差异时；

e）产品长期停产后，恢复生产时。

7.3.2 型式检验项目除包括出厂检验项目外，还应按附录 D（标准的附录）进行功能检验。

7.3.3 型式检验中，有一项不合格，则判定该批产品型式检验不合格。

8 标志、包装、贮存

8.1 标志

8.1.1 产品铭牌应包括以下内容：产品型号及名称、主要技术参数、温度级别、生产日期及出厂编号、产品外形尺寸、质量、产品采用标准、生产许可证号、制造厂名。

8.1.2 随机配件及附件应有明显标志及标签，并应有合格证书。

8.2　包装

8.2.1　橡胶件和密封垫环应单独包装，橡胶件用黑色塑料带分别包装，不允许与其它金属件混装。

8.2.2　法兰密封垫环槽、螺纹应有防锈、防碰措施。

8.2.3　产品使用说明书、合格证、装箱单随同产品一起装箱。

8.3　贮存

8.3.1　产品在运输和贮存的过程中，应避免阳光直射、雨雪淋浸，禁止与酸碱及有机溶剂等影响橡胶质量的物质接触。

8.3.2　产品应贮存在－15～＋35℃，相对湿度50％～85％的仓库内，并距离热源1m以上。

附 录 A

（标准的附录）

钻 井 四 通

本附录规定了与防喷器连接配套的钻井四通的分类、要求及试验方法等。

A1 定义

钻井四通 drilling spool

两端具有法兰或卡箍，并有供连接辅助管线两个旁通连接口的连接部件。其内径至少等于防喷器通径。

A2 分类

A2.1 钻井四通分为普通四通、转换四通、特殊四通。

普通四通上、下连接的法兰或卡箍，其公称通径或压力等级完全相同。

转换四通上、下连接的法兰或卡箍，其公称通径或压力等级不相同。

特殊四通除具有转换四通功能之外，还具有其他特殊功能。

A2.2 代号：

钻井四通代号由防喷器、四通、类型三个汉字拼音第一个字母组成，见表 A1。

表 A1 代号

名 称	代 号
普通四通	FS
转换四通	FSZ
特殊四通	FST

A2.3 主要参数：

钻井四通公称通径由上、下两部分中通径较小者选定，应符合表 2 的规定。

钻井四通最大工作压力由上、下两部分中压力值较小者选定，应符合表 2 的规定。

A2.4 型号表示方法：

钻井四通型号表示方法与防喷器相近。

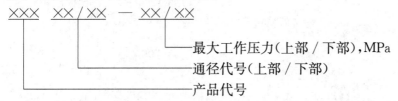

示例 1：通径为 279.4mm，最大工作压力为 70MPa，工作温度范围 −18～+121℃的普通四通，其型号表示为：FS28—70。

示例 2：上部通径为 228.6mm，下部通径为 179.4mm（数字相同去掉斜线用一个数表示），上部最大工作压力为 21MPa，下部最大工作压力为 35MPa（数字相同去掉斜线用一个数表示）的转换四通，其型号表示为：FSZ23/18—21/35。

A3 要求

A3.1 钻井四通工作条件、设计方法、材料要求、质量控制见 4.3，5.1.2，5.2，5.3。

A3.2 钻井四通选用卡箍连接，应符合 JB 3970 的规定。

A3.3 钻井四通出厂试验包括静水压强度试验和通径试验，试验要求按 5.3.7.1 和 5.3.7.5 的方法进行。

A3.4 钻井四通涂漆要求和质量记录要求按 5.3.8 和 5.3.9 的规定执行。

A4 试验方法

钻井四通试验方法参见第 6 章。

A5 标志

钻井四通铭牌内容见 8.1。

附 录 B

（标准的附录）

在低温下使用的金属材料的冲击性能试验要求

B1 对于环境温度低于－18℃的防喷器本体、盖等承压件和螺栓材料，应按温度级别要求分别做－18，－29，－59℃温度下的冲击性能试验，试验方法按 GB/T 229 规定。

B2 试样毛坯和零件同炉浇铸并同炉次热处理，每炉至少做一组冲击性能试验。

B3 每组试样为三个 10mm×10mm×55mm 的标准夏比 V 形缺口试样，在规定温度下，其同一组试样的试验值应不低于表 B1 规定的平均值和单件最小值的要求。

表 B1　冲击性能试验要求

温度代号	试验温度 ℃	平均最小冲击功 J		单件最小冲击功 J	
		承压件	螺 栓	承压件	螺 栓
T0	－18	20	—	14	—
T20	－29	20	27	14	20
T75	－59	20	27	14	20

附　录　C

（标准的附录）

防 喷 器 胶 芯

C1　胶芯橡胶材料的适用温度范围应符合表 C1 的规定。

表 C1　胶芯材料

胶　　类	代　　号	适用温度 ℃
丁腈橡胶	NBR	−15～+100
		−15～+121
氯丁橡胶	CR	−29～+100

C2　胶芯橡胶硬度应符合表 C2 的规定。其硬度的测定应符合 GB/T 531 的规定。

表 C2　胶芯橡胶硬度

胶芯类别	胶芯密封工作压力 MPa	橡胶，邵尔 A
闸板胶芯	≤35	75±5
	≥70	85±5
环形胶芯	≤35	75±5

C3　胶芯橡胶材料的物理性能应符合表 C3 的规定。

表 C3　胶芯橡胶物理性能

项　　目	环形胶芯密封工作压力 MPa		闸板胶芯密封工作压力 MPa			
	≤35		≥70		≤35	
拉伸强度 MPa	≥18.0	≥18.0	≥19.6	≥18.0	≥19.6	≥18.0
扯断伸长率 %	≥400.0	≥400.0	≥200.0	≥200.0	≥250.0	≥250.0
永久变形 %	≤30.0	≤30.0	≤20.0	≤20.0	≤25.0	≤25.0
撕裂强度 kN/m	≥40.0	≥40.0	≥35.0	≥35.0	≥35.0	≥35.0
90℃，24h 老化系数	≥0.75	—	≥0.75	—	≥0.75	—
120℃，24h 老化系数	—	≥0.6	—	≥0.6	—	≥0.6
脆性温度 ℃	≤−29	≤−18	≤−29	≤−18	≤−29	≤−18

続表

项　　目	环形胶芯密封工作压力 MPa		闸板胶芯密封工作压力 MPa			
	≤35		≥70		≤35	
金属粘接强度 MPa	≥4.0	≥4.0	≥4.0	≥4.0	≥4.0	≥4.0
300%定伸强度 MPa	≥10.0	≥10.0	≥10.0	≥10.0	≥10.0	≥10.0

C4 胶芯物理性能的测定应符合 HG/T 2198 的规定。

C5 胶芯检验规则：

C5.1 产品单批数量，环形胶芯不大于 30 件，闸板胶芯不大于 30 副（60 件）。

C5.2 胶料单批数量，不大于 10 辊为一批。

C5.3 尺寸和公差按图样逐件检验。

C5.4 胶料物理性能抽样要求：

C5.4.1 每批胶料抽样一辊进行拉伸强度、扯断伸长率、永久变形、撕裂强度、300%定伸强度以及硬度试验。

C5.4.2 每月至少抽一辊进行热空气老化、脆性温度、橡胶与金属粘接强度试验。

C5.4.3 试验结果不合格，应抽双倍试样对不合格项目进行复检；如复试不合格，则该辊胶料应修炼一次，再进行复验；若复验仍不合格，则该批胶料逐辊检验。

C5.5 胶芯每批抽检 1 只环形胶芯或 1 副闸板胶芯进行密封性能试验，试验不合格，应抽双倍成品试验；如复试仍不合格，则判定该批产品不合格。

C5.6 胶芯生产厂每两年按附录 D（标准的附录）对产品检验一次。

C6 胶芯应有防喷器型号、生产批号和生产日期标记。

附 录 D

（标准的附录）

防喷器功能试验

D1 要求:

D1.1 试验介质采用清水。

D1.2 制造厂或试验承担单位按试验大纲记录试验程序和试验结果。

D2 防喷器功能试验项目内容参见表 D1。

D3 恒井压试验和恒关闭液压试验、悬挂钻具试验抽样方法采用随机抽样，数量一台。

D4 疲劳性能试验和闸板胶芯、环形胶芯活动钻具试验抽样方法：在一批胶芯中随机抽样一只（副）进行试验。

D5 防喷器功能试验程序及要求参见表 D2。

表 D1　防喷器功能试验项目

试 验 项 目	闸 板 防 喷 器				环形防喷器
	管子闸板[1]	全封闸板[1]	变径闸板	剪切闸板	
恒井压、恒关闭液压试验	P[2]，S[5]	P[2]，S[5]	P[4]，S[6]	P[2]，S[5]	P[2]，S[5]
疲劳性能试验	P[2]，S[5]	P[2]，S[5]	P[4]，S[6]	P[2]，S[5]	P[2]，S[5]
悬挂钻具试验	P[2]，S[5]	—	P[4]，S[6]	—	—
闸板/环形胶芯活动钻具试验	P[3]，S[7]				P[3]，S[8]

注

1　P——关于不同压力的要求。

2　S——关于试验范围的要求。

1）一种管子闸板试验合格，则同一台防喷器其他管子闸板和全封闸板均认为合格。

2）一种闸板用于不同压力级别的防喷器，高压试验合格就能满足低压级别试验要求。

3）能代表相同型号的防喷器均能满足使用要求。

4）仅代表该台试验产品满足使用要求。

5）所有相同产品均能满足使用要求。

6）仅代表被试产品满足使用要求。

7）只需作一付闸板试验。试验时允许试验介质渗漏润湿钻杆。

8）只需作一只胶芯试验。试验时允许试验介质渗漏润湿钻杆

表 D2　防喷器功能试验程序及要求

试验名称	闸 板 防 喷 器	环 形 防 喷 器
恒井压试验和恒关闭液压试验	恒井压试验，以 3.5，7.0，10.5，…，35.0，42.0，49.0MPa 至最大工作压力的各阶梯井压下，测定出现渗漏的关闭液压或开启液压	a. 恒井压试验，以 3.5，7.0，10.5，…，35.0，42.0，49.0MPa 至最大工作压力的各阶梯井压下，测定出现渗漏时的最小关闭液压（不能施加打开液压）。 b. 恒关闭液压试验，在 3.5，4.2，4.9，…，10.5MPa 的关闭液压下，测定所能封闭的最大井压
疲劳性能试验	试验井压为最大工作压力，密封试验钻具[1] 每开关 7 次试压一次，要求开关次数不低于 546 次，承压次数不低于 78 次	试验井压为最大工作压力，密封试验钻具[1] 每开关 7 次试压 1 次，开关次数不低于 364 次，承压次数不低于 52 次
活动钻具试验	试验井压 14MPa，以 200mm/s 速度上下活动钻具（上下位移各 1.5m），直至相应位移量大于 15000m 或渗漏量不超过 4L/min 为止	试验井压 7MPa，以 200mm/s 速度上下活动钻具并过接头[2]，每分钟上下活动过接头四次，试验至相当于完成 5000 个往复或漏失量不超过 4L/min 为止
悬挂钻具试验	闸板接触钻杆接头处堆焊硬化物，悬挂 127.00mm 钻具（防喷器公称通径≥279.4mm），并密封最大工作压力井压不渗漏，悬挂钻具重量为 270t	—

注
1 对通径小于或等于 228.6mm 防喷器，试验钻具外径为 88.9mm；对通径大于或等于 279.4mm 防喷器，试验钻具外径为 127.0mm。
2 对通径小于或等于 228.6mm 环形防喷器，试验钻具外径为 88.9mm，带 18°斜坡接头，接头外径为 127.0mm；对通径大于或等于 279.4mm 环形防喷器，试验钻具外径为 127.0mm，带 18°斜坡接头，接头外径为 161.9mm

附录五　防喷器判废技术条件
(Q/CNPC 41—2001)

1　范围

本标准规定了判断在役防喷器报废的技术条件。

本标准适用于石油天然气钻井、修井等用的环形防喷器、闸板防喷器。

2　引用标准

下列标准所包含的条文，通过在本标准中引用而构成为本标准的条文。本标准出版时，所示版本均为有效。所有标准都会被修订，使用本标准的各方应探讨使用下列标准最新版本的可能性。

SY/T 5053.1—2000　防喷器及控制装置　防喷器

SY/T 6160—1995　液压防喷器的检查与修理

3　定义

本标准采用下列定义。

3.1　失效　failure

防喷器丧失密封井内流体的功能。

3.2　严重损伤　severe damage

承压件被流体刺坏、严重磨损、深度腐蚀或产生裂纹者，被判定为严重损伤。

3.3　承压次数　number of loading cycles

防喷器自出厂验收、现场使用及检修承压的累计次数。

4　判废条件

4.1　防喷器符合下列条件之一者，应判废。

a) 防喷器在使用中发生失效。

b) 从投入现场使用起，年限超过 15 年或承压件承压次数累计达 500 次应报废；如要继续使用，必须按第 5 章方法进行判定试验，判定合格后方可继续使用，但最长不得超过 3 年。

c) 承压件发生严重变形或硬度已降低至 HB 197 以下的防喷器。

d) 防喷器通孔圆柱面在任一半径方向偏差超过 5mm。

e) 法兰厚度最大减薄量超过 12.5%。

f) 承压件经无损检测发现裂纹。

g) 防喷器密封垫环槽严重损伤，且按 SY/T 6160 进行过两次修复或不能修复者。

h) 上、下法兰外部连接螺纹孔严重损坏两个或两个以上。

4.2　环形防喷器符合 4.1 或下列条件之一者，应判废。

a）环形防喷器采用大螺纹连接，已发生粘扣者。

b）顶盖内球面、橡胶密封圈槽、活塞、液缸等部位严重损伤，且无法修复者。

c）壳体下部法兰颈部产生裂纹或严重变形。

d）顶盖与壳体连续螺孔损坏。

4.3 闸板防喷器符合 4.1 或下列条件之一者，应判废。

a）壳体侧门连接螺纹孔损坏。

b）壳体闸板腔室上密封面及壳体侧门平面密封部位严重损伤，且按 SY/T 6160 中有关规定经过两次修复或无法修复者。

c）侧门橡胶密封圈槽及活塞杆密封圈槽严重损伤，且无法修复者。

d）壳体闸板腔室下支承筋或侧导向筋磨损量达 2mm 以上，经两次修复或无法修复者。

e）壳体内埋藏式油路凡是窜、漏，经焊补后油路试压不合格者。

5 试验方法

5.1 承压件试验方法

在役防喷器使用时间达到 15 年或累计承压次数达到 500 次以上者，需进行静水压强度试验，试验方法同 SY/T 5053.1。

5.1.1 试验压力值应按表 1 取值。

5.1.2 试验要求：

a）承压件两次稳压期内压力降小于或等于 0.7MPa；

b）用应力测试方法测定承压件未发生塑性变形。

表 1 试验压力值

防喷器最大工作压力 p_w MPa	试验压力值 MPa	备　注
≤35	1.5p_w	通径≤346mm
≥70	1.25p_w	通径≥346mm

5.2 壳体油路试验方法

壳体按防喷器控制装置额定工作压力值（21MPa）进行油路试验，试验不合格者应报废。

附录六　油井井下作业防喷技术规程
（SY/T 6120—1995）

1　范围

本标准规定了油井修井、措施作业中防止井喷的基本要求。

本标准适用于油井井下作业。

2　引用标准

下列标准所包含的条文，通过在本标准中引用而构成为本标准的条文。本标准出版时，所示版本均为有效。所有标准都会被修订，使用本标准的各方应探讨使用下列标准最新版本的可能性。

SY 5053.1—92　地面防喷器及控制装置.

SY/T 5587.2—93　油水井常规修井作业　不压井作业工艺规程

SY/T 5587.3—93　油水井常规修井作业　压井替喷作业规程

3　施工设计中防喷要求

3.1　修井、措施作业施工设计根据油井情况应有相关的防喷内容，防喷工作要在确保施工安全的前提下，充分考虑保护油层的要求。

3.2　施工设计应依据地层压力、地层流体物理性质、井身结构、试油和生产情况以及邻井等相关资料，计算和提出修井、措施作业中选用压井液、修井液的性能及最少储备量。

3.3　施工设计应根据地层压力梯度，按 SY 5053.1—92 表2配备相应压力等级的防喷装置组合及井控管汇等设施。

3.4　地质方案中对有特殊显示（高压油气层、膏盐层、高气油比层）的井（层）要作出明确提示，工程设计要提出相应可行措施。

4　施工前防喷准备

4.1　施工设计应在施工前48h送达施工单位，施工设计部门负责向施工单位进行技术交底，施工单位未见到施工设计，不允许开工。

4.2　施工单位按施工设计的要求备齐防喷装置、防喷材料及工具。

4.3　施工单位应按施工设计安装井口防喷装置组合，确保防喷装置开关灵活好用，经试压合格后方可进行施工；若不符合要求，则不允许施工。

4.4　施工作业前，应在套管闸门一侧接放喷管线至土油池或储污罐，并用地锚固定。放喷管线应尽量使用直管线，不允许使用焊接管线及软管线。

5 井下作业过程防喷要求

5.1 射孔施工防喷要求

5.1.1 依据地层压力系数预测能自喷的井应优先选用油管传输射孔，或选用适宜的压井液进行电缆射孔和过油管射孔。

5.1.2 高压油（气）层射孔前应接好压井管线，并准备井筒容积 1.5 倍以上的、密度适宜的压井液。

5.1.3 射孔时各个岗位应落实专人负责，并做好防喷、抢关、抢装操作的准备工作。

5.1.4 射孔时应密切观察井口显示情况，发现有井喷预兆，应根据实际情况采取果断措施，防止井喷。

5.1.5 电缆射孔过程中发生井喷时，视其喷势，采取相应措施。若电缆上提速度大于井筒液柱上顶速度，则起出电缆，关防喷装置；若电缆上提速度小于井筒液柱上顶速度（即电缆产生堆积、打扭），则剪断电缆，关防喷装置，并在防喷装置上装好采油井口装置。

5.2 起下作业防喷要求

5.2.1 起下作业时，井筒内压井液应保持常满状态，起管串时每起 10~20 根补注一次压井液，不允许边喷边作业，起完管串应立即关闭防喷装置。

5.2.2 起下作业时应备有封堵油管的防喷装置（如油管控制阀，油管旋塞等）。

5.2.3 起下作业时，如果发生井筒流体上顶管柱，在保证管柱畅通的情况下，关闭井口防喷装置组合，再采取下步措施。

5.2.4 起下带有大直径工具的管柱时，在防喷装置上加装防顶卡瓦，作业过程应保持油、套管连通，并及时向井内灌注压井液。

5.2.5 起下抽油泵前应按 SY/T 5587.3 压井后再进行施工。

5.2.6 起下抽油泵若采用不压井作业，应按 SY/T 5587.2 的要求执行。

5.3 压井、替喷施工防喷要求

5.3.1 压井替喷施工应符合 SY/T 5587.3 的要求，观察进出口平衡，无溢流显示时方可进行下步施工。

5.3.2 高压油（气）层替喷应采用二次替喷的方法，即先用低密度的压井液替出油层顶部 100m 至人工井底的压井液，将管柱完成于完井深度，再用低密度的压井液替出井筒全部压井液。

5.4 冲砂作业防喷要求

5.4.1 冲砂作业应使用性能适宜的修井液进行施工。

5.4.2 冲开被砂埋的地层时应保持循环正常，当发现出口排量大于进口排量时，按 SY/T 5587.3 压井后再进行下步施工。

5.5 钻水泥塞、桥塞、封隔器施工防喷要求

5.5.1 钻水泥塞、桥塞、封隔器施工所用修井液性能要与封闭地层前所用压井液性能相一致。

5.5.2 水泥塞、桥塞、封隔器钻完后要充分循环修井液，其用量为 1.5~2 倍井筒容积，停泵观察 30min 井口，无溢流时方可进行下步施工。

5.6 打捞作业防喷要求

5.6.1 捞获大直径落物上提管柱时，施工应符合 5.2.4 的要求。

5.6.2 打捞施工过程中发生井喷，应按 SY/T 5587.3 压井后再进行施工。

5.7 施工要求

5.7.1 施工时各道工序应衔接紧凑，尽量缩短施工时间，防止因停、等造成的井喷和对油层的伤害。

5.7.2 有自喷能力的井施工不能连续作业时，应装好采油井口装置，防止井喷。

6 防喷装置管理

6.1 防喷装置应按要求组装试压。试压程序、试验压力、液控部分试验、密封性能试验、闸板手动关闭试验按 SY 5053.1—92 中 6.2～6.5 执行，试验后应填写试压卡片，不合格产品不得送至生产现场。

6.2 送至生产现场的防喷装置各部件应灵活好用，并附有试压卡片。

6.3 施工单位对送达的防喷装置要按清单逐项验收，并在交接卡片上签字；对无试压卡片的防喷装置，施工单位不得使用。

6.4 防喷装置现场组装后应进行整体试压，施工单位应认真检查，发现问题及时解决。

6.5 防喷装置应定期维修、保养，施工单位不准随意拆装（采油、气树除外）。

6.6 防喷装置由专门队伍统一管理，并编号归档。

附录七 石油与天然气钻井、开发、储运
防火防爆安全生产技术规程
(SY/T 5225—2005)

1 范围

本标准规定了石油（不含成品油）与天然气钻井、开发、储运防火防爆安全生产的基本要求。

本标准适用于陆上石油（不含成品油）与天然气钻井、开发、储运生产作业。

2 规范性引用文件

下列文件中的条款通过本标准的引用而成为本标准的条款。凡是注日期的引用文件，其随后所有的修改单（不包括勘误的内容）或修订版均不适用于本标准，然而，鼓励根据本标准达成协议的各方研究是否可使用这些文件的最新版本。凡是不注日期的引用文件，其最新版本适用于本标准。

GB 50057 建筑物防雷设计规范
GB 50058 爆炸和火灾危险环境电力装置设计规范
GB 50074 石油库设计规范
GB 50116 火灾自动报警系统设计规范
GB 50151 低倍数泡沫灭火系统设计规范
GB 50166 火灾自动报警系统施工及验收规范
GB 50183—93 原油和天然气工程设计防火规范
GB 50251 输气管道工程设计规范
GB 50253 输油管道工程设计规范
GB 50281 泡沫灭火系统施工及验收规范
GBJ 16 建筑设计防火规范
SY/T 0025 石油设施电器装置场所分类
SY 0031 石油工业用加热炉安全规程
SY/T 0075 油罐区防火堤设计规范
SY 0402 石油天然气站内工艺管道工程施工及验收规范
SY/T 0422 油田集输管道施工及验收规范
SY 0466 天然气集输管道施工及验收规范
SY/T 0511 石油储罐呼吸阀
SY/T 0512 石油储罐阻火器
SY/T 0525.1 石油储罐液压安全阀
SY/T 5087 含硫化氢油气井安全钻井推荐作法
SY/T 5127 井口装置和采油树规范

SY/T 5604　常规射孔作业技术规程

SY 5727　井下作业井场用电安全要求

SY 5742　石油天然气钻井井控安全技术考核管理规则

SY 5854　油田专用湿蒸汽发生器安全规定

SY/T 5858　石油工业动火作业安全规程

SY 5876　石油钻井队安全生产检查规定

SY/T 5957　井场电器安装技术要求

SY/T 5964　钻井井控装置组合配套、安装调试与维护

SY 5984　油（气）田容器、管道和装卸设施接地装置安全检查规定

SY 5985　液化石油气安全管理规定

SY/T 6120—1995　油井井下作业防喷技术规程

SY/T 6203　油气井井喷着火抢险作法

SY/T 6283　石油天然气钻井健康、安全与环境管理体系指南

SY/T 6306　易燃、可燃液体常压储罐的内外灭火

SY 6309　钻井井场照明、设备颜色、联络信号安全规范

SY/T 6426　钻井井控技术规程

SY 6503　可燃气体检测报警器使用规范

SY/T 6551　欠平衡钻井安全技术规程

SY/T 6557　石油工业防火用水喷淋系统应用指南

GA 95　灭火器的维修与报废

《特种设备安全监察条例》　国务院 68 次常务会议通过　2003 年 6 月 1 日起施行

《石油天然气管道安全监督与管理暂行规定》　国家经济贸易委员会第 17 号令

《机关、团体、企业、事业单位消防安全管理规定》　公安部第 61 号令　2002 年 5 月 5 日起施行

《企业事业单位专职消防队组织条例》　国家经济委员会、公安部、劳动人事部、财政部发布　1987 年 1 月 19 日起施行

《中华人民共和国消防法》　1998 年 4 月 29 日第九届全国人民代表大会常务委员会第二次会议通过　1998 年 9 月 1 日起施行

3　钻井

3.1　井场的布置与防火间距

3.1.1　确定井位前，设计部门应对距离井位探井井口 5km、生产井井口 2km 以内的居民住宅、学校、厂矿、坑道等地面和地下设施的情况进行调查，并在设计书中标明其位置。

油、气井与周围建（构）筑物的防火间距按 GB 50183 的规定执行，参见附录 A。

3.1.2　油气井井口距高压线及其他永久性设施应不小于 75m；距民宅应不小于 100m；距铁路、高速公路应不小于 200m；距学校、医院和大型油库等人口密集性、高危性场所应不小于 500m。

3.1.3　钻井现场设备、设施的布置应保持一定的防火间距。有关安全间距的要求包括但不限于：

　　a）钻井现场的生活区与井口的距离应不小于 100m。

b) 值班房、发电房、库房、化验室等井场工作房、油罐区距井口应不小于 30m。

c) 发电房与油罐区相距应不小于 20m。

d) 锅炉房距井口应不小于 50m。

e) 在草原、苇塘、林区钻井时，井场周围应有防火隔离墙或隔离带，宽度应不小于 20m。

3.1.4 井控装置的远程控制台应安装在井架大门侧前方、距井口不少于 25m 的专用活动房内，并在周围保持 2m 以上的行人通道；放喷管线出口距井口应不小于 75m（含硫气井依据 SY/T 5087 的规定）。

3.1.5 3.1.2，3.1.3 和 3.1.4 是应满足的一般性、通行性技术条件，如果遇到地形和井场条件不允许等特殊情况，应进行专项安全评价，并采取或增加相应的安全保障措施，在确保安全的前提下，由设计部门调整技术条件。

3.1.6 井场应设置危险区域图、逃生路线图、紧急集合点以及两个以上的逃生出口，并有明显标识。

3.2 钻井设备与设施

3.2.1 井场设备的布局应考虑风频、风向。井架大门宜朝向盛行季节风的来向。

3.2.2 应在井场及周围有光照和照明的地方设置风向标（风袋、风飘带、风旗或其他适用的装置），其中一个风向标应挂在施工现场以及在其他临时安全区的人员都能看到的地方。

安装风向标的位置可以是：绷绳、工作现场周围的立柱、临时安全区、道路入口处、井架上、气防器材室等。

3.2.3 在油罐区、消防房及井场明显处，应设置防火防爆安全标识。

3.2.4 柴油机排气管应无破损、无积炭，并有冷却和火花消除装置，其出口不应指向循环罐，不宜指向油罐区。

3.2.5 井场电力装置应按 SY/T 5957 的规定配置和安装，并符合 GB 50058 的要求。对井场电力装置的防火防爆安全技术要求包括但不限于：

a) 电气控制宜使用通用电气集中控制房或电机控制房，地面敷设电气线路应使用电缆槽集中排放。

b) 钻台、机房、净化系统的电气设备、照明器具应分开控制。

c) 井架、钻台、机泵房、野营房的照明线路应各接一组专线。

d) 地质综合录井、测井等井场用电应设专线。

e) 探照灯的电源线路应在配电房内单独控制。

f) 井场距井口 30m 以内的电气系统的所有电气设备如电机、开关、照明灯具、仪器仪表、电器线路以及接插件、各种电动工具等应符合防爆要求，做到整体防爆。

g) 发电机应配备超载保护装置。

h) 电动机应配备短路、过载保护装置。

3.2.6 对井控装置的防火防爆安全技术要求包括但不限于：

a) 井控装置的配套、安装、调试、维护和检修应按 SY/T 5964 的规定执行。

b) 选择完井井口装置的型号、压力等级和尺寸系列应按 SY/T 5127 的规定执行。

c) 含硫油气井的井控装置的材质和安装应按 SY/T 5087 的规定执行。

d) 司钻控制台和远程控制台气源应用专用管线分别连接。

e) 远程控制台电源应从发电房内或集中控制房内用专线引出，并单独设置控制开关。

f）井场应配备自动点火装置，并备有手动点火器具。

g）在钻井作业时防喷器安装剪切闸板应按 SY/T 5087 的规定执行。

3.2.7 宜在井口附近钻台上、下以及井内钻井液循环出口等处的固定地点设置和使用可燃气检测报警仪器，并能及时发出声、光警报。

含硫油气田钻井硫化氢检测仪和其他防护器具的配置与使用应按 SY/T 5087 的规定执行。

3.2.8 在探井、高压油气井的施工中，供水管线上应装有消防管线接口，并备有消防水带和水枪。

3.2.9 施工现场应有可靠的通信联络，并保持 24h 畅通。

3.3 钻井施工

3.3.1 钻井队应严格执行钻井设计中有关防火防爆和井控的安全技术要求。

钻井设计的变更应按规定的设计审批程序进行。

3.3.2 钻台、底座及机、泵房应无油污。

3.3.3 钻台上下及井口周围、机泵房不得堆放易燃易爆物品及其他杂物。

3.3.4 远程控制台及其周围 10m 内应无易燃易爆、易腐蚀物品。

3.3.5 井口附近的设备、钻台和地面等处应无油气聚集。

3.3.6 井场内禁止吸烟。

3.3.7 禁止在井场内擅自动用电焊、气焊（割）等明火。必须动用明火时，按 SY/T 5858 规定的工业动火程序和 SY/T 6283 规定的防火安全要求执行。

3.3.8 在生产过程中，对原油、废液等易燃易爆物质的泄漏物或外溢物应迅速处理。

3.3.9 井控技术工作及其防火、防爆要求按 SY/T 6426 的规定执行。

井控操作和管理人员应按 SY 5742 的规定经过专门培训，取得井控操作合格证，并按期复审。

3.3.10 井场储存和使用易燃易爆物品的管理应符合国家有关危险化学品管理的规定。

3.3.11 钻开油气层后，所有车辆应停放在距井口 30m 以外。因工作需要必须进入距井口 30m 以内位置的车辆，应采取安装阻火器等相应的安全技术措施。

欠平衡钻井过程的防火防爆安全技术要求按照 SY/T 6551 的规定执行。

3.4 特殊情况的处理

3.4.1 钻井过程中的井控作业、溢流的处理和压井作业按 SY/T 6426 的规定执行。

溢流的报警按 SY 6309 的规定执行，且溢流报警信号长鸣笛 30s 以上。

对有硫化氢溢出情况的应急处理应按 SY/T 5087 的规定执行。硫化氢含量超过 $30mg/m^3$ 时，应佩戴正压式空气呼吸器具。

在有可燃气体溢出的情况下进行生产作业和紧急处理时，工作人员应身着防静电工作服，并采取防止工具摩擦和撞击产生火花的措施。

3.4.2 放喷天然气或中途测试打开测试阀有天然气喷出时，应立即点火燃烧。

3.4.3 井喷发生后，应指派专人不断地使用检测仪器对井场及附近的天然气等易燃易爆气体的含量进行测量，提供划分安全区的数据，划分安全作业范围。含硫油气井在下风口 100m，500m 处和 1000m 处各设一个检测点。

进行测量的工作人员应佩戴正压式空气呼吸器，并有监护措施。

3.4.4 处理井喷时，应有医务人员和救护车在井场值班，并为之配备相应的防护器具。

3.4.5 钻井现场应考虑应急供电问题，设置应急电源和应急照明设施。

3.4.6 若井喷失控，应立即采取停柴油机和锅炉、关闭井场各处照明和电气设备、打开专用探照灯、灭绝火种、组织警戒、疏散人员、注水防火、请示汇报和抢险处理等应急措施。含硫油气井的应急撤离措施见 SY/T 5087 有关规定。

3.4.7 在钻井过程中，遇有大量易燃易爆、有毒有害气体溢出等紧急情况，已经严重危及到安全生产，需要弃井或点火时，决策人宜由生产经营单位代表或其授权的现场总负责人担任，并列入应急预案中。

4 试油（气）和井下作业

4.1 井场的布置与防火间距

4.1.1 油气井的井场平面布置及与周围建（构）筑物的防火间距按 GB 50183 的规定执行，参见附录 A。

4.1.2 油气井作业施工区域内严禁烟火，工区内所有人员禁止吸烟。在井场进行动火施工作业按 SY/T 5858 的规定执行。

4.1.3 井场施工用的锅炉房、发电房、值班房与井口、油池和储油罐的距离宜大于 30m，锅炉房处于盛行风向的上风侧。

4.1.4 施工中进出井场的车辆排气管应安装阻火器。施工车辆通过井场地面裸露的油、气管线及电缆，应采取防止碾压的保护措施。

4.1.5 分离器距井口应大于 30m。经过分离器分离出的天然气和气井放喷的天然气应点火烧掉，火炬出口距井口、建筑物及森林应大于 100m，且位于井口油罐区盛行风向的上风侧，火炬出口管线应固定牢靠。

4.1.6 使用原油、轻质油、柴油等易燃物品施工时，井场 50m 以内严禁烟火。

4.1.7 井场的计量油罐应安装防雷防静电接地装置，其接地电阻应不大于 10Ω，避雷针高度应大于人员作业中的高度 2m 以上。

4.1.8 立、放井架及吊装作业应与高压电等架空线路保持安全距离，并采取措施防止损害架空线路。

4.1.9 井场、井架照明应使用防爆灯和防爆探照灯，有关井下作业井场用电按 SY 5727 执行。

4.1.10 油、气井场内应设置明显的防火防爆标志及风向标。

4.1.11 井场应设置危险区域图、逃生路线图、紧急集合点以及两个以上的逃生出口，并有明显标识。

4.2 井控装置及防喷

4.2.1 安装自封、半封或组合封井器，保证在起下管柱中能及时安全地封闭油套环形空间和整个套管空间。所有高压油气井应采用液压封井器，配置远程液压控制台和连接高压节流管汇。远程控制台电源应从发电房内用专线引出并单独设置控制开关。

4.2.2 含硫化氢、二氧化碳井，其井控装置、套管头、变径法兰、套管、套管短节应分别具有相应抗硫、抗二氧化碳腐蚀的能力。

4.2.3 井控装置（除自封或环形封井器外）、变径法兰、高压防喷管的压力等级：应大于生产时预计的最高关井井口压力，或大于油气层最高地层压力，按试压规定试压合格。井控装置的安装、试压、使用和管理按 SY/T 6120—1995 中第 6 章的规定执行。

4.2.4 起下管柱作业中，应密切监视井喷显示，一个带有操作手柄、具有与正在使用的工作管柱相适配的连接端并处于开启位置的全开型的安全阀，宜保持在工作面上易于接近的地方。宜对此设备进行定期测试。当同时下入两种或两种以上管柱时，对正在操作的每种管柱，都宜有一个可供使用的安全阀。对安全阀，每年至少委托有资格的检验机构检验、校验一次。

4.2.5 冲砂管柱顶部应连接旋塞阀；旋塞阀工作压力应大于最高关井压力，且处于随时可用状态；起下管柱或冲砂中一旦出现井喷征兆，应立即关闭旋塞阀、封井器、套管闸门，防止压井液喷出。

4.2.6 对于高油气比井、气井、高压油气井，在起钻前，应循环压井液 2 周以上以除气，压井液进出口密度达到一致时方可起钻；若地层漏失，应先堵漏、后压井。

4.2.7 起出井内管柱后，在等措施时，应下入部分管柱，并装好井口。

4.2.8 油气井起下管柱时应连续向井筒内灌入压井液，并计量灌入量，保持压井液液面在井口，并控制起、下钻速度。

4.3 施工过程的防火防爆

4.3.1 施工作业中，应查清井场内地下油气管线及电缆分布情况，采取措施避免施工损坏。

4.3.2 井口装置及其他设备应不漏油、不漏气、不漏电。

4.3.2.1 井口装置一旦泄漏油、气、水时，应先放压、后整改；若不能放压或不能完全放压需要卸掉井口整改时，应先压井、后整改。

4.3.2.2 地面设备发生泄漏动力油时，应采取措施予以整改；严重漏油时，应停机整改。

4.3.2.3 地面油气管线、流程装置发生泄漏油、气时，应关闭泄漏流程的上、下游闸门，对泄漏部位整改。

4.3.2.4 发现地面设备漏电，应断开电源开关。

4.3.3 射孔过程中的防爆按 SY/T 5604 执行。

4.3.4 压井管线、出口管线应是钢质管线，各段的压力等级、防腐能力应符合设计要求，满足油气井施工需要；进、出口管线应固定牢固，按相应等级的压力设计分段试压合格。

4.3.5 不压井作业施工的井口装置和井下管柱结构应具备符合相应的作业条件要求以及与之相配套的作业设施、作业工具。

4.3.6 抽汲诱喷中，仔细观察出口和液面情况，一旦出口出气增加和液面上升，应停止抽汲，起出钢丝绳及抽汲工具，关闭总闸门，打开放喷闸门准备放喷，防止油气从防喷盒喷出。

4.3.7 气井施工不应用空气气举。

4.3.8 放喷管线应是钢质管线，各段的压力等级、防硫化氢腐蚀能力应符合设计要求，满足油气井放喷需要，管线固定牢固；按相应等级的压力设计分段试压合格。

4.3.9 用于高含硫气井井口、放喷管线及地面流程应符合防硫防腐设计要求。

4.3.10 放喷时应根据井口压力和地层压力，采用相应的油嘴或针形阀进行节流控制放喷，气井、高油气比井，在分离前应配备热交换器，防止出口管线结冰堵塞。

4.3.11 使用的油气分离器，对安全阀每年至少委托有资格的检验机构检验、校验一次。分离后的天然气应放空燃烧。

4.3.12 分离器及阀门、管线按各自的工作压力试压；分离器停用时应放掉内部和管线内的液体，清水扫线干净，结冰天气应再用空气把水排出干净。

4.3.13 量油测气及施工作业需用照明时，应采用防爆灯具或防爆手电照明。

4.3.14 储油罐量油孔的衬垫、量油尺重锤应采用不产生火花的金属材料。

4.3.15 高压井施工应注意以下事项：

a）高压施工中的井口压力大于 35MPa 时，井口装置应用钢丝绳绷紧固定。

b）高压作业施工的管汇和高压管线，应按设计要求试压合格，各阀门应灵活好用，高压管汇应有放空阀门和放空管线，高压管线应固定牢固。

c）施工泵压应小于设备额定最高工作压力，设备和管线泄漏时，应停泵、泄压后方可检修。泵车所配带的高压管线、弯头按规定进行探伤、测厚检查。

d）高压作业中，施工的最高压力不能超过油管、套管、工具、井口等设施中最薄弱者允许的最大许可压力范围。

4.3.16 对易燃易爆化学剂经实验符合技术指标后方可使用。

4.3.17 含硫化氢、二氧化碳井的防腐和防爆应注意：

a）井口到分离器出口的设备、地面流程应抗硫、抗二氧化碳腐蚀。下井管柱、仪器、工具应具有相应的抗硫、抗二氧化碳腐蚀的性能，压井液中应含有缓蚀剂。

b）在含硫化氢地区作业时，气井井场周围应以黄色带隔离作为警示标志，在井场和井架醒目位置悬挂设置风标和安全警示牌。

c）井场应配备安装固定式及便携式硫化氢监测仪。

d）在空气中硫化氢含量大于 $30mg/m^3$ 的环境中进行作业时，作业人员应佩带正压式空气呼吸器。

4.3.18 高压、高产气井管线及设施应配置安全阀并保温。对安全阀每年至少委托有资格的检验机构检验、校验一次。

4.3.19 气井井口操作应避免金属撞击产生火花。作业机排气管道应安装阻火器。入井场车辆的排气管应安装阻火器。对特殊井应装置地滑车，通井机宜安放在距井口 18m 以外。

5 采油、采气

5.1 油、气井的井场布置和防火间距

5.1.1 油、气井的井场平面布置、防火间距及油、气井与周围建（构）筑物的防火间距，按 GB 50183 的规定执行。油气井与周围建（构）筑物、设施的防火间距参见附录 A。

5.1.2 施工作业的热洗清蜡车应距井口 20m 以上；污油池边离井口应不小于 20m。

5.2 油、气井生产

5.2.1 井口装置和计量站及其他设备应不漏油、不漏气、不漏电，井场无油污、无杂草、无其他易燃易爆物品。

5.2.2 生产过程中的防火防爆按 4.3 执行。

5.2.3 用天然气气举采油、注气和注蒸汽开采时，应遵守以下规定：

a）气举井、注气井、压气站、配气站之间的管线及注蒸汽井口管线应安装单流阀，并无渗漏；

b）压气站向配气站输送含水天然气时，应进行降低露点的预处理，在配气站内管线上应安装冷凝液分离器；

c）压气站到配气站的输气管线上要安装紧急放空管，放空管上应装阻火器；

d）压气站如向多个配气站分输时，则每个分支管线上应安装截止阀。

5.2.4 禁止用空气进行气举采油。

5.2.5 禁止以空气作注蒸汽井油管套管环行空间隔热介质。

5.2.6 单井拉油采油井场的加热炉、加热油罐和高架罐等设备的摆放位置应在风险评价之后确定，并执行风险评价提出的安全控制措施。

5.2.7 计量站计量分离器设置的安全阀应做到规格符合要求，每年至少委托有资格的检验机构检验、校验一次。

5.2.8 计量站内应设置"严禁烟火"的防火标识。

5.2.9 计量站计量分离器应设置防静电接地装置，按 SY 5984 执行。

5.2.10 计量站、计量分离器和井排来油管网应不漏油、不漏气。

5.2.11 油、气井场和计量站用电应按 SY/T 5957 和 GB 50058 执行。

5.3 特种设备、加热炉、油田专用容器和湿蒸汽发生器

5.3.1 油、气井所使用的压力容器应执行《特种设备安全监察条例》的规定，加热炉按 SY 0031 的规定执行。

5.3.2 湿蒸汽发生器按 SY 5854 规定执行。

5.3.3 湿蒸汽发生器用液化气点火时，燃烧器燃烧正常后，应切断液化气，并将液化气罐移置安全地点。

5.4 油气井、计量站、分离器及管网的动火

按 SY/T 5858 的规定执行。

6 天然气集输、处理和储运

6.1 防火防爆基本要求

6.1.1 平面布置和防火间距

6.1.1.1 天然气集输、加压、处理和储存等厂、站及天然气集输管道与周围建（构）筑物、设施的防火间距应按 GB 50183 执行，参见附录 B。

6.1.1.2 天然气集输、加压、处理和储存等厂、站内部的平面布置及防火间距应按 GB 50183 执行，其建（构）筑物的防火、防爆按 GBJ 16 执行。

6.1.2 引燃源控制

6.1.2.1 天然气集输、处理、储运系统爆炸危险区域内的电器设施应采用防爆电器，其选型、安装和电气线路的布置应按 GB 50058 执行，爆炸危险区域的等级范围划分应符合 SY/T 0025 的规定。

6.1.2.2 在天然气、天然气凝液、液化石油气和稳定轻烃储运过程中应有防止静电荷产生和积聚的措施。天然气集输、处理、储运系统的工艺管道、容器、储罐、处理装置塔类和装卸设施应设有可靠的防静电接地装置，其静电接地装置的设置应按 SY 5984 执行。当与防雷（不包括独立避雷针防雷接地系统）等接地系统连接时，可不采用专用的防静电接地体。对已有阴极保护的管道，不应再做防静电接地。

6.1.2.3 天然气集输、处理、储运系统的建（构）筑物、处理装置塔类、储罐、管道等设施应有可靠的防雷装置，其防雷装置的设置应按 GB 50057 和 SY 5984 执行。防雷装置每年应进行两次检测（其中在雷雨季节前检测一次），接地电阻不应大于 10Ω。

6.1.2.4 连接管道的法兰连接处，应设金属跨接线（绝缘法兰除外）。当法兰用五根以上螺栓连接时，法兰可不用金属线跨接，但必须构成电气通路。

6.1.2.5 在天然气集输、加压、处理和储存等厂、站易燃易爆区域内进行作业时，应使用防爆工具，并穿戴防静电服和不带铁掌的工鞋。禁止使用手机等非防爆通信工具。

6.1.2.6 机动车辆进入生产区，排气管应戴阻火器。

6.1.2.7 天然气集输、加压、处理和储存等厂、站生产区内不应使用汽油、轻质油、苯类溶剂等擦地面、设备和衣物。

6.1.2.8 天然气集输、处理、储运系统爆炸危险区域内的动火作业应按 SY/T 5858 执行。

6.1.2.9 天然气集输、处理、储运系统生产现场应做到无油污、无杂草、无易燃易爆物，生产设施做到不漏油、不漏气、不漏电、不漏火。

6.1.3 其他要求

6.1.3.1 天然气集输、加压、处理和储存等厂、站应建立严格的防火防爆制度，生产区与办公区应有明显的分界标志，并设有"严禁烟火"等醒目的防火标志。

6.1.3.2 天然气集输、处理、储运系统爆炸危险区域，应按 SY 6503 的规定安装、使用可燃气体检测报警器。

6.1.3.3 天然气集输、处理、储运系统的新建、改建和扩建工程项目应进行安全评价，其防火、防爆设施应与主体工程同时设计、同时施工、同时验收投产。

6.1.3.4 应定期对天然气集输、处理、储运系统进行火灾、爆炸风险评估，对可能出现的危险及影响应制定和落实风险削减措施，并应有完善的防火、防爆应急救援预案。

6.1.3.5 天然气集输、处理、储运系统的压力容器使用管理应按《特种设备安全监察条例》的规定执行。

6.1.3.6 天然气集输、处理、储运系统中设置的安全阀，应做到启闭灵敏，每年至少委托有资格的检验机构检验、校验一次。压力表等其他安全附件应按其规定的检验周期定期进行校验。

6.1.3.7 在天然气管道中心两侧各 5m 范围内，严禁取土、挖塘、修渠、修建养殖水场、排放腐蚀性物质、堆放大宗物资、采石、建温室、垒家畜棚圈、修筑其他建筑（构）物或者种植深根植物。在天然气管道中心两侧或者管道设施场区外各 50m 范围内，严禁爆破、开山和修建大型建（构）筑物。

6.2 天然气集输和输送

6.2.1 集输、输气管道和站场内工艺管道的投产要求

6.2.1.1 管道投产前，应进行清扫、试压、干燥、置换等作业，并制定相应的安全技术措施。

6.2.1.2 管道试压前，应先进行清扫，将管道中的焊渣、泥沙、石块等杂物吹扫干净。

6.2.1.3 管道的清扫应符合以下安全要求：

    a) 站场内工艺管道的清扫应采用压缩空气进行吹扫，吹扫气体在管道中的流速应大于 20m/s，吹扫压力不应大于管道的设计压力。

    b) 输气管道的清扫应采用清管器分段进行，清管次数不少于两次。当清管器的收发不在输气站时，分段清管应在地势较高的地方设临时清管收发装置，且 50m 内不应有居民和建筑物。清管前应确认清管段内的线路截断阀处于全开状态，清管时的最大压力不应大于管道的设计压力。

    c) 集输管道的清管方法应视情况而定。可采用洁净水、压缩空气或清管器分段进行，每段不宜过长（一般不超过 10km），扫线压力不应大于管道设计压力。

6.2.1.4 管道的试压介质宜选用水。在高差大的山区、缺水、寒冷或人烟稀少地区可采用空气，但必须有可靠的安全措施。

6.2.1.5 管道的试压应符合以下安全要求：

　　a) 集输管道、站内工艺管道、输气管道的试压应分别按 SY 0466、SY 0402、GB 50251 执行。

　　b) 试压过程中（包括强度和严密性试验）发现管道泄漏，应查明原因，在管道泄压后方可进行修理。

6.2.1.6 管道在清管、试压结束后宜进行干燥。干燥后应保证管道末端管内气体在最高输送压力下的水露点比最低环境温度低 5℃。

6.2.1.7 管道清扫、试压、干燥合格后，在天然气进入管道前，应用氮气等惰性气体置换管道中的空气。其置换过程应符合以下安全要求：

　　a) 应根据管道的长度、管径、站场工艺流程和所输天然气的组分等注入足够量的氮气等惰性气体，使所投产的天然气与管道中原有的空气形成充分隔离，保证隔离段在到达置换管道末端时空气与天然气不相混合。

　　b) 置换过程中，管道内的气体流速不应大于 5m/s。

　　c) 置换时混合气体应排放到站库放空系统，当排放口的气体含氧量低于 2％时即为置换合格。

6.2.1.8 站内工艺管道及设备中的空气置换应直接采用氮气等惰性气体进行置换，或可利用输气管道置换时惰性气体段的气体进行置换。置换时管道内的气体流速不应大于 5m/s，混合气体应排放到站库放空系统，当排放口的气体含氧量低于 2％时即为置换合格。

6.2.2　集输气站场、管网的运行

6.2.2.1 放空和火炬至少应符合以下安全要求：

　　a) 集输干线、输气管道及站场的放空管道、放空立管和火炬的设置应符合 GB 50183 的规定要求。

　　b) 放空气体应经放空立管排入大气或引入火炬系统，并应符合环境保护和防火防爆要求。

　　c) 天然气放空管道在接入火炬之前，应设置阻火设备。当天然气含有凝析油时，应设置凝液分离器。

　　d) 分离器内的凝液，应密闭回收，不应随地排放。

　　e) 集输干线、输气管道及站场的火炬应设有可靠的点火装置，并有防止火雨的措施。

　　f) 天然气的放空应在统一指挥下进行，放空时应有专人监护。当含有硫化氢等有毒气体的天然气放空时，应将其引入火炬系统，并做到先点火后放空。

6.2.2.2 安全阀的设置和泄放至少应符合以下要求：

　　a) 输气站应在管道进站截断阀上游和出站截断阀下游设置限压泄放设施。

　　b) 输气站场内可能存在超压的受压设备和容器，应设置安全阀。安全阀的整定压力应小于或等于受压设备和容器的最高允许工作压力。

　　c) 安全阀泄放的可燃气体宜引入同级压力的放空管线。当安全阀泄放小量的可燃性气体时可排入大气。泄放管宜垂直向上，管口应高出设备的最高平台，且不应小于 2m，并应高出所在地面 5m。厂房内的安全阀其泄放管应引出厂房外，管口应高出厂房 2m 以上；当安全阀可能排放有含油天然气（湿气）或含硫化氢等有毒气体时，应将其接入密闭系统或火炬系统。

    d) 安全阀的泄放系统应采取防止冰冻、防止堵塞的措施。

    e) 对安全阀每年至少委托有资格的检验机构检验、校验一次。

6.2.2.3 管道、设备或容器的排污至少应符合以下要求：

    a) 集输、输气管道进行清管等作业需要排污时，应有具体的防火防爆措施。排污口应设置在站外，并设有临时排污池，在排污口正前方 50m 沿中心线两侧各 12m 范围内不应有建（构）筑物。排污时应实行警戒，不应有人、畜和火源。

    b) 工艺管道、设备或容器排污可能释放出大量气体或蒸气时，应将其引入分离设备，分出的气体引入气体放空系统，液体引入有关储罐或污油系统。不应直接排入大气。

    c) 工艺管道、设备或容器低压或小流量排放干气时，可直接排入大气，排放口应高出操作平台（或地坪）2m 以上。15m 以内不应有明火或产生火花的设施。

    d) 设备或容器内的残液不应排入边沟或下水道，可集中排入有关储罐或污油系统。

    e) 站场内的分离器、管道上的分水器应定时巡查，及时将污水排放至污油系统，并有防止冰冻的措施。

6.2.2.4 干线阀室应保持通风良好，每月至少进行一次检查验漏，并设置防火标志。

6.2.2.5 应根据沿线情况对管道进行经常性地徒步巡查。在雨季、汛期或其他灾害发生时应加密巡查次数。巡线检查内容应至少包括：

    a) 埋地管线无裸露，防腐层无损坏。

    b) 跨越管段结构稳定，构配件无缺损，明管无锈蚀。

    c) 标志桩、测试桩、里程桩无缺损。

    d) 护堤、护坡、护岸、堡坎无垮塌。

    e) 穿越管段稳定，无裸露、悬空、移位和受水流冲刷、剥蚀损坏等。

    f) 管道中心线两侧各 5m 范围内，不应有取土、采石、挖塘、修渠和修筑其他建（构）筑物等，或者种植深根植物。

    g) 管道中心线两侧各 50m 范围内，不应有开山、爆破和修筑大型建（构）筑物工程。

    h) 管道上无打孔偷气等情况。

6.2.2.6 管道的检验应按《石油天然气管道安全监督与管理暂行规定》的要求，委托有检验资质的单位定期进行全面检测。

6.2.2.7 管道解堵应制定切实可行的安全保证措施，严禁用明火烘烤。

6.2.2.8 对积水管段应及时进行清管作业，排除管内污水、污物，并采取有效的防腐蚀措施。

6.2.2.9 管道的清管作业应制定可靠的安全技术措施，并符合以下安全要求：

    a) 清管作业排污口的设置应符合 6.2.2.3a) 的规定。清管作业前，应对清管器收发设备、仪表进行详细检查，收发筒应经严密试验合格，快速盲板防松楔块应保持完好。

    b) 开盲板前收发筒内压力必须降到零，并全开放空阀，关盲板后应及时装好防松楔块。

    c) 清管过程开关阀门必须缓开缓关，清管器运行期间，发送站要严格控制进气量，保证清管器速度不大于 5m/s。

    d) 天然气湿气的含油污水排放，应密闭输送至钢制储罐内，罐体及进罐管线应有可靠的接地。

e) 对含硫的干燥气体，接收站打开盲板后，应将清出的硫化亚铁粉末排入有水封的排污池，防止其遇空气后自燃。

6.2.3 天然气的加压

6.2.3.1 压缩机组应根据工作环境及对机组的要求，布置在露天或厂房内。在高寒地区或风沙地区宜采用封闭式厂房，其他地区宜采用敞开式或半敞开式厂房。当采用封闭式厂房时，应有良好的机械通风设施和足够的防爆卸压面积，其机械通风设施的设置和泄压面积的大小按 GBJ 16 的规定执行。

6.2.3.2 压缩机房的每一操作层及其高出地面 3m 以上的操作层（不包括单独的发动机平台），应至少有两个安全出口及通向地面的梯子。操作平台上的任意点沿通道中心线与安全出口之间的最大距离不应大于 25m。安全出口和通往安全地带的通道，必须畅通无阻。

6.2.3.3 应根据天然气压缩机所配套的动力机的类型，采取以下相应防止和消除火花的措施：

a) 当采用电机驱动时，必须选择防爆型电动机。

b) 当采用燃气发动机或燃气轮机驱动时，应将原动机的排气管出口引至室外安全地带或在出口处采取消除火花的措施。

c) 压缩机和动力机间的传动设施应采用三角皮带或防护式联轴器，不应使用平皮带。

6.2.3.4 压缩机间电缆沟应用砂砾埋实，并与配电间电缆沟的连通处用土填实严密隔开。

6.2.3.5 压缩机及其连接的管汇应接地，接地电阻不大于 10Ω。

6.2.3.6 压缩机的吸入管应有防止进入空气的措施，高压排出管线应设单向阀。

6.2.3.7 往复式压缩机出口与第一个截断阀之间应装设安全阀和放空阀，安全阀的泄放能力应不小于压缩机的最大排量。对安全阀每年至少委托有资格的检验机构检验、校验一次。

6.2.3.8 压缩机组的安全保护联锁装置应完好、可靠。

6.2.3.9 投运新安装的或检修完的压缩机系统装置前，应对机组、管道、容器、装置系统进行氮气置换。置换时，管道和在机组、容器、装置孔口处的置换速度应不大于 5m/s，当在气体排放口和检修部位取样分析氧含量低于 2% 时即为置换合格。

6.3 天然气处理

6.3.1 天然气的加热

加热炉的使用、管理和检验应按 SY 0031 执行。

6.3.2 天然气处理装置的气体置换

天然气处理装置在投产前或大修后重新投用前应进行气体置换，当排放出的气体含氧量不大于 2% 时为置换合格。用于置换的气体应为氮气等惰性气体，置换速度应不大于 5m/s。

6.3.3 天然气脱硫

当天然气中的硫化氢超标时，应按工艺要求进行脱硫处理。

6.4 天然气、天然气凝液、液化石油气和稳定轻烃的储存

6.4.1 天然气的储存

6.4.1.1 气柜应装有自动紧急放空装置，并设有容量上、下限的标志。上限高度为气柜设计容积高度的 85%，下限高度为设计容积高度的 15%。

6.4.1.2 气柜应定时进行检查维护。直立式气柜应定期检查导轮系统，避免导轮卡死，防止气柜超压；湿式气柜水槽内应保持正常水位，冬季应有保温防冻措施；干式气柜应密封严密，并定期加注润滑脂。

6.4.1.3 高压储气罐（球罐、卧式罐）应装有紧急放空和安全泄压设施，以及压力、温度、液位等显示仪表。

6.4.2 天然气凝液、液化石油气和稳定轻烃的储存

6.4.2.1 天然气凝液、液化石油气和稳定轻烃储罐应装有紧急放空设施和安全阀、温度计、液位计、压力表等安全附件，并在检验有效期内使用，其中对安全阀每年至少委托有资格的检验机构检验、校验一次。进口管道宜设单向阀。

6.4.2.2 天然气凝液、液化石油气储罐应设置高低液位报警装置，储罐底部出入口管线应设紧急切断阀，并与储罐高液位报警联锁。

6.4.2.3 天然气凝液、液化石油气储罐应设有排水口，排水口处应装有排污箱，污水应送到污水处理点进行集中处理。

6.4.2.4 天然气凝液、液化石油气储罐宜在其底部的管线上或液化气泵的入口增加注水线。注水线平时通过阀门与系统分开。

6.4.2.5 天然气凝液、液化石油气储罐开口接管的阀门及管件的压力等级应按其系统设计压力提高一级选择，一般不应低于 2.0MPa，其垫片应采用带有金属保护圈的缠绕式垫片。阀门压盖的密封填料，应采用非燃烧材料。

6.4.2.6 天然气凝液、液化石油气和稳定轻烃储罐应设有固定式喷淋水装置或遮阳防晒设施。储存温度不应高于 38℃，否则应采取喷淋水等降温措施。

6.4.2.7 天然气凝液、液化石油气和稳定轻烃罐区宜设不高于 0.6m 的非燃烧性实体防火堤。

6.4.2.8 天然气凝液、液化石油气和稳定轻烃罐区内应设水封井，排水管在防火堤外应设置易于操作、易于辨认开关的阀门，并处于常闭状态。

6.4.2.9 管道穿堤处应用非燃烧性材料填实密封。

6.5 装卸

6.5.1 稳定轻烃装卸

6.5.1.1 装车台顶部应设有遮阳棚，在遮阳棚下应安装自动紧急干粉灭火装置，并在装车台周围配置一定数量的移动式灭火器。

6.5.1.2 装车台至少设有两处接地（一处是罐车与大地连接，另一处是罐车与管线连接），接地电阻不大于 10Ω，并在其附近应设置静电消除装置。

6.5.1.3 充装前，应有专人对槽车进行检查，并做好记录。凡属下列情况之一者，不应充装：

    a）槽车超过检验期而未作检验者。

    b）槽车的漆色、铭牌和标志不符合规定，与所装介质不符或脱落不易识别者。

    c）防火、防爆装置及安全附件不全、损坏、失灵或不符合规定者。

    d）未判明装过何种介质者。

    e）罐体外观检查有缺陷而不能保证安全使用或附件有跑、冒、滴、漏者。

    f）槽车无使用证、押运证、准运证和驾驶员证件者。

    g）罐体与车辆之间的固定装置不牢靠或已损坏者。

6.5.1.4 操作人员应穿着防静电服和鞋。装卸作业前，应触摸导静电装置。

6.5.1.5 稳定轻烃的装卸应采用密闭装卸方式。当条件不具备时，2 号稳定轻烃的装卸可采用上部灌装，装车时装油鹤管应插入到距槽罐底部 200mm 处，罐顶气用管道引至安全地点排放。装车鹤管应采用标准的金属装车鹤管，不应使用橡胶软管。

6.5.1.6 2号稳定轻烃当采用上部灌装时，装车泵的排量应与装车鹤管管径相匹配，装车管线上应安装装载阀自动限制充装速度，使装车初始流速控制在 1m/s 以下；当鹤管管口沉没以后，鹤管内液体的流速控制在 $0.5/D$（D 为鹤管内径，m）m/s 以下。

6.5.1.7 槽车的充装量不应超过槽车罐容积的 85%。

6.5.1.8 装卸车时，开关盖、连接活接头，应使用防爆工具，不应用凿子、锤子等铁器敲击。

6.5.1.9 装卸作业前车辆应熄火，并不应在装卸时检修车辆。

6.5.1.10 同时充装稳定轻烃的车辆不应超过两辆，并应同时装卸，同时发动。

6.5.1.11 装油完毕，宜静止不小于 2min 后，再进行拆除接地线和发动车辆。

6.5.2 液化石油气装卸

液化石油气装卸的防火防爆要求应按 SY 5985 执行。

6.5.3 天然气凝液装卸

天然气凝液的装卸应根据其组分按以下要求进行确定：

　a）当天然气凝液的组分主要为稳定轻烃时，其装卸防火防爆要求应按 6.5.1 的规定执行。

　b）当天然气凝液的组分主要为液化石油气时，其装卸防火防爆要求应按 6.5.2 的规定执行。

　c）当天然气凝液的组分主要为乙烷或在 37.8℃ 温度下其饱和蒸气压大于 1.8MPa 时，应采用管道输送，不应采用槽车灌装。

6.5.4 特殊要求

凡有下列情况之一时，槽车应立即停止天然气凝液、液化石油气和稳定轻烃的装卸作业，并做妥善处理：

　a）雷雨天气；

　b）附近发生火灾；

　c）检测出介质有泄漏；

　d）槽车罐内压力异常；

　e）其他不安全因素。

6.6 改造与维修动火

6.6.1 在站场和生产设施上进行维修、改造施工作业时，应根据生产工艺过程，制定可靠的安全施工措施。

6.6.2 站场内爆炸危险区域和装置、管网、容器等生产设施上的一切动火作业应按 SY/T 5858 执行。

6.6.3 站内动火与站内、外放空，不能同时进行。

6.6.4 动火施工期间，应保持系统压力平稳，避免安全阀起跳。

6.6.5 检修仪表应在泄压后进行。在爆炸危险区域内检修仪表和其他电器设施时，应先切断相应的控制电源。

7 原油集输、处理与储运

7.1 防火防爆基本要求

7.1.1 平面布置和防火间距

7.1.1.1 集输、输油等站、库及原油集输管道与周围建（构）筑物、设施的防火间距应按

GB 50183 执行，参见附录 C。输油管道与地面建（构）筑物、设施的防火间距应按 GB 50253 执行。

7.1.1.2 集输、输油等站、库内部的平面布置及防火间距应按 GB 50183 执行，其建（构）筑物的防火、防爆按 GBJ 16 执行。

7.1.2 引燃源控制

7.1.2.1 原油集输、处理、储运系统爆炸危险区域内的电器设施应采用防爆电器，其选型、安装和电气线路的布置应按 GB 50058 执行，爆炸危险区域的等级范围划分应符合 SY/T 0025 的规定。

7.1.2.2 在原油储运过程中应有防止静电荷产生和积聚的措施。原油集输、处理、储运系统的工艺管道、容器、储罐、处理装置塔类和装卸设施应设有可靠的防静电装置，其静电接地装置的设置应按 SY 5984 执行。当与防雷（不包括独立避雷针防雷接地系统）等接地系统连接时，可不采用专用的防静电接地体。对已有阴极保护的管道，不应再做防静电接地。

7.1.2.3 原油集输、处理、储运系统的建（构）筑物、处理装置塔类、储罐、管道等设施应有可靠的防雷装置，其防雷装置的设置应按 GB 50057 和 SY 5984 执行。防雷装置每年应进行两次检测（其中在雷雨季节前检测一次），接地电阻不应大于 10Ω。

7.1.2.4 连接管道的法兰连接处，应设金属跨接线（绝缘法兰除外）。当法兰用五根以上螺栓连接时，法兰可不用金属线跨接，但必须构成电气通路。

7.1.2.5 在集输、输油等站、库易燃易爆区域内进行作业时，应使用防爆工具，并穿戴防静电服和不带铁掌的工鞋。禁止使用手机等非防爆通信工具。

7.1.2.6 机动车辆进入生产区，排气管应戴阻火器。

7.1.2.7 在集输、输油等站、库生产区内不应使用汽油、轻质油、苯类溶剂等擦地面、设备和衣物。

7.1.2.8 原油集输、处理、储运系统爆炸危险区域内的动火作业应按 SY/T 5858 执行。

7.1.2.9 原油集输、处理、储运系统生产现场应做到无油污、无杂草、无易燃易爆物，生产设施做到不漏油、不漏气、不漏电、不漏火。

7.1.2.10 原油化验室应有强制通风设施，保持良好的通风状态。化验完的剩余残液应回收到污油池内，不应倒入下水道。

7.1.3 其他要求

7.1.3.1 集输、输油等站、库应建立严格的防火防爆制度，生产区与办公区应有明显的分界标志，并设有"严禁烟火"等醒目的防火标志。

7.1.3.2 原油集输、处理、储运系统爆炸危险区域，应按 SY 6503 的规定安装、使用可燃气体检测报警器。

7.1.3.3 原油集输、处理、储运系统的新建、改建和扩建工程项目应进行安全评价，其防火、防爆设施应与主体工程同时设计、同时施工、同时验收投产。

7.1.3.4 应定期对原油集输、处理、储运系统进行火灾、爆炸风险评估，对可能出现的危险及影响应制定和落实风险削减措施，并应有完善的防火、防爆应急救援预案。

7.1.3.5 原油集输、处理、储运系统的压力容器使用管理应按《特种设备安全监察条例》的规定执行。

7.1.3.6 原油集输、处理、储运系统中设置的安全阀，应做到启闭灵敏，每年至少委托有资格的检验机构检验、校验一次。压力表等其他安全附件应按其规定的检验周期定期进行校验。

7.1.3.7 在原油管道中心两侧各 5m 范围内，严禁取土、挖塘、修渠、修建养殖水场、排放腐蚀性物质、堆放大宗物资、采石、建温室、垒家畜棚圈、修筑其他建筑（构）物或者种植深根植物。在原油管道中心两侧或者管道设施场区外各 50m 范围内，严禁爆破、开山和修建大型建（构）筑物。

7.2 原油集输和输送

7.2.1 集输、输油管道和站场内工艺管道的投产要求

7.2.1.1 管道投产前，应制定清管扫线、试压和投油等作业安全技术措施。

7.2.1.2 管道试压前，应先进行清扫，将管道中的焊渣、泥沙、石块等杂物吹扫干净。

7.2.1.3 管道的清扫应符合以下安全要求：

    a）站场内工艺管道的清扫应采用压缩空气进行吹扫，吹扫气体在管道中的流速应大于 20m/s，吹扫压力不应大于管道的设计压力。

    b）输油管道的清扫应采用清管器分段进行，清管次数不少于两次。当清管器的收发不在输油站时，分段清管应在地势较高的地方设临时清管收发装置，且 50m 内不应有居民和建筑物。清管前应确认清管段内的线路截断阀处于全开状态，清管时的最大压力不应大于管道的设计压力。

    c）集输管道的清管方法应视情况而定。可采用洁净水、压缩空气或清管器分段进行，每段不宜过长（一般不超过 10km），扫线压力不应大于管道设计压力。

7.2.1.4 管道的试压介质宜选用水。在高差大的山区、缺水、寒冷或人烟稀少地区可采用空气，但必须有可靠的安全措施。

7.2.1.5 管道的试压应符合以下安全要求：

    a）集输管道、站内工艺管道、输油管道的试压应分别按 SY/T 0422、SY 0402、GB 50253 执行。

    b）试压过程中（包括强度和严密性试验）发现管道泄漏，应查明原因，在管道卸压后方可进行修理。

7.2.2 集输油站库、管网的运行

7.2.2.1 原油管道输送工艺流程的操作与切换应统一指挥，未经许可不应改变操作流程。

7.2.2.2 操作流程均应遵照"先开后关"的原则。具有高、低压部位的流程操作开通时，应先导通低压部位，后导通高压部位。关闭时，应先切断高压部位，后切断低压部位。

7.2.2.3 站库内设置防止超压的泄压装置，应保持灵敏可靠，并按规定定期检验。

7.2.2.4 站库内工艺管道、容器等所设置的安全阀，应将其泄放管接入污油回收系统。对安全阀每年至少委托有资格的检验机构检验、校验一次。

7.2.2.5 站库内工艺管道、设备或容器的排污和放空，应将其引入污油回收系统，严禁随地排放。

7.2.2.6 旁接油罐运行时，应有防止油罐抽空和溢罐的措施。

7.2.2.7 在输油站通信中断时，应严密监视本站的进、出站压力和旁接油罐的液位，并采取措施，防止抽空、憋压和溢罐事故。

7.2.2.8 沿线落差大的管道，应保证管道运行时大落差段动水压力和停输时低点的净水压力不超过设计压力。

7.2.2.9 管道解堵应制定切实可行的安全保证措施，严禁用明火烘烤。

7.2.2.10 应根据沿线情况对管道进行经常性地徒步巡查。在雨季、汛期或其他灾害发生时应加密巡查次数。巡线检查内容应至少包括：

   a) 管道阀组完好，无渗漏。

   b) 埋地管线无裸露，防腐层无损坏。

   c) 跨越管段结构稳定，构配件无缺损，明管无锈蚀。

   d) 标志桩、测试桩、里程桩无缺损。

   e) 护堤、护坡、护岸、堡坎无垮塌。

   f) 穿越管段稳定，无裸露、悬空、移位和受水流冲刷、剥蚀损坏等。

   g) 管道两侧各5m范围内，不应有取土、采石、挖塘、修渠和修筑其他建（构）筑物等，或者种植深根植物。

   h) 管道中心线两侧各50m范围内，不应有开山、爆破和修筑大型建（构）筑物工程。

   i) 管道上无打孔偷油等情况。

7.2.2.11 管道的检验应按《石油天然气管道安全监督与管理暂行规定》的要求，委托有检验资质的单位定期进行全面检测。

7.2.3 输油加压

7.2.3.1 泵房内应通风良好。泵房和非防爆的电机间应设置防爆墙，并保持完好。

7.2.3.2 输油泵运行时，应加强岗位之间联系，严密监视参数变化和旁接油罐的液位，防止抽空、憋压和溢罐事故。

7.2.3.3 输油泵机组及输油管道应设有完善的运行参数（状态）监控和泄漏报警装置等安全保护系统。

7.2.3.4 应定时启运泵房内污油回收系统，对放空、排污集油汇管中的污油进行回收。

7.2.3.5 输油泵检修时，应关闭进出口阀门。电动阀门应切断电源，手柄放到空挡位置，并加以固定。

7.2.3.6 输油泵房内的电缆沟应用砂砾埋实，并与配电间电缆沟的连通处用土填实严密隔开。

7.2.4 输油加热

   原油加热装置应设有完善的安全保护系统，加热炉的使用、管理和检验应按SY 0031执行。

7.3 原油处理

7.3.1 原油脱水

7.3.1.1 脱水器投产前应按规定做强度试验和气密试验。

7.3.1.2 脱水器应在设计的工作压力范围内运行。电脱水器的操作压力应比操作温度下的原油饱和蒸气压高0.15MPa。

7.3.1.3 电脱水器进油应平稳，并有专人负责顶上放空。

7.3.1.4 送电前应把脱水器内的气体排出干净，并经全面检查合格后方可送电。

7.3.1.5 脱水器有下列情况之一时不应送电：

   a) 在关闭进出口阀时；

   b) 进油后未放气或有气时；

   c) 内压力小于脱水器允许的最低操作压力时；

   d) 安全门联锁装置未经检查或失灵时。

7.3.2 原油稳定

7.3.2.1 应根据不同的原油稳定方法，制定出相应的防火、防爆规程。

7.3.2.2 稳定装置应在设计的工作压力和温度范围内运行。

7.3.2.3 压缩机吸入管应有防止空气进入的可靠措施。

7.4 原油储存

7.4.1 储油罐

7.4.1.1 储油罐呼吸阀、阻火器、液压安全阀的设置应分别按 SY/T 0511，SY/T 0512 和 SY/T 0525.1 执行。对安全阀每年至少委托有资格的检验机构检验、校验一次。

7.4.1.2 呼吸阀、液压安全阀底座应装设阻火器。呼吸阀、液压安全阀冬季每月至少检查二次，每年进行一次校验。阻火器每季至少检查一次。呼吸阀灵活好用。液压安全阀的油位符合要求，油质合格。阻火器阻火层完好，无油泥堵塞现象。

7.4.1.3 储油罐透光孔孔盖严密。检尺口应设有有色金属衬套，人工检尺采用铜质金属重锤，检尺后应盖上孔盖。

7.4.1.4 钢制储油罐罐体应设置防雷防静电接地装置，接地点沿罐底周边每 30m 至少设置一处，单罐接地点不应少于两处。防雷装置每年应进行两次检测（其中在雷雨季节前检测一次），接地电阻不应大于 10Ω。

7.4.1.5 浮顶罐的浮船与罐壁之间应用两根截面积不小于 $25mm^2$ 的软铜线连接。罐顶连接法兰应用软铜线跨接连好。

7.4.1.6 固定顶油罐极限液位为泡沫发生器接口以下 30cm，安全液位上限应低于极限液位 100cm，安全液位下限应高于进出口管线最高点 100cm。浮顶油罐极限液位是浮船挡雨板的最高点低于管壁上沿 30cm，安全液位上限低于极限液位 100cm，安全液位下限为浮船支柱距罐底 50cm。大于或等于 5000m³ 的储油罐进出油管线、放水管线应采用柔性连接。

7.4.1.7 储油罐内当凝油油位高于加热盘管时，应先用蒸汽立管加热，待凝油溶化后，再用蒸汽盘管加热。

7.4.1.8 储油罐应在安全罐位内运行。储油罐顶部无积雪、无积水、无油污。

7.4.1.9 对油罐附件应定期检查，发现问题立即整改。入冬前，应对放水阀门的保温情况进行检查，防止阀门冻裂。

7.4.1.10 储油罐放水应有专人监护，底水应通过放水管线直接排至污油池。冬季每次放水完毕应对放水管线进行扫线。

7.4.1.11 上罐作业时不应使用非防爆照明灯具。

7.4.1.12 新建储油罐投产后 5 年内至少进行一次初次检测，以后视油罐运行安全状况确定其检测周期，但最长不能超过 5 年。检测的主要内容包括：油罐基础的不均匀沉降、罐体的椭圆度、抗风圈的安全状况、保温层的完好情况、油罐的腐蚀情况、焊缝情况以及浮顶油罐的中央排水管、刮蜡板、导向管、支柱等附件的运行状况。

7.4.2 油罐区

7.4.2.1 防火堤应按 SY/T 0075 的规定进行设置，并保持完好。

7.4.2.2 管道穿堤处应用非燃烧性材料填实密封。

7.4.2.3 油罐区排水系统应设有水封井，排水管在防火堤外应设置阀门，并处于常闭状态。排水时应有专人监护，用后关闭。

7.4.2.4 防火堤内应无油污等可燃物。

7.4.2.5 油罐区内不应采用非防爆电气设施和有架空电力线路通过。

7.4.2.6 防火堤与消防路之间不应栽种妨碍消防作业的树木。

7.4.2.7 油罐区的低倍数泡沫灭火系统应按 GB 50151 的规定执行。

7.5 原油装卸

7.5.1 一般规定

7.5.1.1 原油装卸区应建立严格的防火防爆制度，配备足够的灭火器材。

7.5.1.2 装卸区主要进出口处，应设置"严禁烟火"等醒目的标志牌。

7.5.1.3 装卸区内无油污、无易燃易爆物品，道路应保持畅通。

7.5.1.4 装卸作业前车、船应熄火，不应在装卸时检修车辆。

7.5.1.5 装卸前应对槽车顶盖、踏板、车盖垫圈、底部阀门和油舱附件等进行检查，确认合格后方能作业。

7.5.1.6 装卸作业现场应设导静电装置，装卸人员在装卸作业前应触摸导静电装置，导走静电。

7.5.1.7 操作人员应穿着防静电服和鞋，开关槽车车盖、起放套管（软管）和检查卸油管时，应轻开、轻关、轻放。充装时人应站在上风侧。

7.5.1.8 装卸油作业时，不应用高压蒸汽吹扫清除栈桥、槽车和船上的油污，防止产生静电引起火花。

7.5.1.9 装卸区夜间应有作业防爆照明设施，装卸作业时不应带电修理电气设备和更换灯泡，不应使用非防爆活动照明灯具。

7.5.1.10 雷雨天气或附近发生火灾时不应装卸油品。

7.5.2 火车装卸

7.5.2.1 机车进出站信号应保持完好，装卸油栈桥两侧（从铁道外轨起）及两端（从第一根支柱起）20m 以内为严禁烟火区。栈桥段铁路应采用非燃烧材料的轨枕。

7.5.2.2 接送槽车时，机车头应按规定拖挂隔离车。装卸时机车头和其他车辆不应进入栈桥严禁烟火区。

7.5.2.3 栈桥的铁路每根道轨和栈桥鹤管法兰处，应用两根直径不小于 5mm 的金属线连接，每 200m 铁轨应设接地点一处，接地电阻值不应大于 10Ω。

7.5.2.4 装卸油鹤管应采用有铜丝的专用导静电胶管或用铝材制作的套管。管端应用直径不小于 4mm 的软铜导线与接地极连接。

7.5.2.5 原油装车温度不超过规定值，装卸鹤管应插入到距槽罐底部 200mm 处，装卸流速应控制在 4.5m/s 以下。

7.5.2.6 装油完毕，宜静止不小于 2min 后，再进行计量等作业。

7.5.3 汽车装卸

7.5.3.1 汽车装卸作业区内均为严禁烟火区，单独的汽车装卸作业点（无围墙包围）在距装油口 20m 内为严禁烟火区。

7.5.3.2 装卸台应设两处静电接地活动导线，装卸前分别接于罐体和车体，间距宜为 2.5m，且接地电阻值不应大于 10Ω。

7.5.3.3 装卸油汽车应配备灭火器、灭火毯。

7.5.3.4 装车鹤管应采用标准的金属鹤管或带有铜丝的专用胶管。装车时应使鹤管流速控制在 4.5m/s 以下。

7.5.3.5 装油完毕，宜静止不小于2min后，再进行采样、检尺、测温、拆除接地线等。

7.5.4 码头装卸

7.5.4.1 油码头按建设船驳的载重吨位划分等级。等级划分见表1。

表1 油码头分级

等 级	沿海 t	内河 t
一级	≥10000	≥5000
二级	3000～10000	1000～<5000
三级	1000～<3000	100～<1000
四级	<1000	<100

7.5.4.2 油码头选址及至其他相邻码头或建（构）筑物的安全距离应符合GB 50074的规定。

7.5.4.3 装卸油码头与陆地明火及散发火花的地点的防火距离应不小于40m。

7.5.4.4 油码头应在岸边方向根据需要设置安全围障，生产区可不另设。

7.5.4.5 油码头的建造材料应采用非燃烧材料（护舷设施除外）。

7.5.4.6 油码头应设有明显的红灯信号。

7.5.4.7 停靠需要排放压舱水或洗舱水油船的码头，应设置接收压舱水或洗舱水的设施。

7.5.4.8 油码头输油管线上的阀门应采用钢阀。输油管线在岸边的适当位置应设紧急关闭阀。

7.5.4.9 油码头应设有为油船跨接的防静电接地装置，此接地装置应与码头上装卸油品设备的静电接地装置相连接。

7.5.4.10 油码头采用橡胶软管作业时，应设置过压保护装置。

7.5.4.11 油码头及油船电气设备的防爆性能应完好可靠。

7.5.4.12 进入油船的人员应触摸设置的导静电装置，导走静电。

7.5.4.13 油码头及油船应配备数量相当的消防器材和设施。一级油码头，应配备2～3艘拖轮兼消防两用船；二级码头，应配备1～2艘拖轮兼消防两用船，作为油码头生产的安全辅助设备。

7.6 改造与维修动火

7.6.1 在站场和生产设施上进行维修、改造施工作业时，应根据生产工艺过程，制定可靠的安全施工措施。

7.6.2 站场内爆炸危险区域和管网、容器、储罐、装置等生产设施上的一切动火作业按SY/T 5858执行。

7.6.3 检修仪表应在泄压后进行。在爆炸危险区域内检修仪表和其他电器设施时，应先切断相应的控制电源。

8 消防管理

8.1 总体要求

8.1.1 依据《中华人民共和国消防法》、《机关、团体、企业、事业单位消防安全管理规定》

等有关消防安全的法律、法规、标准和规定，实施消防管理。

8.1.2 施工过程中需要进行动火、动土、进入有限空间等特殊作业时，应按照作业许可的规定，办理作业许可。

8.1.3 应编制防火防爆应急预案（其编写格式参见附录 D）并加强演练。

8.2 工程建设

8.2.1 油气田及油（气）长输管道新建、改建、扩建项目的总体规划，应包括消防站布局、消防给水、消防通信、消防车通道、消防装备、消防设施等内容。

8.2.2 新建、改建、扩建工程项目的防火防爆设施，应与主体工程同时设计、同时施工、同时验收。

8.2.3 设计部门采用的防火防爆新工艺、新设备和新材料应符合国家标准或者行业标准，并有法定检验机构出具的合格证书。

8.3 消防队伍建设

8.3.1 专职消防队（站）人员、车辆、装备配套建设应符合国家和行业标准要求。

8.3.2 专职消防队应执行《企业事业单位专职消防队组织条例》，深入辖区开展消防宣传，进行防火检查，熟悉道路、水源、单位的分类、数量及分布，熟悉单位消防设施、消防组织及其灭火救援任务的分工情况，制定灭火救援预案，定期演练。

8.3.3 油气生产单位应建立义务消防队，协助本单位制定防火安全制度，经常开展防火宣传教育培训，定时防火巡查和防火检查，维护保养本单位、本岗位的消防设施器材。定期进行灭火训练，发生火灾时，积极参加扑救。保护火灾现场，协助火因调查。

8.3.4 义务消防队应做到有组织领导、有灭火手段、有职责分工、有训练计划、有灭火预案；会报火警，会使用灭火器具，会整改一般的火灾隐患，会扑救初起火灾；熟悉本单位火灾特点及处置对策，熟悉本单位消防设施及灭火器材情况和灭火疏散预案及水源情况。

8.4 消防设施、器材的配置与管理

8.4.1 油气站、场的消防监测、火灾报警、消防给水、泡沫灭火、消防站、消防泵房等设施和器材的配置按 GB 50183 的规定执行。

8.4.2 钻井现场消防器材配置执行 SY 5876 规定。作业、试油现场至少配备 35kg 干粉灭火器 2 具，8kg 干粉灭火器 4 具，消防锹 3 把，防火砂 2m³。在野营房区按每 40m² 不少于 1 具 4kg 干粉灭火器配备。

8.4.3 火灾自动报警系统的设计、施工、验收及运行检查按 GB 50116 和 GB 50166 的规定执行。

8.4.4 低倍数泡沫灭火系统的设计、施工、验收及运行检查按 GB 50151 和 GB 50281 的规定执行。

8.4.5 消防水喷淋系统的应用参照 SY/T 6557 的规定。

8.4.6 灭火器材的检查、维修与报废按 GA 95 的规定执行。

8.4.7 消防泵房应设专岗，实行 24h 值班制度，定期对消防泵试运和保养。

8.4.8 消防重点岗位应设置通信设施。

8.5 应急处理

8.5.1 火灾报警

8.5.1.1 任何人发现火灾时，都应立即报警。

8.5.1.2 企业员工应熟知报警方法，掌握报警常识，进行报警训练。

8.5.1.3 报警时,应直接拨打"119"火警电话或用有线、无线电话向消防队报警,立即通知单位领导及有关部门,并向周围人员发出火警信号。

向周围群众报警可用呼喊、警铃、警笛、广播,也可用哨、锣等就地取材的方法。

8.5.2 火场逃生与救援

8.5.2.1 被烟火围困要冷静观察、判明火势,利用防护器具或用湿毛巾、手帕、衣服等做简单防护,选择安全可靠的最近路线,俯身穿过烟雾区,尽快离开危险区域。如危险区域有硫化氢气体,应佩戴好正压式空气呼吸器,沿逆风或侧风方向,选择远离低洼处的路线,直立身体向高处撤离。

8.5.2.2 身上衣服着火,应迅速将衣服脱下或就地翻滚,或迅速跳入水中,把火压灭或浸灭,进行自救。

8.5.2.3 无法自行逃脱时,可用呼喊或用非金属物体敲击管线、设备、锣、盆或挥动衣物等方法向其他人员求救。

8.5.2.4 被困人员神志清醒但在烟雾中辨不清方向或找不到逃生路线时,应指明通道,让其自行脱险。对于因惊吓、烟熏、火烧、中毒而昏迷的人员,在确保个人安全的情况下,应用背、抱、抬等方法将人救出。

8.5.2.5 对于受伤人员,除在现场进行紧急救护外,应及时送往医院抢救治疗。

8.5.3 灭火

8.5.3.1 灭火时,应运用"救人重于救火"、"先控制、后消灭"、"先重点、后一般"的原则和冷却、隔离、窒息、抑制的灭火方法。

8.5.3.2 发现火灾后,在报警的同时,义务消防队应立即启动灭火和应急疏散预案,扑灭初起火灾。无关人员撤离现场。专职消防队到达现场后,义务消防队应配合做好灭火救援工作。

8.5.3.3 专职消防队接到报警后,应迅速出动。到场后,按预案展开灭火救援工作,并根据火情侦察情况和火场指挥部要求,随时调整力量部署,实施灭火救援。

火灾扑灭后,应立即清点人数,恢复战备并监护恢复生产。

8.5.4 安全警戒及疏散撤离

发生火灾、爆炸后,事故有继续扩大蔓延的态势时,火场指挥部应及时采取安全警戒措施,果断下达撤退命令,在确保人员、设备、物资安全的前提下,采取相应的措施。

附　录　A

油气井与周围建（构）筑物、设施的防火间距

油气井与周围建（构）筑物、设施的防火间距见表 A.1。

表 A.1　油气井与周围建（构）筑物、设施的防火间距　　　　　单位为米

名　　称		自喷油、气井、单井拉油井	机械采油井
一、二、三、四级厂、站、库储罐及甲、乙类容器		40	20
100 人以上的居民区、村镇、公共福利设施		45	25
相邻厂矿企业		40	20
铁路	国家线	40	20
	企业专用线	30	15
公路		15	10
架空通信线	国家Ⅰ，Ⅱ级	40	10
	其他通信线	15	20
35kV 及以上独立变电所		40	20
架空电力线	35kV 以下	1.5 倍杆高	
	35kV 及以上		

注：当气井关井压力超过 25MPa 时，与 100 人以上的居民区、村镇、公共福利设施和相邻厂矿企业的防火间距，应按本表规定的数值增加 50%。

附 录 B

（资料性附录）

埋地天然气集输管道与建（构）筑物的防火间距

埋地天然气集输管道与建（构）筑物的防火间距见表 B.1。

表 B.1 埋地天然气集输管道与建（构）筑物的防火间距

单位为米

公称压力 MPa	管径 mm	100 人以上居民区、村镇、公共福利设施、工矿企业、重要水工建筑、物资仓库	非燃烧材料堆场、库房、建筑面积 500m² 以上的非居住建筑物	铁路	公路		与管线平行的 35kV 及以上架空电力线路和Ⅰ级架空通信线路	与管线平行的 10kV 架空电力线路	与管线平行的非同沟埋地电缆、通信电缆和其他埋地管线（技术上可以同沟的除外）
					国家干线	矿区公路			
$p_N \leq 1.6$	$D_N < 200$	13	5	5	5	3	10	8	5
	$200 \leq D_N \leq 400$	30							
	$D_N > 400$	40							
$1.6 < p_N \leq 4.0$	$D_N < 200$	20	8	10	8	5	15	10	8
	$200 \leq D_N \leq 400$	40							
	$D_N > 400$	60							
$p_N > 4.0$	$D_N < 200$	25	10	5	10	8	20	15	10
	$200 \leq D_N \leq 400$	50							
	$D_N > 400$	75							

注 1：天然气与凝析油混输管道可按天然气管道执行；液化石油气输管道和天然气凝液管道均按管道对待。

注 2：当管线路走向或受特殊条件的限制，防火间距无法满足时，天然气管道可埋设在矿区公路路肩内；当管道道压力在 1.6MPa 以下时，设计系数应取 0.6；当压力在 1.6MPa 以上时，设计系数应取 0.5。

注 3：当受环境条件限制，管道局部地段或埋在路肩内的局部管段与不同人数的居民区、村镇及公共福利设施、工矿企业、重要水工建（构）筑物、物资仓库（不包括易燃易爆仓库）的防火间距不能达到本表的规定采取时，可按照 GB 50251 的规定降低采取设计系数、增加管线壁厚的措施。

附 录 C

（资料性附录）

埋地原油集输管道与建（构）筑物的防火间距

埋地原油集输管道与建（构）筑物的防火间距见表 C.1。

表 C.1　埋地原油集输管道与建（构）筑物的防火间距　　　　　单位为米

公称压力 MPa	管 径 mm	100人以上居民区、村镇、公共福利设施、工矿企业、重要水工建筑、物资仓库	非燃烧材料堆厂、库房，建筑面积在 500m² 以下的非居住建筑物	铁 路	公 路	
					国家干线	矿区铁路
$p_N \leqslant 2.5$	$D_N \leqslant 200$	10	5	10	5	3
	$D_N > 200$	15				
$p_N > 2.5$	$D_N \leqslant 200$	20				
	$D_N > 200$	25				

注 1：原油与油田气混输管道应按原油管线执行。

注 2：当受线路走向或特殊条件的限制、防火间距无法满足时，原油管道可埋设在矿区公路路肩下。当管道压力在 1.6MPa 以上时，应采取保护措施。

注 3：管道局部管段与不同人数的居民区、村镇及公共福利设施、工矿企业、重要水工建筑物、物资仓库（不包括易燃易爆仓库）的防护间距，当环境条件不能达到本表的规定时，可采取降低设计系数增加管道壁厚的措施，其计算公式应符合 GB 50183—93 附录 5 的规定。

注 4：通过 100 人以上居民区的管段，当设计系数取 0.6 时，可按本表的规定减少 50%。

注 5：通过 100 人以下的零散居民点的管段，可按本表的规定减少 50%。

附 录 D

（资料性附录）

应急预案编制提纲

D.1 基本情况简介

基本情况简介包括作业场所和其地理位置、风向、自然状况，作业场所附近的医院和消防部门所在地、距作业场所距离、通信及交通情况。

D.2 组织指挥体系及职责任务

应明确应急组织机构和职责，包括决策机构、咨询机构、运行管理机构、应急指挥和救援机构、现场指挥机构等，同时应明确各参与部门的职责和权限，以及应急组织机构、部门、相关人员及社区的联系方法。

D.3 应急响应

D.3.1 分级响应程序

应依据应急情况的类别、危害程度的级别和评估结果，可能发生的事故及现场情况分析结果，设定预案的分级响应条件。

D.3.2 报警、通信联络的选择

依据现有资源的评估结果，确定以下内容：

——有效的报警装置；

——有效的内部、外部通信联络手段。

D.3.3 危险区的隔离

依据可能发生的事故类别、危害程度级别，确定以下内容：

——危险区的设定；

——事故现场隔离区的划定方式、方法；

——事故现场隔离方法。

D.3.4 人员紧急疏散、撤离

依据对可能发生危险化学品事故场所、设施及周围情况的分析结果，确定以下内容：

——事故现场人员清点，撤离的方式、方法；

——非事故现场（含周边社区）人员紧急疏散的方式、方法。

D.3.5 应急灭火方法选择

D.3.5.1 油气井井喷着火，可采用密集水流、喷射干粉、大排量高速气流喷射、水泥喷砂切割、高效灭火剂综合灭火、空中爆炸以及打救援井等方法灭火。灭火抢险作法，具体可参照 SY/T 6203 规定的内容。当油气中含有硫化氢气体时，应根据浓度采取相应措施。

D.3.5.2 油罐起火，应冷却燃烧油罐和相临油罐。可采用灭火器、喷射泡沫、喷射干粉等方法灭火。灭火作法可参照 SY/T 6306。如预计油罐有可能发生沸溢或喷溅，应将人员疏散到安全区域。

D.3.5.3 油管道泄漏或着火时，应迅速关闭阀门或堵漏，采取防火或灭火措施，同时保护

受火势威胁的生产装置、设备。

D.3.5.4 气管道泄漏或着火，应迅速关闭阀门或堵漏，同时保护受火灾威胁的生产装置、设备。失控状态下的气管道火灾，不应灭火。

D.3.5.5 密闭性装置着火，灭火的同时，应采取冷却、泄压、堵漏等措施，排除火势扩大和爆炸的危险，掩护、疏散有爆炸危险的物品。

D.3.6 受伤人员现场救护、医院救治

依据对可能发生的事故现场情况分析结果、附近地区医疗机构的设置情况的综合分析结果，确定以下内容：

——伤亡人员的转移路线、方法；

——受伤人员现场处置措施；

——受伤人员进入医院前的抢救措施；

——选定的受伤人员救治医院；

——提供受伤人员的致伤信息。

D.3.7 应急结束

危险得到有效控制后，宣布紧急状态解除，并通知周边社区及有关人员。

D.4 应急保障

D.4.1 内部保障

依据现有资源的评估结果，确定以下内容：

——确定应急队伍；

——应急通信系统；

——应急电源、照明；

——应急救援装备、物资、药品等。

D.4.2 外部救援

依据对外部应急救援能力的分析结果，确定以下内容：

——互助的方式；

——请求政府协调应急救援力量；

——应急救援信息咨询；

——专家信息。

D.5 应急培训计划

依据对作业人员能力的评估和社区或周边人员素质的分析结果，确定以下内容：

——应急救援人员的培训；

——员工应急响应的培训；

——社区或周边人员应急响应知识的宣传。

D.6 应急演练计划

依据现有资源的评估结果，确定以下内容：

——演练准备；

——演练范围与频次；

——演练实施记录与评估。

D.7 社区警告及保护计划

应急预案还宜包括社区警告和保护计划。宜使用公认的扩散模拟技术以确定在井场四周各种硫化氢浓度的扩散半径。任何居民或商业区如果座落在井场的 150mg/m³（100ppm）硫化氢浓度半径范围以内，则宜考虑使用临时安全避难所，以便为将公众从临时避难所中安全地撤出赢得更多的时间。

社区警告及保护计划宜包括但不限于下列几个方面：

a) 计划：一项在井场附近地区硫化氢的大气浓度达到 75mg/m³（50ppm）、二氧化硫达到 27mg/m³（10ppm）时，井场附近地区居民及土地拥有者的通知及撤离计划。

b) 图及清单：象限图及电话清单，在其上标明所有居民、学校、商业区的标识号码、所在地点及电话号码（如有的话）和牲口棚、监狱、道路、动物的位置，以及任何可能引起人员出现的地方，而这些人可能需要接到警告或被通知撤离。进入及撤离路线宜在地图上注明。任何一个人需要在撤离时得到帮助，比如病床、轮椅等，宜在表上注明，以便撤离时优先提供帮助。如果使用了就地躲避，就地躲避的区域可用一个围绕井场的圆圈来表示，圆圈的半径是 150mg/m³（100ppm）或更大硫化氢浓度的暴露半径。

c) 建议：向政府部门及当地应急服务组织提出在硫化氢或二氧化硫释放期间，保护井场以外的公众的初始响应的建议。

d) 作业条件：在此条件下，现场作业者代表将与地方当局接触，并采取所建议的社区保护措施。

e) 安全设备：为支持社区警告及保护计划，将由作业者和地方当局或服务公司提供安全设备的描述及地点。

附录八　含硫化氢的油气生产和天然气处理
装置作业的推荐作法
(SY/T 6137—2005)

1　范围

本标准规定了含硫化氢油气生产和气体处理作业中的人员培训、个人防护装备、材料选择、紧急情况下的作业程序等要求。

本标准适用于流体中含硫化氢的油气生产和气体处理作业。由于在作业中存在的硫化氢燃烧，本标准也适用于硫化氢燃烧产生二氧化硫的作业环境。

2　规范性引用文件

下列文件中的条款通过本标准的引用而成为本标准的条款。凡是注日期的引用文件，其随后所有的修改单（不包括勘误的内容）或修订版均不适用于本标准，然而，鼓励根据本标准达成协议的各方研究是否可使用这些文件的最新版本。凡是不注日期的引用文件，其最新版本适用于本标准。

GB 150　钢制压力容器

SY/T 0025—95　石油设施电器装置场所分类

SY/T 0599　天然气地面设施抗硫化物应力开裂金属材料要求

SY/T 5087　含硫化氢油气井安全钻井推荐作法

SY/T 6230　石油天然气加工　工艺危害管理

SY/T 6458　石油工业用油轮受限空间进入指南

SY/T 6499　泄压装置的检测

SY/T 6507　压力容器检验规范　维护检验、定级、修理和改造

ANSI B31.3　化学工厂和炼油厂管道

ANSI B31.4　液体石油输送管道系统

ANSI B31.8　输气和分配管线系统

API Publ 2217A　在石油工业含惰性气体限制空间内工作的指南

API RP 12R1　储罐的安装、维护、检查和修理作业的推荐作法

API RP 14C　海洋生产平台基础表面安全系统分析、设计、安装和测试的推荐作法

API RP 500　石油设施上的电气安装分区推荐作法

ISA - S12. 15　检测仪器的性能要求

NACE MR 0175　油田用设备的抗硫化物应力开裂金属材料的标准要求

NFPA 496　毒性物质环境（分级）中的电气设备的吹扫和封闭加压

《压力容器安全技术监察规程》质量技术监督局锅发［1999］154 号

《海洋石油作业硫化氢防护安全要求》(1989) 原中华人民共和国能源部海洋石油作业安全办公室

3 术语和定义

下列术语和定义适用于本标准。

3.1

可接受的上限浓度（ACC） acceptable ceiling concentration

在每班8h工作的任意时间内，人员可以处于空气污染物低于该浓度的工作环境。但是，当高于以8h为基准的可承受的上限浓度时，规定了一个可承受的最高峰值浓度和相应的时间周期。

3.2

呼吸区 breathing zone

肩部正前方直径在15.24cm～22.86cm（6in～9in）的半球型区域。

3.3

硫化氢连续监测设备 continuous hydrogen sulfide monitoring equipment

能连续测量并显示大气中硫化氢浓度的设备。

3.4

紧急反应二级指标 emergency response planning guide-level（ERPG-2）

空气中传播的最大浓度，低于此限时，确保人在此环境中暴露1h不会出现不可逆转的或严重的健康影响或妨碍人采取保护措施的能力。

3.5

封闭设施 enclosed facility

一个至少有2/3的投影平面被密闭的三维空间，并留有足够尺寸保证人员进入。对于典型建筑物，意味着2/3以上的区域有墙、天花板和地板（见SY/T 0025—95）。

3.6

基本人员 essential personnel

进行正确的、谨慎的安全操作所需要的人员以及对硫化氢和二氧化硫状况进行有效控制所需的人员。

3.7

气体检测仪 gas detection instrument

由电子、机械和化学元件构成，能对空气混合物中化学气体进行连续检测和响应的仪器。

3.8

硫化氢 hydrogen sulfide

化学分子式为H_2S，一种可燃、有毒气体，通常比空气重，有时存在于油气开采和气体加工的流体中。

警示：吸入一定浓度硫化氢会导致受伤或死亡（参见附录C）。

3.9

立即威胁生命和健康的浓度（IDLH） immediately dangerous to life and health

有毒、腐蚀性的、窒息性的物质在大气中的浓度，达到此浓度会立刻对生命产生威胁或对健康产生不可逆转的或延迟性的影响，或影响人员的逃生能力。（美国）国家职业安全和健康学会（NIOSH）规定硫化氢的立即威胁到生命和健康的浓度（IDLH）为450mg/m³

（300ppm），二氧化硫的立即威胁到生命和健康的浓度（IDLH）为 270mg/m³（100ppm）。API Publ 2217A 规定氧含量低于 19.5％为缺氧，低于 16％为 IDLH 浓度。

3.10

不良通风　inadequately ventilated

通风（自然或人工）无法有效地防止大量有毒或惰性气体聚集，从而形成危险。

3.11

显色长度检测仪　length-of-stain detector

特殊设计的泵及比色指示剂试管探测仪，带有检测管。将已知体积的空气或气体泵入检测管内，管内装有化学剂，可检测出样品中某种气体的存在并显示其浓度。试管中合成色带的长度反映样品中指定化学物质的即时浓度。

3.12

允许暴露极限（PEL）　permissible exposure limit

相关国家标准中规定的吸入暴露极限。这些极限可以以 8h 时间加权平均数（TWA）、最高限制或 15min 短期暴露极限（STEL）表示。PEL 可以变化，用户宜查阅相关国家标准的最新版本作为使用依据。

3.13

应　shall

表示"推荐作法"对该特定的活动具有普遍的适用性。

3.14

就地庇护所　shelter-in-place

该概念是指通过让居民呆在室内直至紧急疏散人员到来或紧急情况结束，避免暴露于有毒气体或蒸气环境中的公众保护措施。

3.15

宜　should

指一种推荐作法：1）该作法是一种可用的安全而可比较的选择作法；2）该作法在某一特定的环境下可能不实际；3）该作法在某一特定的环境下可能不必要。

3.16

二氧化硫　sulfur dioxide

化学式为 SO_2。燃烧硫化氢时产生的有毒产物，通常比空气重。

警示：吸入一定浓度二氧化硫会导致受伤或死亡（参见附录 D）。

3.17

阈限值　threshold limit value（TLV）

几乎所有工作人员长期暴露都不会产生不利影响的某种有毒物质在空气中的最大浓度。硫化氢的阈限值为 15mg/m³（10ppm），二氧化硫的阈限值为 5.4mg/m³（2ppm）。

3.18

安全临界浓度　safety critical concentration

工作人员在露天安全工作 8h 可接受的硫化氢最高浓度［参考《海洋石油作业硫化氢防护安全要求》（1989）中硫化氢的安全临界浓度为 30mg/m³（20ppm）］。

3.19

危险临界浓度　dangerous threshold limit value

达到此浓度时，对生命和健康会产生不可逆转的或延迟性的影响［参考《海洋石油作业硫化氢防护安全要求》（1989）中硫化氢的危险临界浓度为 150mg/m³（100ppm）］。

3.20

含硫化氢天然气　nature gas with hydrogen sulfide

指天然气、凝析油或酸性原油系统中气体总压等于或高于 0.4MPa，而且该气体中的硫化氢分压等于或高于 0.0003MPa。

4　适用性

4.1　人员和设备保护

在油气生产和处理加工中，应评估环境的苛刻程度。环境评估中至少要执行以下的方法：

  a）如果工作场所的硫化氢浓度超过 15mg/m³（10ppm）或工作场所的二氧化硫浓度超过 5.4mg/m³（2ppm），宜提供人员保护。以下为本条款不适用的情况：

    1）硫化氢在大气中的浓度不会超过 15mg/m³（10ppm），或

    2）二氧化硫在大气中的浓度不会超过 5.4mg/m³（2ppm）。

  b）应在耐硫化物应力开裂和腐蚀的基础之上选择设备和材料，参见第 8 章和 NACE MR 0175 关于材料和设备选择的推荐作法。当气体中硫化氢分压不超过 0.35kPa（0.05psia）或者在酸性原油的气相中不超过 68.95kPa（10psia）时，本设备和材料的选择方法条款不适用（参见附录 F 中的 F.1.1 及 F.1.2）。

某些条件下可能需要采取更多个人安全措施，但可以使用常规设备和材料；其他条件下可能需要使用特殊设备和材料，但个人安全措施要求最低；而有些条件下对两者都有要求。

本标准使用了不同动作的"启动水平"用于保证人员与公众的安全。启动水平的建立参考了阈限值。

本标准推荐硫化氢阈限值为 15mg/m³（10ppm）（8h TWA），推荐二氧化硫阈限值为 5.4mg/m³（2ppm）（体积分数）。

4.2　法律要求

本标准提供了有利于保护公众暴露于潜在的危险浓度的硫化氢和二氧化硫之中的推荐作法和预防方法，并附以可信的参考资料。这些推荐的作法认识到业主、生产经营单位、承包商和他们的雇员有不同的责任，这可能实际上是包含在契约中的。推荐作法的目的不是要改变各方面的契约关系。这里有些推荐方法是政府法律和规则规范强制要求的。由于这些要求在功能上和地理上不同，没有指明这些推荐作法中哪些是可选的，哪些是要求的。在有冲突的情况下，本标准的使用者应查阅各地区的相关规则，确保在特殊作业中正确的使用。

4.3　危险性告知（员工知情权）

执行本标准作业的所有员工应经常了解和掌握所在环境危险性的基本情况。

业主或生产经营单位应按照 7.6c）的内容发布所发生的危险情况及危险程度和要求。

4.4　公众知晓权

作业场所附近的居民对紧急情况下生产设施向环境释放有毒物质有知情权。业主或生产经营单位应按照 7.6c）的规定向政府有关部门报告。

4.5　危险废弃物处理

油气作业中，对某些危险废弃物品（如果有的话）的清除、处理、储存和丢弃应符合有

关规范和政府法令的要求。

5 人员培训

5.1 概述

涉及潜在硫化氢的油气开采区域的生产经营单位应警示所有人员（包括雇主、服务公司和承包商）作业过程中可能出现硫化氢的大气浓度超过 $15mg/m^3$（10ppm）、二氧化硫的大气浓度超过 $5.4mg/m^3$（2ppm）的情况。在硫化氢或二氧化硫浓度可能会超过 4.1a）中规定值的区域工作的所有人员在开始工作前都宜接受培训。所有雇主，不论是生产经营单位、承包商或转包商，都有责任对他们自己的雇员进行培训和指导。被指派在可能会接触硫化氢或二氧化硫区域工作的人员应接受硫化氢防护安全指导人（见 5.6）的培训。

5.2 基本培训

在油气生产和气体处理中，培训和反复训练的价值怎么强调都不过分。特定装置或作业的特定性或复杂性将决定指定员工所要进行培训的程度和范围，然而，下面的几点是对定期作业人员的最低限度的培训要求：

a）硫化氢和二氧化硫的毒性、特点和性质（参见附录 C、附录 D）；

b）硫化氢和二氧化硫的来源；

c）在工作场所正确使用硫化氢和二氧化硫检测设备的方法；

d）对现场硫化氢和二氧化硫检测系统发出的报警信号及时判明并作出正确响应；

e）暴露于硫化氢的症状（参见附录 C），或暴露于二氧化硫的症状（参见附录 D）；

f）硫化氢和二氧化硫泄漏造成中毒的现场救援和紧急处理措施；

g）正确使用和维护正压式空气呼吸器以便能在含硫化氢和二氧化硫的大气中工作（理论和熟练的实际操作）；

h）已建立的保护人员免受硫化氢和二氧化硫危害的工作场所的作法和相关维护程序；

i）风向的辨别和疏散路线（见 6.7）；

j）受限空间和密闭设施进入程序（如适用）；

k）为该设施或作业制定的紧急响应程序（见第 7 章）；

l）安全设备的位置和使用方法；

m）紧急集合的地点（如果设定了的话）。

5.3 现场监督人员的培训

现场监督人员还需要增加以下培训：

a）应急预案中监督人员的责任（见第 7 章）；

b）硫化氢对硫化氢处理系统的影响，如腐蚀、变脆等。

5.4 再次培训

执行一个正式的重新培训的计划，以熟练掌握 5.2 和 5.3 中提到的各项内容。

5.5 来访者和其他临时指派人员的培训

来访者和其他临时指派人员进入潜在危险区域之前，应向其简要介绍出口路线、紧急集合区域、所用报警信号以及紧急情况的响应措施，包括个人防护设备的使用等。这些人员只有在对应急措施和疏散程序有所了解后，有训练有素的人员在场时，才能进入潜在危险区域。如出现紧急情况，应立即疏散这些人员或及时向他们提供合适的个人防护设备。

5.6 硫化氢防护安全指导人

硫化氢防护安全指导人指已圆满地完成了某机构或组织进行的硫化氢安全培训课程，或接受过公司指定的硫化氢安全监督人员/培训人员的同等程度的指导，或有同等安全监督人员/培训人员资历的人。为了保证安全指导人的熟练性和全面性，应进行再培训。

5.7 安全交底

根据现场具体状况召开硫化氢防护安全会议，任何不熟悉现场的人员进入现场之前，至少应了解紧急疏散程序。

5.8 补充培训

对于在工作中可能暴露在硫化氢和二氧化硫环境中的人员来说，安全培训是一个连续的计划。有效的连续进行的培训能够保证人员了解工作中潜在的危险、怎样进出封闭设施、怎样在密闭装置中工作、相关的维护程序及清洁方法。在这些培训计划中，一些适当的辅助材料是非常有用的。在培训计划中，可以采用影片、手册、出版物或文件，还有讲座、示范及咨询等辅助材料。

5.9 记录

所有培训课程的日期、指导人、参加人及主题都应形成文件并记录，其记录宜至少保留两年。

5.10 其他有关人员安全的考虑

5.10.1 封闭设施和有限空间的进入

进入封闭设施和有限空间作业应进行培训，培训内容见 SY/T 6458。

含有已知或潜在的硫化氢危险的密闭空间，应对其实施严格的进出限制。通常这些地方没有良好的通风，也没有人操作。此类密闭区包括罐、处理容器、罐车、暂时或永久性的深坑、沟等。进入有限空间必须经过许可。进入有限空间的许可至少包括：

a）表明作业位置。

b）许可证发放日期和有效期。

c）指定测试要求和其他保障安全地进行工作的条件。

d）保证进行足够的监测以便能够确认硫化氢、氧或烃的浓度不会着火或对健康构成危害。

e）拟定的操作程序得到批准。

作为对上述的 5.10.1d）的替代，可以是在操作过程中正确地穿戴了个人正压式空气呼吸器；但是应保证足够的监测以确认密闭装置内不存在可燃的烃类混合物。有限空间的进入许可要求参见 SY/T 6458。

在进入密闭装置（如装有含有危险浓度的硫化氢的储存油气、产出水加工处理设备的厂房）之前应特别地小心。人员在进入时，应该确定不穿戴正压式空气呼吸器是安全的；或者必须穿戴正压式空气呼吸器。此外，良好的通风可以减小密闭装置内有害气体的浓度。

5.10.2 呼吸问题

已知其生理或心理状况会影响正常呼吸的人员，如果使用正压式空气呼吸器或接触硫化氢或二氧化硫会使其呼吸问题复杂化，不应指派其到可能接触硫化氢或二氧化硫的环境中工作。

日常工作需要使用正压式空气呼吸器的人员应进行定期检查以确定其生理及心理的健康情况是否适于使用正压式空气呼吸器。

6 个人防护装备

6.1 概述

本章讨论了一些用于油气生产和气体处理的工作环境中使用的个人防护装备，这些工作环境中硫化氢浓度有可能超过 15mg/m³（10ppm）或二氧化硫浓度有可能超过 5.4mg/m³（2ppm）。在配备有个人防护装备的基础上，应对员工进行选择、使用、检查和维护个人防护装备的培训。

6.2 固定的硫化氢监测系统

用于油气生产和气体加工中的固定的硫化氢监测系统包括可视的或能发声的警报，要安装在整个工作区域都能察觉的位置。直流电系统的电池在使用中要每天检查，除非有自动的低压报警功能。有关硫化氢监测系统的评价和选择见第 10 章。

6.3 便携式检测装置

如果大气中的硫化氢浓度达到或超过 15mg/m³（10ppm），就应配置便携式检测装置。评价、选择和维护硫化氢监测装置详见第 10 章。当大气中的硫化氢浓度超过所用的硫化氢检测装置的测量范围，就应配置带有泵和检测管的比色指示管检测仪（显色长度），以便取得瞬时气体样品，确定密闭装置、储罐、容器等中的硫化氢浓度。

如果大气中的二氧化硫浓度会达到或超过 6.1 中规定的值，应有便携式二氧化硫检测装置或带检测管的比色指示管检测仪，以确定此地区的二氧化硫浓度，并监测受含有硫化氢的流体燃烧所产生的二氧化硫影响的地区。在此环境中的人员应使用呼吸装备见 6.4，除非能确认工作区的大气是安全的。

6.4 呼吸装备

所有的正压式空气呼吸器都应达到相关的规范要求。下面所列全面罩式呼吸保护设备，宜用于硫化氢浓度超过 15mg/m³（10ppm）或二氧化硫浓度超过 5.4mg/m³（2ppm）的作业区域。

a) 自给式正压/压力需求型正压式空气呼吸器：在任何硫化氢或二氧化硫浓度条件下均可提供呼吸保护。

b) 正压/压力需求型空气管线正压式空气呼吸器：配合一带低压警报的自给式正压式空气呼吸器，额定最短时间为 15min。该装置可允许使用者从一个工作区域移动到另一个工作区域。

c) 正压/压力需求型空气管线正压式空气呼吸器：带一辅助自给式空气源（其额定工作时间最短为 5min）。只要空气管线与呼吸空气源相连通，就可穿戴该类装置进入工作区域。额定工作时间少于 15min 的辅助自给式空气源仅适用于逃生或自救。

若作业人员在硫化氢或二氧化硫浓度超过 4.1a) 中规定值的区域或空气中硫化氢或二氧化硫含量不详的地方作业时，应使用带有出口瓶的正压/压力需求型空气管线或自给式正压式空气呼吸器，适当时应带上全面罩。

警示：在可能会遇到硫化氢或二氧化硫的油气井井下作业中，不应使用防毒面具或负压压力需求型正压式空气呼吸器。

6.4.1 储存和维护

个人正压式空气呼吸器的安放位置应便于基本人员能够快速方便地取得。基本人员是指那些必须提供正确谨慎安全操作的人员以及需要对有毒硫化氢或二氧化硫条件进行有效控制的人员（见7.5）。针对特定地点而制定的应急预案可要求配备额外的正压式空气呼吸器（见第7章）。

正压式空气呼吸器应存放在方便、干净卫生的地方。每次使用前后都应对所有正压式空气呼吸器进行检测，并至少每月检查一次，以确保设备维护良好。每月检查结果的记录，包括日期和发现的问题，应妥善保存。这些记录宜至少保留12个月。需要维护的设备应作好标识并从库房中拿出，直到修好或更换后再放回。正确保存、维护、处理与检查，对保证个人正压式空气呼吸器的完好性非常重要。应指导使用者如何正确维护该设备，或采取其他方法以保证该设备的完好。应根据生产商的推荐作法进行操作。

6.4.2 面罩式呼吸装备的限制

符合6.4要求的全面罩正压式空气呼吸器宜用于硫化氢浓度超过15mg/m³（10ppm）或二氧化硫浓度超过5.4mg/m³（2ppm）的工作区域。使用者不应配戴有镜架伸出面罩密封边缘的眼镜。采用合格的适配器，可将校正式镜片安装在正压式空气呼吸器面罩内。

在使用呼吸保护设备之前，应确保戴上指定或随意选择的未指定正压式空气呼吸器后面部密封效果良好。如果某一正压式空气呼吸器的面部密封效果不好，必须向该员工提供另一满意的正压式空气呼吸器，否则该员工不能在存在或可能存在危险的作业区域工作。

6.4.3 空气的供给

呼吸空气的质量应满足下述要求：

a）氧气含量19.5%～23.5%；

b）空气中凝析烃的含量小于或等于5×10^{-6}（体积分数）；

c）一氧化碳的含量小于或等于12.5mg/m³（10ppm）；

d）二氧化碳的含量小于或等于1960mg/m³（1000ppm）；

e）没有明显的异味。

6.4.4 空气压缩机

所用的呼吸空气压缩机应满足下述要求：

a）避免污染的空气进入空气供应系统。当毒性或易燃气体可能污染进气口的情况发生时，应对压缩机的进口空气进行监测。

b）减少水分含量，以使压缩空气在一个大气压下的露点低于周围温度5℃～6℃。

c）依照制造商的维护说明定期更新吸附层和过滤器。压缩机上应保留有资质人员签字的检查标签。

d）对于不是使用机油润滑的压缩机，应保证在呼吸空气中的一氧化碳值不超过12.5mg/m³（10ppm）。

e）对于机油润滑的压缩机，应使用一种高温或一氧化碳警报，或两者皆备，以监测一氧化碳浓度。如果只使用高温警报，则应加强入口空气的监测，以防止在呼吸空气中的一氧化碳超过12.5mg/m³（10ppm）。

6.4.5 呼吸装备的使用

进入硫化氢浓度超过安全临界浓度30mg/m³（20ppm）或怀疑存在硫化氢或二氧化硫但浓度不详的区域进行作业之前，应戴好正压式空气呼吸器（参见附录C和附录D），直到该区域已安全或作业人员返回到安全区域。

警示：在进行救援或进入危险环境之前，应首先在安全的地方戴上正压式空气呼吸器。

6.5 待命的救援人员

当人员在立即威胁生命和健康的硫化氢或二氧化硫环境中工作时（参见附录 C、附录 D），应有经过救援技术培训的和配有救援装备包括呼吸装备的救援人员待命。

6.6 救援设备

在硫化氢、二氧化硫或氧气浓度被认为是对生命或健康有即时危险的浓度（IDLH）的场所，应配备合适的救援设备，如自给式正压式空气呼吸器、救生绳及安全带等。不同情况所需的救援设备的类型有所不同，具体取决于工作类型。宜咨询熟悉救援设备的合格人员来确定某一特定现场作业环境中宜配备何种救援设备。

6.7 风向标

在油气生产和天然气的加工装置操作场地上，应遵循有关风向标的规定，设置风向袋、彩带、旗帜或其他相应的装置以指示风向。风向标应置于人员在现场作业或进入现场时容易看见的地方。

6.8 警示标志

在加工和处理含硫化氢采出液的设施的适当位置（例如进口处），可能会遇到硫化氢气体时，应遵循设置标志牌的规定，在明显的地方（如入口）张贴如"硫化氢作业区——只有监测仪显示为安全区时才能进入"，或"此线内必须佩戴呼吸保护设备"等清晰的警示标志。

7 应急预案（包括应急程序）指南

7.1 概述

生产经营单位应评估目前的或新的涉及硫化氢和二氧化硫的作业，以决定是否要求有应急预案、特殊的应急程序或者培训。这种评价应确定潜在的紧急情况和其对生产经营单位及公众的危害。如果需要应急预案，应按政府的有关要求制定。

7.2 范围

应急预案应包括应急响应程序，该程序提供有组织的立即行动计划以警报和保护现场作业人员、承包方人员及公众。应急预案应考虑硫化氢和二氧化硫浓度可能产生危害的严重程度和影响区域；还应考虑硫化氢和二氧化硫的扩散特性（参见附录 E 或其他公认的扩散模型）；包括本章所列的所有可适用条文的预防措施。另外，要求设施作业者指定一位应急协调人，以便在应急预案编制中与当地应急预案委员会协调。

7.3 应急预案的可获得性

所有有责任执行应急预案的人员都应得到应急预案，不论平时他们的岗位在哪里。

7.4 应急预案的信息

应急预案宜包括但不限于下述条款：

a）应急程序：

1）人员责任（见 7.5）。

2）立即行动计划（见 7.6）。

3）电话号码和联系方式（见 7.7）。

4）附近居民点、商业场所、公园、学校、宗教场所、道路、医院、运动场及其他人口密度难测的设施等的具体位置。

5）撤离路线和路障的位置。

6）可用的安全设备（呼吸装备的数量及位置）。

b）硫化氢和二氧化硫的特性：

　　1）硫化氢的特性参见附录 C。

　　2）二氧化硫的特性参见附录 D。

c）设施描述、地图、图纸：

　　1）装置。

　　2）注水站。

　　3）井、油罐组、天然气处理装置、管线等。

　　4）压缩设备。

d）培训和演练（见 7.8）：

　　1）基本人员的职责。

　　2）现场和课堂训练。

　　3）告知附近居民在紧急情况下的适当保护措施。

　　4）培训和参加人员的文件记录。

　　5）告知当地政府官方有关疏散或就地庇护所等的要点。

7.5　人员的责任

应急预案应指出所有训练有素人员的职责。要禁止参观者和非必要人员进入大气中硫化氢浓度超过 15mg/m³（10ppm）或二氧化硫浓度超过 5.4mg/m³（2ppm）的区域（见 4.1、参见附录 C 和附录 D）。

7.6　立即行动计划

每个应急预案都宜包括一个简明的"立即行动计划"，在任何时间接到硫化氢和二氧化硫有潜在泄漏危险时，应由指定的人员执行计划。为了保护工作人员（包括公众）和减轻泄漏的危害，立即行动计划宜包括并且不仅仅包括以下内容：

a）警示员工并清点人数。

　　1）离开硫化氢或二氧化硫源，撤离受影响区域。

　　2）戴上合适的个人正压式空气呼吸器。

　　3）警示其他受影响的人员。

　　4）帮助行动困难人员。

　　5）撤离到指定的紧急集合地点。

　　6）清点现场人数。

b）采取紧急措施控制已有或潜在的硫化氢或二氧化硫泄漏并消除可能的火源。必要时可启动紧急停工程序以扭转或控制非常事态。如果要求的行动不能及时完成以保护现场作业人员或公众免遭硫化氢或二氧化硫的危害，可根据现场具体情况，采取以下措施。

c）直接或通过当地政府机构通知公众，该区域井口下风方向 100m 处硫化氢或二氧化硫浓度可能会分别超过 75mg/m³（50ppm）和 27mg/m³（10ppm）。

d）进行紧急撤离。

e）通知电话号码单上最易联到的上级主管。告知其现场情况以及是否需要紧急援助。该主管应通知（直接或安排通知）电话号码单上其他主管和其他相关人员（包括当地官员）。

f）向当地官员推荐有关封锁通向非安全地带的未指定路线和提供适当援助等作法。

g）向当地官员推荐疏散公众并提供适当援助等作法。

h）若需要，通告当地政府和国家有关部门。

i）监测暴露区域大气情况（在实施清除泄漏措施后）以确定何时可以重新安全进入。

在出现另外的更为严重的情况时，7.6应做更改，以使之适应。某些行动，特别是涉及公众的行动，应该同政府官员协商。

7.7 应急电话号码表

作为应急预案的一部分，宜准备一份应急电话号码表，以便出现硫化氢或二氧化硫紧急情况时与以下单位联系：

a）应急服务：

1）救护车；

2）医院；

3）医生；

4）直升机服务；

5）兽医。

b）政府组织：

1）地方应急救援委员会；

2）国家应急救援中心；

3）消防部门；

4）其他相关政府部门。

c）生产经营单位和承包商：

1）生产经营单位；

2）承包商；

3）相关服务公司。

d）公众。

7.8 培训和训练

在涉及硫化氢和二氧化硫的油气作业应急相应程序中，培训和训练的价值怎么强调也不过分。在应急预案中列出的人员都应进行适当的培训。重要的是，培训能提供对每一项任务的重要性的了解，以及对执行有效应急响应的每个人的作用的了解。

在紧急情况的训练中，可以以演练和模拟的方式进行。学员演练或演示他们的职责是一个重要的方法，使他们意识到应急预案的重要性并保持警惕。演练可以是讲课或是课堂讨论，或是在设备上进行真实的训练，检查通信设备，将"伤员"送到医院。这些演练应该通知地方官员（最好有他们参加）。在测试一个方案之后，还要进行修订和再测试，直到确认它的可行性和可靠性。

7.9 条款的更新

应急预案应定期检查，并在其规定条款和范围变化时随时更新（见9.24）。

8 设计和建造

8.1 设计指南

本章的推荐方法用于流体中硫化氢和二氧化硫含量在 SY/T 0599 和 NACE MR 0175 范围内的气体处理和加工。NACE MR 0175 在设计和建造其他处理硫化氢的设施时也是很有用的参考。酸性环境（含硫化氢和二氧化硫）的定义见附录 F。所有的压力容器设计和建造必须执行 GB 150 和《压力容器安全技术监察规程》。所有的管输系统的设计和建造应与 ANSI B31.3，ANSI B31.4 和 ANSI B31.8 适用条款一致。

加工制造的设备必须在设计、建造、测试和通过等方面达到或超过在硫化氢环境下服务的系统要求，安装必须达到与有关规范和工业上采用的标准。

8.1.1 处理和机械上的考虑

装置设计中要考虑的因素包括但不限于：硫化氢浓度、大气和作业温度的影响、系统压力、pH 值、系统流体的水分含量、系统部件的机械应力、由于腐蚀和结垢引起的作业和系统部件、物理强度的变化以及某个作业中可能会导致系统产生伤害的特殊条件。

8.1.2 设计上的考虑

为了使内部腐蚀最小化，管路和容器宜设计和安装得使流体流动充分（包括管路尽头），如果达不到这个要求，宜采取措施排出积液。排出含硫化氢液体的系统宜设计为能够防止硫化氢从装置的一个地方运移到另一个地方。

8.1.3 材料上的考虑

当用于硫化氢条件下时，很多材料会由于脆性而不能使用，这是被称为硫化物应力开裂（SSC）的脆化引起的。一定材料对 SSC 的敏感性随着强度和拉力的增加而增加。材料的硬度通常用作其强度的直接测量方法并且有时作为限制因素。天然气开发和气体加工处理用装置的某些部件在发生硫化物应力开裂时会引起不可控制的硫化氢释放，这些部件的材料要求能抗硫化物应力开裂（见 8.1.4）。

8.1.4 材料选择

能够在硫化氢条件下使用的金属材料在 SY/T 0599 和 NACE MR 0175 中都进行了描述，在选择材料时应查阅这些标准的最新版本。这些标准应作为最起码的标准，以便于设备作业人员在更苛刻的条件下使用。但是其他形式的腐蚀和破坏（如坑蚀、氢诱发裂纹和氯化物引起的断裂）在设计和作业设备的时候都应加以考虑。控制除 SSC 外的机械破坏还可以采用化学防护、材料选择和环境控制等方法。附录 F 给出了酸性环境的定义和什么条件应采用抗 SSC 材料的曲线图。本标准的使用者应该查阅上述标准的最新版本。

8.1.4.1 由于使用条件的严格性，使用者应要求设备生产厂家具有用于含硫化氢条件使用的设备制造资质。需要充分的质量保证步骤以确认制造商具有生产设备原件和改进设备的能力。

8.1.4.2 SY/T 0599 和 NACE MR 0175 中都没有列出可用于硫化氢条件下的材料，在使用者或制造者经过认证和可接受的实验程序测试之后，也可用于硫化氢条件。在制造商和用户之间应有一个书面的协议。认证和可接受的实验程序是指能够证明该材料的性能好于或等同于 SY/T 0599 和 NACE MR 0175 中所列出的材料的实验程序，进行实验室试验或在模拟真实条件下进行测试。材料的适合性必须有适当的文件说明，其中要包括对材料的详细描述、加工处理和试验步骤。实验室、现场或其他环境下的结果或使用性能宜记录形成书面材料。使用者和制造商都要保存并能够提供材料适合性的文件。材料的使用要满足可适用规范的要求。

8.1.5 地点的选择

在选择设施地点的时候，要考虑到主风向、气候条件、地形、运输路线及可能的人口稠密地区和公共地区，也要考虑到维持进口和出口路线的清楚无障碍，使有限空间区域最小。

在场地的选择中，还应考虑适用的法规对于位置、空间距离、火炬高度或放空排空烟囱的高度的要求。

8.1.6 警告方法

装置设计的时候要提供对于危害性事故和条件的警告方法。宜提供以下仪器和设备：硫化氢监测仪、报警器（可视或发声的）、工艺监测装置（如压力和流速传感器）等。对于在安装地点将出现的自然和环境条件，生产经营单位宜详细说明，设计者也宜加以考虑。

8.2 建造指南

在8.1中所描述装置的建造应服从以下适用的推荐作法。

8.2.1 制造和连接部件

在焊接连接管线和系统部件时，宜使用其组成和尺寸都适合于推荐温度下的焊条。预热、后加热、应力解除和硬度控制的要求要与焊接程序规范一致。宜选择符合 SY/T 0599 或 NACE MR 0175 要求的螺栓和垫圈。所有的管线排列宜合理，所有的系统部件宜有正确的支撑以减轻应力。

8.2.2 人员资质

系统部件的制造和管线的连接宜由经验丰富并有资质的工人来完成。要求焊工通过技术考试并取得国内权威部门认可的相应资质。焊接工人只能从事他们所取得的有效资质的材料和工艺的焊接。

8.2.3 设备的作业和保管

用于装置建造、重建、修理和日常维护的材料和设备在保管和作业的时候要注意不要破坏其整体性。设备安装好后没有立即使用或要求保管一段时间时，要采取预防措施以防止腐蚀、污垢、变质和其他有害的影响。可靠的仓库保管控制方法要保证不要将不能够在硫化氢条件下使用的材料和设备错误地用于硫化氢条件。

8.2.4 检查

带压的部件应彻底清洁和进行压力测试。连接部分要进行非破坏性试验（如超声波和X光检测）。最终的装置检查要由有资历的人来完成，检查该装置是否按照设计规范和法规规定的材料建造的，标识所用的材料是否适合于服务目的。

8.2.5 修理

设备或系统受到的损害或磨损超过一定范围，其安全性和可靠性值得怀疑时，不应继续使用或放置于使用环境中。容器、管线和设备的修理应由有经验的、如有需要应具有资质的人按照有关规范来完成。只有兼容的并能够在硫化氢条件下使用的材料才能使用或替换原有的材料。

8.3 电气设计上的考虑

除了有毒之外，硫化氢在空气中的体积浓度在 4.3%～46% 范围内是可燃的。用于甲烷—硫化氢混合物，硫化氢体积浓度达到 25% 或更高的条件下的电子设备应满足 1 级 C 组地区分级的要求，见 SY/T 0025—95 中 4.5。

9 作业方法

9.1 概述

本章讨论在涉及硫化氢条件下为保持设备完整性和作业连续性而要求遵从的作业方法参见 4.1。每套设备的安装和工作程序都应尽可能经常检查，以发现诸如作业方法或设备上需要改变的地方。油气生产中的注水和其他增产作业会导致细菌的繁殖而引起水中溶解的硫化氢随时间而增加，出现在产出流体中。

9.2 紧急程序

应急作业和关停程序应张贴，或易于为作业人员取得。

9.3 测试程序

产出液体中的气相组分测试应定期进行以检测其中的硫化氢浓度。要求建立程序，对硫化氢检测和监测设备、报警装置、强制排空系统及其他安全装置的作业进行定期的常规性能检测。这些检测的结果要记录下来。

9.4 安全工作方法

宜为操作和维护（如罐的测量、水管线爆裂、线路维修、换阀门、取样等）设计安全操作程序，这样才能避免由于硫化氢释放引起的危险。当人员要在硫化氢或二氧化硫浓度可能超标（见 4.1）的条件下进行维护和操作工作时，事先要进行安全检查。显眼的警告标志，如"硫化氢操作区——只有硫化氢监测设备表示该区域安全时才能进入"或"超过此线必须穿戴正压式空气呼吸器"等，在处理和加工含有硫化氢的产出流体区域要一直竖立这些标志（应用细节见 4.1）。

9.5 泄漏检查

在处理产出流体的系统中，如果有可能引起大气中的硫化氢浓度超过 15mg/m³（10ppm），宜使用硫化氢监测系统或程序（如可视观察、肥皂泡测试、便携式检测仪、固定监测设备等）来监测硫化氢的泄漏。对于密闭装置尤其重要（见第 12 章）。

9.6 安全工作许可

对于没有事先建立操作程序的工作，宜使用一个概述了经过特别认可的规定的安全预防措施的文件资料（加热工作许可证、按照所列条目进行的检查表）。文件资料宜包括：要求的个人防护设备；宜被正确盲封、空置或解脱连接的设备；应该正确排空的设备和管线，在处理加工区域挖掘掩埋的管线的操作程序等。

9.7 阀门、连接件和测量仪表

阀门、法兰、连接件、测量仪表和其他部件都宜经常检查以发现需要检测、修理和维护。要调查和确定设备运转不良的原因。如果原因是由于不适应在硫化氢条件下工作，就宜考虑更换设备和工作方法。

9.8 机械采油井

宜观察机械采油井在有可能发生泄漏或故障的操作条件的任何变化。井口压力、油气水比例、流速以及其他参数的明显变化都宜被评价，以防止泄漏或故障。

9.9 自喷井

宜定期对自喷井的环型空间进行测试，看是否有压力变化。压力的变化也许预示着井筒内封隔器、油管或套管的故障。宜评价流体体积或流速、流体腐蚀性和地面压力来确定是否需要整改措施。

9.10 生产管线和集气管线

对生产管线和集气管线以及沿线路面的观察，有利于发现如由于挖掘、建筑、侵入或表面侵蚀造成的管线的故障。

9.11 压力容器

卸压阀和其他压力容器的部件应按照规范要求或公司要求进行检查，见 GB 150、SY/T

6499 和 SY/T 6507。

9.12 卸压和通常的排放装置

卸压和通常的排放装置应该修建在远离工作区的地方，宜设计成使有毒气体得到最大限度的扩散和尽量减少作业人员暴露于含硫化氢环境之中，使用的材料见 8.1.4。

9.13 储存罐

宜注意观察产出液体的储存罐以确定是否需要修理或维护。对罐顶取样器出口密封、检查和清洗板密封、排出管线回压阀等，宜作适宜的维护或更换，参见 API RP 12 R1。

9.14 火炬系统

处理硫化氢达到有害浓度的火炬系统的点火装置要定期检查和维修以保证操作正常。

9.15 监测设备的维护、检测和校准

用于职业硫化氢暴露级别的监测设备应按照制造商的推荐进行定期保养和检查，如果使用环境的湿度高、温度高和粉尘大，那么检查应更频繁。硫化氢监测设备宜定期由具有检验资质的人校准，其校准的频率应当是操作者认可的。设备宜每 3 个月校准一次，不能超过 100d。

9.16 腐蚀监测

宜建立腐蚀监测程序来探测和减轻内外表面的腐蚀，腐蚀会影响在硫化氢条件下工作的设备。

9.17 有限空间的进入

含有已知或潜在的硫化氢危险的密闭空间和严格的进出限制是值得特别注意的。通常这些地方没有良好的通风，也没有人操作。在油气生产和气体加工处理中的此类密闭区包括罐、处理容器、罐车、暂时或永久性的深坑、沟和驳船等。进入有限空间必须经过许可。进入有限空间的许可至少包括：

a) 表明作业位置。

b) 日期和许可证的有效期。

c) 指定测试要求和其他保障安全地进行工作的条件。

d) 保证进行足够的监测以便能够确认硫化氢、氧或烃的浓度不会构成健康或着火危害。

e) 拟定的操作程序得到批准。

作为对上述的 9.17d) 的替代，可以是在操作过程中正确地穿戴了个人正压式空气呼吸器；但是，应保证足够的监测以确认密闭装置内不存在可燃的烃类混合物。有限空间的进入许可要求参见 SY/T 6458。

9.18 进入密闭装置

在进入密闭装置（如装有含有危险浓度的硫化氢的储存油气、产出水加工处理设备的厂房）之前应特别地小心。个人在进入时，应该确定不穿戴正压式空气呼吸器是安全的，或者必须穿戴正压式空气呼吸器，详见第 12 章。

9.19 硫化铁预防措施

硫化铁是一种硫化氢与铁或者废海绵铁（一种处理材料）的反应产物，当暴露在空气中，会自燃或燃烧。当硫化铁暴露在空气中时，要保持潮湿直到其按适用的规范要求进行了废弃处理。硫化铁垢会在容器的内表面和脱硫过程的胺溶液的过滤元件上积累下来，当暴露在大气中时，就有自燃的危险。硫化铁的燃烧产物之一是二氧化硫，必须采取正确的安全措施处理这些有毒物质。

9.20 钻井操作

涉及硫化氢钻井和钻杆测试操作的推荐作法见 SY/T 5087。

9.21 取样和测量罐操作的安全预防措施

如果取样或计量的系统含有硫化氢，宜遵守特别的安全预防措施。应测试生产罐内的浓度以确定硫化氢含量（见 9.3）。宜测试通常工人呼吸区的浓度，看是否超出了 4.1 中所给出的级别，是否需要通过过程控制、管理程序或个人呼吸装备（见 6.4）来保证取样或计量的操作。测试宜在操作和大气条件下进行，以检测出最大的硫化氢暴露级别。

如果在通常工人呼吸区的硫化氢浓度超过了 $450mg/m^3$（300ppm），除了使用呼吸装备（见 6.4）之外，还应采用救援警告和程序（见 6.5 和 6.6）。

9.22 设施的废弃—地面装置

宜采取预防措施以确保达到有害程度的硫化氢不会遗留在废弃的地面设备里，包括埋地管线和地面流程管道。留下的埋地管线和地面流程管道宜经过吹扫净化、封堵塞或加盖帽。容器要用清水冲洗、吹扫并排干，敞开在大气中。宜采取预防措施以防止硫化铁燃烧（见 9.19）。

在废弃之前，宜检查容器中是否有天然存在的放射性材料，并要使用正确的安全和处理程序。

9.23 井的废弃

在计划和对井进行永久性的废弃时，宜考虑废弃方法和井的条件。推荐用水泥封隔已知或可能产生达到危险浓度的硫化氢的地层。

9.24 应急预案的修订

操作者宜对变化具有敏锐的观察力，这些变化会导致对应急预案内容的重新考虑和可能的修订，如计划覆盖范围、改变监测设备的安装位置和油田设备的位置。有些变化是宜注意和考虑的，如新的居民、住宅区、商店、公园、学校或道路，还有油气井操作和矿场装置的变化。应急预案和补充预案及其程序的建议见第 7 章。

10 硫化氢连续监测设备的评价和选择指南

10.1 概述

本章是使硫化氢监测设备的使用者认识到关于设备的一些限定特性和对它们的特性的要求。对于大气环境中的硫化氢含量可能达到危害健康的浓度的监测，已有若干监测原理和分析程序。本指南旨在为选择和应用硫化氢监测设备方面提供帮助。名词"硫化氢连续监测设备"在这里的意思是能够连续测量和显示周围环境中的硫化氢浓度。本章不适用于个人用硫化氢检测器或显色长度检测器或比色型检测装置。

10.2 概要

所有的监测器，不论是便携式的还是固定的，都应是在可靠的技术和科技原理的基础上设计的，并且材料要符合要求。设计和制造便于其维护和修理。仪器要经过有资质机构的检验，以达到规定的性能要求。设备的安装、操作和维护要符合规定的要求。

通常推荐（往往要求）硫化氢监测设备和其他气体检测仪器等安全系统的电子控制部分安装要达到常供电型（自动防止故障）。意思就是在正常操作过程中要保证电源供应，这样当浓度达到某设定值的时候，设备能发出警告和做出正确的反应。在此条件下，有准备的安全设备的断电和无准备的断电发生时，设备都能够做出正确的反应。如果能够提供在不影响油气生产和气体处理的条件下进行设备测试（或校准）的方法，将是比较理想的。但是要使操作人员明白系统是处于测试（旁通）模式。

为保证正确的应用，推荐提供给制造商一个环境和应用的清单。

10.3 制造特点

以下的制造和可使用性的特点是硫化氢监测设备所希望的。

10.3.1 轻便性

便携式监测仪，包括所有要求部分和部件，其最大质量是 4.54kg（10lb），最大体积是 $0.0283m^3$（$1ft^3$）。

10.3.2 便携式监测仪的电源供给

便携式硫化氢监测设备是指自带电源、电池动力的、可以携带或运输的设备。电池组的规范为，在 $-10℃$ 下干净空气中，可以供电至少 8h，包括 15min 的最大负荷条件（报警、发光等激活状态）。如果要求连续工作超过 8h 或在低于 $-10℃$ 的环境中工作，应由最终用户向制造商特别提出。

10.3.3 数据显示

监测设备应提供直接的硫化氢浓度的读数 $[mg/m^3$（ppm）$]$。

10.3.4 数据输出

在某些场合，有时要求监测设备提供与硫化氢浓度成正比例的信号输出（4mA～20mA）到记录仪或用于其他目的。

10.3.5 操作的简单性

监测设备和检测仪要求容易操作，使那些没有学历背景和并非训练有素的人员也能操作。

10.3.6 操作手册

制造商宜为每台设备提供操作手册。操作手册宜包含完整的操作指导，包括启动程序、预热时间设置、零位校正、校准、报警设置和测试、预防性维护、性能检查和故障检修。带有可充电电源的检测器宜配备充电、蓄电和维持电源的指令。还宜有关于设备用于硫化氢条件下的恢复时间的信息。制造商应提供响应时间的数据和对正确操作、设备性能有不利影响的干扰物、污染物、降低设备敏感性物质、水蒸气浓度的清单（见 10.4.7）。操作手册宜包括线路图和易损件预期使用寿命的估计，还宜有所有可替换部件的列表及采购资源。

10.3.7 电气设备编码

任何安装用于或打算用于危险（分级）地点的固定安装的硫化氢监测设备的部件或便携式的硫化氢监测仪都应经过批准并相应地标识。

10.3.8 耐用性

便携式监测仪要有足够的耐用性以承受用户所要求的日常运输、处理和现场环境。详见 ISA-S12.15 推荐的"坠落试验"来评价便携式监测仪的耐用性和"振动试验"来评价固定和便携式监测仪的耐用性。

10.3.9 校准设备

仪器校准所需要的所有附件都宜由制造商负责提供。制造商要提供在任何硫化氢测试浓度下的设备的使用寿命和特殊处理要求。

10.3.10 归零和量程调整

零位和测量范围的调节控制宜于现场调节，监测仪设计宜包括在非实验室环境的用零位和校准气对传感器进行校准的要求。宜提供校准和零位校准需要的所有零部件，并能够在现场环境下使用。

10.3.11 报警系统

固定监测设备应有外部报警器。便携式监测仪宜包含完整的、可发声的、可视的或物理表达（如振动信号）报警器，具体要求由用户提出。硫化氢的报警信号在该安装地点与其他报警信号有区别。

10.3.12 报警回路的测试

宜提供报警和报警输出的测试方法。在操作手册中宜包括测试程序。

10.3.13 远距离取样

便携式监测仪有可能需要配有远距离取样的部件（如探头等）。

便携式监测仪的可选件探头附件，可以允许操作者手动取远处的样品，而不用一直在所取样位置的环境监测。当使用非连续监测设备时，操作者宜参考使用手册来确定正确的远距离取样的样品个数。当设备回到连续监测模式时，宜移开远距离取样的附件。

10.3.14 设备故障报警

所有的监测仪都宜有故障信号（指示器或输出）。

10.3.15 测试范围的指示

测试范围宜显著地标识在设备上。

10.4 性能指南

以下推荐的性能参数适用于固定和便携式监测仪。

10.4.1 精确度

设备的精确度应满足规定的精确度测试的要求。使用者应该知道适用于现场的设备精度等级不是实验室级别的，不要指望两者的精度一样。

10.4.2 零点漂移

设备要求达到规定的"长期稳定性测试"的要求。过大的零点漂移是不正常的，会导致设备的校准周期过短。

10.4.3 预热时间

设备操作手册宜指出电源接通后最短的预热时间。有"预热完毕"的指示是监测设备的理想特征。

10.4.4 响应时间

硫化氢的毒性要求设备具有迅速的响应时间来警告人员潜在的硫化氢浓度超标危险。因此，响应时间在选择和评估这类监测仪时是一个重要参数。

10.4.5 操作湿度的范围

监测仪宜满足规定的"湿度变化测试"的要求。使用者宜根据特定的使用条件向制造商提出操作湿度范围的要求。

10.4.6 操作温度的范围

监测仪宜能适应－20℃～55℃（电化学式）和－40℃～55℃（氧化式）的温度范围。如果要在超出此范围的条件下使用，使用者应特别提出。

10.4.7 干扰

操作手册宜列出制造商所有知道的对测试有干扰的物质，如一氧化碳、二氧化硫、芳香族硫醇、甲醇、氮氧化物、醛类、二硫化碳、单乙醇胺、二氧化碳、苯和甲烷等，还宜包括影响设备正常操作的水蒸气浓度。

监测和检测设备及传感器不允许液体喷溅也不能灌洗，这会影响设备性能和可靠性。

10.4.8　现场性能测试

监测仪的现场性能测试宜在"安装"或"使用"的条件下进行。在测试过程中，所有设备和系统部件都宜安装好并进行操作。现场性能测试应包括但不限于：将传感器暴露在含有足够硫化氢的样品中以引起系统的响应；现场性能测试不必进行包括零位和量程调整；现场性能测试中硫化氢浓度不能超过最大测试浓度。

10.4.9　气流速度

监测仪要达到规定的"气流速度变化试验"的要求。通常可获得的附件可与安装在高气流速度区的探测器连用。

10.4.10　电磁干扰（EMI）

有些监测仪容易受到 EMI 的影响，尤其是射频干扰（RFI）。在接近无线电传播和电磁干扰源的地方要警惕。

11　海上作业

11.1　概述

本章介绍一些仅在海上作业的额外的推荐作法。本标准其他各章的内容也适用于海上作业。参见 API RP 14C 附录 F"有毒气体"。

11.2　海上作业的独特性

有些在陆上作业时看来不大的问题在海上作业时就成为严重的问题，这是由于其地点偏远、空间狭窄、逃离和撤离路线受限及复杂的逃离和撤离设备所造成的。

11.3　法律法规的要求

见《海洋石油作业硫化氢防护安全要求》。

11.4　应急预案

在潜在的硫化氢有毒物质大气浓度会出现的海上地方，由于仅有的设施就是海上平台，应急预案就非常重要。第 7 章介绍的应急预案也是适用的，但宜增加内容，它们包括但不限于以下项目：

　　a) 培训：所有人员都应对所在位置、路线和逃离设备的使用非常熟悉。在海上经常工作的人员的培训按 5.2 的要求进行，并应熟练使用氧气复苏设备。

　　b) 撤离程序：海上作业紧急撤离宜准备好海面和空中运输，以在可能有危险或危险出现时撤离访问者和非专业人员，并运进专家和救援设备。要监控可燃性气体（主要是甲烷）和硫化氢，以在运输和转移过程中避免不必要的人员和设备面临起火、爆炸和有毒物浓度超标的危险。如果硫化氢浓度超标的危险迫在眉睫，船和直升飞机尽可能从上风方向到达。

必须为直升飞机和船上的所有人员提供合适的个人正压式空气呼吸器。要计划好撤离路线和登船次序并执行。应定期进行撤离演习。

11.5　同步的操作

当钻井、修井、生产和建造这些操作中有两个或以上在同时进行时，必须强调它们之间的协调配合。应指定专人负责同步的操作，指令应传达到所有的工作人员。

12 密闭空间的操作

12.1 概述

本章给出了一些专门针对涉及硫化氢的密闭装置的油气生产和气体加工操作的推荐作法。密闭的装置可能简单如有盖的设备，也可能复杂如寒冷地区的综合的地面或海上的密闭工作区。

12.2 在密闭装置进行操作的独特性

由于密闭装置进行油气生产和气体处理的独特性，存在着含有硫化氢的烃类气体的逸出，尤其是通风不好的时候。通常少量的含有硫化氢的气体泄漏会在密闭的空间内保留，这样一来就会增加对进入密闭空间内的人员的危险，良好的通风能够减少这样的危险。

12.3 设计注意事项

第8章介绍了一般密闭装置的设计和建造方法，这里补充在特定的操作条件下的设计考虑，其内容包括但不限于：

a) 防止可燃性流体进入并接触到高温表面从而引起燃烧。天然气的自燃温度大约是 482℃（900℉）。其他天然气混合物的自燃温度大约是 371℃～482℃（700℉～900℉）。硫化氢自燃温度大约是 260℃（500℉）。

b) 通风。

c) 现场正压式空气呼吸器。

d) 电气设备（可能是 C 组与 D 组设备要求），参见 SY/T 0025—95。

e) 紧急释放和卸压装置及其设置点。

f) 通过隔膜阀、机械阀和压力调节器进行烃类物质的排空。

g) 压缩机卸压和排放管线。

h) 地面排水沟。

i) 处理排放（人工和自动）。

j) 从气体处理设备中排出的乙二醇和胺。

k) 硫化氢监测系统。

12.4 固定式的硫化氢监测系统

在通常人员进出频繁的地方，或长时间设置密闭装置的地方，固定式的硫化氢监测系统（带有足够的报警）能够提高安全性。在其他一些地方，执行人员进入程序可以替代固定式的硫化氢监测系统。

固定式的硫化氢监测系统宜安装在有加工处理含硫化氢流体的设备（如容器和机械设备等）的工作区内，因为当场地是处于下述两种情况时，这些流体释放会使大气中的硫化氢浓度超过 15mg/m³（10ppm）：

a) 12.1 和 API RP 500 中描述的密闭环境（房间、建筑或空间）。

b) 排空不良（自然或人工），不能防止硫化氢—空气混合物中硫化氢浓度超过 15mg/m³（10ppm）。是否通风良好要根据具体情况评估。

固定式的硫化氢监测系统应带有报警器（在噪音大的地方还应使用发出可视信号的报警器，见 10.3.11），当硫化氢浓度达到预设值的时候报警，设置值不能超过 15mg/m³（10ppm）。硫化氢监测系统的校准见 9.15。

在特定的情况下，固定的可燃性气体监测系统能够先于固定式的硫化氢监测系统〔报警值为 15mg/m³（10ppm）] 发现大气环境中潜在的危险。例如，在甲烷混合物中含有 450mg/m³（300ppm）的硫化氢释放时，设置的报警值在 20％LEL（爆炸低限）的可燃性气体监测系统，能够在硫化氢浓度为 4.5mg/m³（3ppm）时发出警报。

在这些情况下，宜建立常规的测试程序来监测处理流体的成分，以确认硫化氢浓度没有增加。如果确认硫化氢浓度增加，使用者宜校验使用中的监测设备的灵敏度。校验时应考虑到所有会影响监测设备性能的不同变化因素及导致硫化氢浓度在工作环境中增加的因素，同时也宜考虑一旦监测设备的工作异常或失效，工作场地大气硫化氢浓度增加的因素。

该选项限定在界定的范围内，并且是在所有限定条件和地点的特定参数都被适当地考虑到了才宜使用。

当空气进入密闭装置或对其进行加压时，固定式的监测系统也可以用于对密闭装置进口空气的监测，参见 NFPA 496。

12.5　人员防护技术

要对在所有含有加工处理含硫化氢流体以至大气中硫化氢浓度可能超过 15mg/m³（10ppm）的设备（容器、机械设备等）的密闭装置内工作的人员提供保护方法，以防止人员暴露在硫化氢浓度超过 15mg/m³（10ppm）的大气中。可接受的方法包括：

a) 要求人员在进入密闭装置之前和停留在其内时要穿戴正确的正压式空气呼吸器（见 6.4）。

b) 安装固定式的硫化氢监测系统（见 6.2，第 10 章及 12.4）。

c) 使密闭装置正确通风，以维持固定式的硫化氢监测系统所监测的硫化氢浓度不超过 15mg/m³（10ppm）。空气可以循环使用，但是要通过固定式的硫化氢监测系统来保证循环空气中的硫化氢浓度不超过 15mg/m³（10ppm）。

d) 在进入密闭装置前和停留在内时连续使用便携式硫化氢监测仪（见 6.3）监测硫化氢浓度，确保其不超过 15mg/m³（10ppm）。

注：应该确认，一种是不需呼吸保护设备就可以安全进入，另一种是必须穿戴个人正压式空气呼吸器（见 6.4）。

12.6　警告标识

清晰的警告标识，如"硫化氢操作区域——监测仪显示安全时方可进入"，或"越过此区域必须穿戴正压式空气呼吸器"，这些标识必须永远张贴在通往生产加工含硫化氢流体的密闭装置的所有门口。

注：应遵守法规对标志的要求。

13　天然气处理装置的操作

13.1　概述

本章给出一些只有在涉及硫化氢的天然气处理装置才适用的方法。本标准介绍的其他方法也适用于天然气处理装置。

13.2　一般考虑

典型的天然气处理装置包括比现场操作（例如，油气分离装置）更复杂的过程，这些不同在于：

a) 含有硫化氢的气体体积可能高于现场条件；

b) 硫化氢浓度可能高于现场条件；

c) 一般情况下人员和设备都比现场多；

d) 人员的工作安排更固定。

这些不同之处通常要求特殊的考虑来保证涉及如容器和管道开口部位操作及有限空间进入等的安全。当上述活动准备进行时，宜召开包括操作、维护、承包人和其他涉及方参加的协调会以保证设施人员了解其所涉及的活动、它们对装置操作的影响及应遵守的必要的安全预防措施。

13.3 天然气处理装置

天然气处理厂内进行着许多气体处理和硫磺回收过程。这些处理可以分为化学反应、物理溶解和吸收过程，还可以细分为再生和非再生的过程。再生过程的化学剂包括胺溶液、热碳酸钾、分子筛和螯合剂。非再生过程的化学剂包括海绵铁、碱吸收液、金属氧化物、直接氧化和其他各种硫磺回收过程。由于这些方法的大多数会导致含硫化氢气流的浓度提高或生成反应产物，操作者应该熟悉该特定装置处理过程中的各种化学和物理特性。如果某一处理装置中所存在的硫化氢总量已经达到了一定界限，应执行国家相关的法律法规的要求。

13.4 建造的材料

天然气处理装置的部件故障会导致不可控制的硫化氢向大气中的释放。这些设备的零部件由于处于硫化物应力环境中，应由抗硫化物应力开裂的材料制造。

13.5 腐蚀监测

宜建立腐蚀监测程序来最小化内部和外部的腐蚀，腐蚀会影响硫化氢的处理设备。

13.6 泄漏检测

在所含有的硫化氢浓度可能引起其在大气中的浓度超过 15mg/m³（10ppm）或更高的气体或液体处理系统中，监测技术或程序（如可视观察、肥皂泡试验、便携式监测仪或固定式监测仪）宜用于监测硫化氢的泄漏。对于密闭装置要格外注意，如控制室、压缩机、储藏室和储槽等（见第 12 章）。推荐进行规定程序的定时泄漏检查，如对泵的密封检查。其检查的结果作为装置或设备操作和维护的记录的一部分，至少要保存一年。在靠近人口居住区的气体处理装置推荐使用固定式的硫化氢监测系统（见第 10 章并参见附录 E），以便早期检测，必要时对公众报警。

13.7 应急预案

天然气处理装置的应急预案应包含可能暴露于泄漏的硫化氢中的装置操作人员和公众（见 SY/T 6230）。操作人员必须熟悉紧急情况下装置关停程序、救援措施、通知程序、集合地点和紧急设备的位置（见第 7 章）。应向来访者简要介绍天然气处理装置的平面图、所使用的警告信号和如何在紧急情况下作出反应。

附 录 A
（资料性附录）
本标准章条编号与 API RP 55：1995 章条编号对照

表 A.1 给出了本标准章条编号与 API RP 55：1995 章条编号对照一览表。

表 A.1　本标准章条编号与 API RP 55：1995 章条编号对照

本部分章条编号	对应的 API 章条编号
—	0
2	2.1
—	4.4
4.3	—
4.4	4.3
附录 A	—
附录 B	—
附录 C	附录 A
附录 D	附录 B
附录 E	附录 C
附录 F	附录 D
注：表中的章条以外的本标准其他章条编号与 API RP 55：1995 其他章条标号均相同且内容相对应。	

附 录 B

(资料性附录)

本标准与 API RP 55：1995 技术性差异及其原因

表 B.1 给出了本标准与 API RP 55：1995 技术性差异及其原因的一览表。

表 B.1　本标准与 API RP 55：1995 技术性差异及其原因

本标准的章条编号	技术性差异	原　因
1	用"本标准规定了含硫化氢油气生产和气体处理作业中的人员培训、个人防护装备、材料选择、紧急情况下的作业程序等要求。本标准适用于流体中含硫化氢的油气生产和气体处理作业。由于在作业中存在的硫化氢燃烧，本标准也适用于硫化氢燃烧产生二氧化硫的作业环境。"代替 API RP 55：1995 中的第一段"本出版物所述的推荐作法适用于石油和天然气生产及天然气处理装置操作，而这些操作是在采出液中存在硫化氢的情况下进行的。由于硫化氢的存在，这些操作中，有可能使人员暴露于硫化氢燃烧所产生的二氧化硫之中。其适用性可参阅本标准的第 4 节。"	以符合我国的语言习惯并适应我国 GB/T 1.1 的规定
2	引用了部分我国的国家标准和行业标准	以方便使用
2	删除 API RP 55：1995 中的法规、其他参考资料和文献目录	以适合我国国情
3.17，3.18，3.19，3.20	修改了阈限值的定义，增加了安全临界浓度、危险临界浓度、含硫化氢天然气的定义	以适合我国国情
4.1	取消了加权平均浓度和短期暴露平均值的说法	以适合我国国情
4.2	用"在有冲突的情况下，本标准的使用者应查阅各地区的相关规则，确保在具体作业中正确的使用。"代替 API RP 55：1995 中的"万一这些推荐作法和法律要求的作法之间出现疏漏或冲突，则必须以法律和规定来控制。涉及硫化氢的与安全生产作业的有关联邦法规，列在第 2 节及参考资料中。本出版物的用户都应该查阅这些法规和联邦、州和地方法律，确保在其特定作业中得以合理遵守。"	以适合我国国情
	删去原标准的 4.4 条"综合环境响应、补偿和责任法及超额基金修正案和重新授权法第Ⅲ款　计划和公众知情权。"	以适合我国国情
4.3	增加了员工知情权的条款	从关爱员工的角度出发
4.4	用"作业场所附近的居民对紧急情况下生产设施向环境释放有毒物质有知情权。业主或生产经营单位应按照 7.6c) 的规定向政府有关部门报告。"代替 API RP 55：1995 中的 4.3	以适合我国国情
4.5	用"油气作业中，对某些危险废弃物品（如果有的话）的清除、处理、储存和丢弃应符合有关规范和政府法令的要求。"代替 API RP 55：1995 中的 4.5	以适合我国国情
5.10.1	用"SY/T 6458"代替了"联邦法规 29 第 1910.146 部分"	以适合我国国情
5.9	记录保存期由 1 年改为了 2 年	以适合我国国情

本标准的章条编号	技术性差异	原因
6.4	用"所有的正压式空气呼吸器都应达到相关的规范要求。"代替了 API RP 55：1995 中"防毒面具应满足职业安全和健康局的呼吸防护标准的技术要求（参阅联邦法规 29，第 1910.134 部分），并按美国国家标准学会 Z88.2 中所规定的程序批准。所有的呼吸气瓶都应该满足美国运输部或其他适用规章的要求（参阅联邦法规 30，第 1910.134 部分第一章 B 节、第二章 H 节 11.80 段和联邦法规 49，第 178 部分的 C 部分）。"	
6.4.3	用"呼吸空气的质量应满足下述要求：a) 氧气含量 19.5%～23.5%；b) 空气中凝析烃的含量小于或等于 $5×10^{-6}$（体积分数）；c) 一氧化碳的含量小于或等于 $12.5mg/m^3$（10ppm）；d) 二氧化碳的含量小于或等于 $1960mg/m^3$（1000ppm）；e) 没有明显的异味。"代替 API RP 55：1995 中的"呼吸空气质量应符合 OSHA 29 CFR Part 1910.134 中呼吸保护标准的要求，至少应符合 ANSI CGA G-7.1 的 D 级要求。"	以方便使用
6.4.4	用"所用的呼吸空气压缩机应满足下述要求：a) 避免污染的空气进入空气供应系统。当毒性或易燃气体可能污染进气口的情况发生时，应对压缩机的进口空气进行监测。b) 减少水分含量，以使压缩空气在一个大气压下的露点低于周围温度 5℃～6℃。c) 依照制造商的维护说明定期更新吸附层和过滤器。压缩机上应保留有资质人员签字的检查标签。d) 对于不是使用机油润滑的压缩机，应保证在呼吸空气中的一氧化碳值不超过 $10×10^{-6}$（体积分数）。e) 对于机油润滑的压缩机，应使用一种高温或一氧化碳警报，或两者皆备，以监测一氧化碳浓度。如果只使用高温警报，则应加强入口空气的监测，以防止在呼吸空气中的一氧化碳超过 $10×10^{-6}$（体积分数）。"代替 API RP 55：1995 中的"所用的所有空气压缩机均应符合 OSHA 29 CFR Part 1910.134 中呼吸保护标准的要求。压缩机的空气吸入口必须位于 API RP 500B 节中未分类的无污染区。如果情况变化，注入口可能被有毒、易燃气体污染，则应对压缩机进气进行监测。"	以适合我国国情
7	用"应急预案（包括应急程序）指南"代替 API RP 55：1995 中的"应急预案（包括应急程序）。"	以与本章内容更相符
7.1	用"生产经营单位应评估目前的或新的涉及硫化氢和二氧化硫的作业，以决定是否要求有应急预案、特殊的应急程序或者培训。这种评价应确定潜在的紧急情况和其对生产经营单位及公众的危害。如果需要应急预案，应按政府的有关要求制定。"代替 API RP 55：1995 中的第一段	以适合我国国情
7.6c)	用"直接或通过当地政府机构通知公众，该区域井口下风方向 100m 处硫化氢或二氧化硫浓度可能会分别超过 $75mg/m^3$（50ppm）和 $27mg/m^3$（10ppm）。"代替原标准中的"向可能受到硫化氢浓度超过 30ppm 或二氧化硫超过 10ppm 的侵害的公众提出警告（直接地或通过有关的政府机构）。"	以适合我国国情

本标准的章条编号	技术性差异	原　因
8.1	用"所有的压力容器设计和建造必须执行 GB 150 和《压力容器安全技术监察规程》"代替"所有的压力容器都应按照美国机械工程师协会锅炉和压力容器标准进行设计和建造（参阅美国和加拿大各州、市、郡和省的锅炉和压力容器法律、法则和条例大纲）。"	以适合我国国情
8.1.4	用"SY/T 0599"代替 API RP 55：1995 中"NACE MR 0175"	以适合我国国情
8.2.1	用"SY/T 0599"代替 API RP 55：1995 中"NACE MR 0175"	以适合我国国情
8.3	用"见 SY/T 0025—95 中 4.5"代替 API RP 55：1995 中"（参阅 3.5 节 API RP 500 中'国家大气混合物电力标准组合法'）。"	以适合我国国情
9.11	用"见 GB 150、SY/T 6499 和 SY/T 6507"代替"参阅 API Std 510 和 API RP 576"	SY/T 6499 和 SY/T 6507 已等效采用 API Std 510 和 API RP 576
9.17	用"SY/T 6458"代替了"联邦法规 29 第 1910.146 部分"	以适合我国国情
9.20	用"SY/T 5087"代替 API RP 55：1995 中"API RP 49"	以适合我国国情
10.4.6	用"监测仪宜能适应 -20℃～55℃（电化学式）和 -40℃～55℃（氧化式）的温度范围。"代替 API RP 55：1995 中的"监测设备宜能适应在环境温度为 14℉～122℉（-10℃～50℃下）使用。"	以适合我国国情
11.3	用"见海洋石油硫化氢防护安全要求。"代替 API RP 55：1995 中的"参阅联邦法规 30 第 250 和 256 部分，美国内务部矿业管理服务中心对外大陆架含硫化氢的石油和天然气生产作业的要求。这些法规包括对外大陆架石油和天然气生产作业中的人员培训要求，和大陆架石油和天然气生产作业中硫化氢应变计划。"	以适合我国国情
12.3d)	用"SY/T 0025—95"代替 API RP 55：1995 中的"API RP 500"	以适合我国国情
13.7	用"天然气处理装置的应急预案应包含可能暴露于泄漏的硫化氢中的装置操作人员和公众见 SY/T 6230。"代替 API RP 55：1995 中的"对于气体处理装置的应变计划，应该包括可能暴露于释放的硫化氢环境中的装置操作人员和公众（参阅 API RP 750 附录 B）。"	SY/T 6230 等效采用了 API RP 750

附　录　C

（资料性附录）

硫化氢的物理特性和对生理的影响

C.1　物理数据

化学名称：硫化氢。

化学文摘服务社编号：7783－06－4。

同义词：硫化氢、氢硫酸、二氢硫。

化学分类：无机硫化物。

化学分子式：H_2S。

通常物理状态：无色气体，比空气略重，15℃（59℉）、0.10133MPa（1atm）下蒸气密度（相对密度）为1.189。

自燃温度：260℃（500℉）。

沸点：－60.2℃（－76.4℉）。

熔点：－82.9℃（－117.2℉）。

可爆范围：空气中蒸气体积分数4.3%～46%。

溶解度：溶于水和油，溶解度随溶液温度升高而降低。

可燃性：燃烧时火焰呈蓝色，生成二氧化硫，参见附录D。

气味和警示特性：硫化氢有极其难闻的臭鸡蛋味，低浓度时容易辨别出。但由于容易很快造成嗅觉疲劳和麻痹，气味不能用作警示措施。

C.2　暴露极限

美国职业安全与健康局（OSHA[1]）规定硫化氢可接受的上限浓度（ACC）为30mg/m³（20ppm），75mg/m³（50ppm）为超过可接受的上限浓度（ACC）的每班8h能接受的最高值（参见29 CFR[2] Part 1910.1000，Subpart Z，Table Z－2）。美国政府工业卫生专家联合会（ACGIH[3]）推荐的阈限值为15mg/m³（10ppm）（8h TWA），15min短期暴露极限（STEL）为22.5mg/m³（15ppm）。每天暴露于短期暴露极限（STEL）下的次数不应超过4次，连续2次间隔时间至少为60min。对于外大陆架的油气作业，即使偶尔短时暴露于30mg/m³（20ppm）的硫化氢环境，根据美国内政部矿产管理部门的规定，要求使用呼吸保护装置。详细资料详见 The NOISH Recommended Standard for Occupational Exposure to Hydrogen Sulfide。参阅表 C.2 暴露值的附加资料。向雇主了解特定情况下的暴露值。

C.3　生理影响

警示：吸入一定浓度的硫化氢会伤害身体（参阅表 C.1），甚至导致死亡。

1）美国职业安全与健康局（美国劳工部）。可从 U.S. Government Printing Office, Washington, D.C. 20402 获得。

2）美国联邦法规。

3）美国政府工业卫生专家联合会。

硫化氢是一种剧毒、可燃气体，常在天然气生产、高含硫原油生产、原油馏分、伴生气和水的生产中可能遇到。因硫化氢比空气重，所以能在低洼地区聚集。硫化氢无色、带有臭鸡蛋味，在低浓度下，通过硫化氢的气味特性能检测到它的存在。但不能依靠气味来警示危险浓度，因为处于高浓度［超过 150mg/m³（100ppm）］的硫化氢环境中，人会由于嗅觉神经受到麻痹而快速失去嗅觉。长时间处于低硫化氢浓度的大气中也会使嗅觉灵敏度减弱。

警示：应充分认识到硫化氢能使嗅觉失灵，使人不能发觉危险性高浓度硫化氢的存在。

过多暴露于硫化氢中能毒害呼吸系统的细胞，导致死亡。有事例表明血液中存在酒精能加剧硫化氢的毒性。即使在低浓度［15mg/m³（10ppm）～75mg/m³（50ppm）］时，硫化氢也会刺激眼睛和呼吸道。间隔时间短的多次短时低浓度暴露也会刺激眼、鼻、喉，低浓度重复暴露引起的症状常在离开硫化氢环境后的一段时间内消失。即使开始没有出现症状，频繁暴露最终也会引起刺激。

C.4 呼吸保护

美国职业安全与健康局审查了正压式空气呼吸器测试标准和正压式空气呼吸器渗漏源，建议暴露于硫化氢含量超过 OSHA 规定的可接受的上限浓度的任何人都要配戴正压式（供气式或自给式）带全面罩的个人正压式空气呼吸器。有关油气井服务和修井作业中推荐使用的适当正压式空气呼吸器见 6.5。

表 C.1　硫化氢

在空气中的浓度				暴露于硫化氢的典型特性
%（体积分数）	ppm	每 100 标准立方英尺的格令数	mg/m³	
0.000013	0.13	0.008	0.18	通常，在大气中含量为 0.195mg/m³（0.13ppm）时，有明显和令人讨厌的气味，在大气中含量为 6.9mg/m³（4.6ppm）时就相当显而易见。随着浓度的增加，嗅觉就会疲劳，气体不再能通过气味来辨别
0.001	10	0.63	14.41	有令人讨厌的气味。眼睛可能受刺激。美国政府工业卫生专家联合会推荐的阈限值（8h 加权平均值）
0.0015	15	0.94	21.61	美国政府工业卫生专家联合会推荐的 15min 短期暴露范围平均值
0.002	20	1.26	28.83	在暴露 1h 或更长时间后，眼睛有烧灼感，呼吸道受到刺激，美国职业安全和健康局的可接受上限值
0.005	50	3.15	72.07	暴露 15min 或 15min 以上的时间后嗅觉就会丧失，如果时间超过 1h，可能导致头痛、头晕和（或）摇晃。超过 75mg/m³（50ppm）将会出现肺浮肿，也会对人员的眼睛产生严重刺激或伤害
0.01	100	6.30	144.14	3min～15min 就会出现咳嗽、眼睛受刺激和失去嗅觉。在 5min～20min 过后，呼吸就会变样、眼睛就会疼痛并昏昏欲睡，在 1h 后就会刺激喉道。延长暴露时间将逐渐加重这些症状

在空气中的浓度				暴露于硫化氢的典型特性
%（体积分数）	ppm	每100标准立方英尺的格令数	mg/m³	
0.03	300	18.90	432.40	明显的结膜炎和呼吸道刺激。 注：考虑此浓度为立即危害生命或健康，参见（美国）国家职业安全和健康学会 DHHS No 85-114《化学危险袖珍指南》
0.05	500	31.49	720.49	短期暴露后就会不省人事，如不迅速处理就会停止呼吸。头晕、失去理智和平衡感。患者需要迅速进行人工呼吸和（或）心肺复苏技术
0.07	700	44.08	1008.55	意识快速丧失，如果不迅速营救，呼吸就会停止并导致死亡。必须立即采取人工呼吸和（或）心肺复苏技术
0.10+	1000+	62.98+	1440.98+	立即丧失知觉，结果将会产生永久性的脑伤害或脑死亡。必须迅速进行营救，应用人工呼吸和（或）心肺复苏

注1：表中的数据只作为指导的近似值，公布的数据会稍为不同。

注2：资料来源于 API RP 55（第二版，1995）表 A.1。

表 C.2 硫化氢的职业暴露值

OSHA ACCs				ACGIH TLVs				NIOSH RELs			
ACC		ACC 以上的 8h 最大峰值		TWA		STEL		TWA		CEIL（C）	
ppm	mg/m³	ppm	mg/m³	ppm	mg/m³	ppm	mg/m³	ppm	mg/m³	ppm	mg/m³
20	30	50	75	10	15	15	22.5	N/A	N/A	C10	C15

ACC、ACCs：可接受的上限浓度。

TLV、TLVs：阈限值。

REL、RELs：推荐的暴露值。

TWA：8h 加权平均浓度（不同加权平均重量计算方法见特定的参考资料）。

STEL：15min 内平均的短期暴露值。

N/A：不适用的。

CEIL（C）：NIOSH 规定的 10min 内平均的暴露值。

附　录　D

（资料性附录）
二氧化硫的物理特性和对生理的影响

D.1　物理数据

化学名称：二氧化硫。

化学文摘服务社编号：7446－09－05。

化学分类：无机物。

化学分子式：SO_2。

通常物理状态：无色气体，比空气重。

沸点：－10.0℃（14℉）。

可燃性：不可燃，由硫化氢燃烧形成。

溶解性：易溶于水和油，溶解性随溶液温度升高而降低。

气味和警示特性：有硫燃烧的刺激性气味，具有窒息作用，在鼻和喉粘膜上形成亚硫酸。

D.2　暴露极限

美国职业安全与健康局规定二氧化硫 8h 时间加权平均值（TWA）的允许暴露极限值（PEL）为 13.5mg/m³（5ppm），而美国政府工业卫生专家联合会（ACGIH）推荐的阈限值为 5.4mg/m³（2ppm）（8h TWA），15min 短期暴露极限（STEL）为 13.5mg/m³（5ppm）。参阅表 D.2 暴露值的附加资料。向雇主了解特定情况下的暴露值。

D.3　生理影响

D.3.1　急性中毒

吸入一定浓度的二氧化硫会引起人身伤害甚至死亡。暴露浓度低于 54mg/m³（20ppm），会引起眼睛、喉、呼吸道的炎症，胸痉挛和恶心。暴露浓度超过 54mg/m³（20ppm），可引起明显的咳嗽、打喷嚏、眼部刺激和胸痉挛。暴露于 135mg/m³（50ppm）中，会刺激鼻和喉，流鼻涕、咳嗽和反射性支气管缩小，使支气管黏液分泌增加，肺部空气呼吸难度立刻增加（呼吸受阻）。大多数人都不能在这种空气中承受 15min 以上。据报道，暴露于高浓度中产生的剧烈的反映不仅包括眼睛发炎、恶心、呕吐、腹痛和喉咙痛，随后还会发生支气管炎和肺炎，甚至几周内身体都很虚弱。

D.3.2　慢性中毒

有报告指出，长时间暴露于二氧化硫中可能导致鼻咽炎、嗅、味觉的改变、气短和呼吸道感染危险增加，并有消息称工作环境中的二氧化硫可能增加砒霜或其他致癌物[4]的致癌性，但至今还没有确凿的证据。有些人明显对二氧化硫过敏。肺功能检查发现在短期和长期暴露后功能有衰减。

---

4) Criteria for a Recommended Standard for Occupational Exposure to Sulfur Dioxide，1974，p.26。

D.3.3 暴露风险

尚不清楚多少浓度的低量暴露或多长时间的暴露会增加中毒风险，也不清楚风险会增加多少。宜尽量少暴露于二氧化硫中。宜坚决阻止暴露于二氧化硫环境中的人吸烟。

注：工作安排必须考虑任何原有的慢性呼吸伤害，因暴露于二氧化硫中能使其病情恶化。

D.4 呼吸保护

美国职业安全与健康局审查了正压式空气呼吸器测试标准和正压式空气呼吸器渗漏源，建议暴露于二氧化硫含量超过 OSHA 规定的允许暴露极限（PEL）的任何人都要配戴正压式（供气式或自给式）带全面罩的个人正压式空气呼吸器。有关含二氧化硫的油气生产和处理过程中适用的呼吸装备见 6.4。

表 D.1 二氧化硫

空气中的浓度				
%（体积分数）	ppm	格令每 100 标准立方英尺	mg/m^3	暴露于二氧化硫的典型特性
0.0001	1	0.12	2.71	具有刺激性气味，可能引起呼吸改变
0.0002	2	0.24	5.42	ACGIH TLV 和 NIOSH REL
0.0005	5	0.59	13.50	灼伤眼睛，刺激呼吸，对嗓子有较小的刺激。注：OSHA PEL（参见 29 Code of Federal Regulations Part 1910.1000，表 Z-1；ACGIH 和 NIOSH STEL 15min 内暴露平均值的极限
0.0012	12	1.42	32.49	刺激嗓子咳嗽，胸腔收缩，流眼泪和恶心
0.010	100	12.0	271.00	立即对生命和健康产生危险的浓度（IDLH），见 DHHS No.85-114，NOISH 化学危险品手册
0.015	150	17.76	406.35	产生强烈的刺激，只能忍受几分钟
0.05	500	59.2	1354.50	即使吸入一口，就产生窒息感。应立即救治，提供人工呼吸或心肺复苏技术（CPR）
0.10	1000	118.4	2708.99	如不立即救治会导致死亡，应马上进行人工呼吸或心肺复苏（CPR）

注：表 D.1 中列出的值为大约值，一些出版物中给出的值会稍有不同。

表 D.2 二氧化硫的职业暴露值

OSHA PELs				ACGIH TLVs				NOISH RELs			
TWA		STEL		TWA		STEL		TWA		STEL	
ppm	mg/m^3	ppm	mg/m^3	ppm	mg/m^3	ppm	mg/m^3	ppm	mg/m^3	ppm	mg/m^3
5	14	N/A	N/A	2	5	5	13	2	5	5	13

ACC：可承受的最高浓度。

TLV：阈限值。

REL：推荐的暴露水平限值。

TWA：8h 加权平均浓度（不同重量计算方法见特定的参考资料）。

STEL：15min 内平均的短期暴露水平限值。

N/A：不适用的。

附　录　E

（资料性附录）

硫化氢扩散的筛选方法

注1：美国石油学会（API）空气模拟工作小组（AQ7）采用简单的筛选模型及模拟技术给出了暴露半径的预计值（图E.1～图E.4）。对于硫化氢和携带气体的平衡悬浮混合物的低速释放，这些模型较准确。图E.1～图E.4对于高速释放的、以轻的气体为硫化氢携带气的混合物，可用作一种较保守的筛选处理方式。但不推荐将图E.1～图E.4用于低速释放、携带气和硫化氢混合物重于空气的场合，或可能产生气溶胶的场合，因为此时可能会得出偏小的暴露半径预测值。宜对具体的应用条件进行评价，以决定是否需要使用条件更为苛刻的模拟技术。使用者宜对他们自己的作业过程进行评价，以选择适合的模型用于具体的应急预案。

E.1　概述

本附录列出的内容是一般性的，以供编制应急预案时，保守地估计硫化氢扩散达到的浓度时使用。图E.1～E.4给出了纯硫化氢连续释放或瞬时释放时，由计算模型算出的其在大气中呈屏幕平面的浓度为 $15mg/m^3$（10ppm），$45mg/m^3$（30ppm），$150mg/m^3$（100ppm），$450mg/m^3$（300ppm），$750mg/m^3$（500ppm）的暴露半径。暴露半径描述了释放源与沿着羽毛状的地面中心线到达所关心的浓度之间的距离。已开发出了一些作为释放的硫化氢的质量/速率和不同的释放方式（连续释放或瞬时释放）的函数的暴露半径的关系式，来预测不同浓度的暴露半径。方程式和相关系数在E.8和表E.1中给出。模拟了最坏的气象条件下的白天和夜晚的情况。

涉及硫化氢操作的不同的规范都给出了一个暴露半径（*ROE*）的预测方法和技术，必须考虑这些方法，因为为了符合某些特殊的要求，规范可能会规定特定的方法，除非允许使用其他方法。

E.2　方法

图E.1、图E.2、图E.3和图E.4中的暴露半径（*ROE*）是用基于Gausssian扩散理论经美国环保署批准的模型预测所得，图E.1和图E.2的暴露半径（*ROE*）是在连续、稳定的释放100％硫化氢的模式上预测出来的，图E.3和图E.4的暴露半径（*ROE*）是在硫化氢瞬时释放的模型上预测出来的。两种硫化氢释放类型都是用中等浮升介质在稳定的气象条件下模拟的。所有的模拟工作中均采用了3.048m（10ft）的有效烟羽高度（释放高度加上烟羽抬升高度）。假设预测的暴露半径（*ROE*）值在0m～15.24m（0ft～50ft）的有效烟羽高度内没有明显变化。

为了进行扩散模拟，空气中的紊流程度被分为增加的或稳定的两类，应用最广泛的分类是Pasquill‐Gifford（PG）稳定级别A、B、C、D、E、F（Pasquill, F., Atmospheric Diffusion, Second Edition, John Wiley & Sons, New York, 1974）。PG稳定级别A是指最不稳定的（最强紊流）空气条件，PG稳定级别F是指最稳定的（最少紊流）空气状态，PG稳定级别D是指中间的空气状态，温度的梯度几乎与绝热下降速度相同。在这样的条件下，上升或下降的热的或冷的空气包的速度与周围空气相同，不会加剧或抑制空气的垂直运动。

平坦、开敞草原的标准PG扩散系数用于连续硫化氢释放模式，平坦、开敞草原的

Slade 扩散系数（参见 NTIS[5] – TID 24190：Slade，D. H.，Meteorology and Atmic Energy，1986）用于瞬时硫化氢释放模式。在建立瞬时硫化氢释放模式时，假定下风向（X）和上风向（Y）扩散系数相同。这样的假设得到最保守（最坏情况）的暴露半径（ROE）预测值。以下的气象条件也假设代表了白天和夜晚最坏的情况。选择了稳定的中间级别 PG D 版，风速 8.045km/h（5mile/h）作为白天硫化氢连续释放条件。对于夜晚硫化氢连续释放情况，选择了稳定的中间级别 PG D 级，风速 3.540km/h（2.2mile/h）。对于白天瞬时释放，选择了稍微不稳定的级别 Slade A 级，风速 8.045km/h（5mile/h）。对于夜晚的瞬时释放，选择了中间稳定的级别 Slade B 级，风速 3.540km/h（2.2mile/h）。

45mg/m³（30ppm），150mg/m³（100ppm），450mg/m³（300ppm），750mg/m³（500ppm）的硫化氢连续释放时的暴露半径（ROE）值适用于 10min～1h 的平均时间，10×10⁻⁶（体积分数）（连续释放）的暴露半径（ROE）值为基于 8h 的平均浓度，因 10×10⁻⁶（体积分数）代表了硫化氢 8h 的时间加权平均数（TWA）值。为了取得 8h 15mg/m³（10ppm）平均浓度，需用系数 0.7 转化 1h 的浓度（参见 EPA[6] – 450/4 – 88 – 009：A Workbook of Screening Techniques for Assessing Impacts of Toxic Air Pollutants）。45mg/m³（30ppm），150mg/m³（100ppm），450mg/m³（300ppm），750mg/m³（500ppm）的硫化氢瞬时释放的暴露半径（ROE）值适用于 1min～10min 的平均时间；EPA 的转换因子 0.7 用于转换模型预测的瞬时峰值以获得 10min 15mg/m³（10ppm）时间平均浓度。对于连续释放，美国环保署（EPA）认为 10min 和 1h 的平均时间是相同的。本附录所述的模拟假定瞬时排放时间极短（最多 10min～15min）。

用于预测硫化氢连续释放和瞬时释放的暴露半径（ROE）值的模型的简要描述见 E.13。

表 E.1 下风向时硫化氢浓度及其释放的量/速率所对应的暴露
半径（ROE）数学预测的线性回归系数

时　　间	排 放 类 型	浓度 ppm	系　　数	
			A	B
白天	连续	10	0.61	0.84
白天	连续	30	0.62	0.59
白天	连续	100	0.58	0.45
白天	连续	300	0.64	−0.08
白天	连续	500	0.64	−0.23
夜晚	连续	10	0.68	1.22
夜晚	连续	30	0.67	1.02
夜晚	连续	100	0.66	0.69
夜晚	连续	300	0.65	0.46
夜晚	连续	500	0.64	0.32
白天	瞬时	10	0.39	2.23
白天	瞬时	30	0.39	2.10

5）美国国家技术情报中心。

6）美国环保署。

时 间	排放类型	浓度 ppm	系 数 A	系 数 B
白天	瞬时	100	0.39	1.91
白天	瞬时	300	0.39	1.70
白天	瞬时	500	0.40	1.61
夜晚	瞬时	10	0.39	2.77
夜晚	瞬时	30	0.39	2.60
夜晚	瞬时	100	0.40	2.40
夜晚	瞬时	300	0.40	2.20
夜晚	瞬时	500	0.41	2.09

注1：白天气象条件：稳定的 PG D 级（中间），风速 1.609km/h（1mile/h）。

注2：夜晚气象条件：稳定的 PG F 级（稳定），风速 3.540km/h（2.2mile/h）。

E.3 结论

硫化氢连续释放和瞬时释放所产生的羽状中心线和地面硫化氢浓度的暴露半径（ROE）值的预测和表示见图 E.1～图 E.4。其中图 E.1 和图 E.2 分别是最坏气象条件下的白天和夜晚硫化氢连续释放的暴露半径（ROE）预测值，而图 E.3 和图 E.4 分别是最坏气象条件下的白天和夜晚硫化氢瞬时释放的暴露半径（ROE）预测值。两种释放模式都分别包括了浓度为 15mg/m³（10ppm），45mg/m³（30ppm），150mg/m³（100ppm），450mg/m³（300ppm），750mg/m³（500ppm）的暴露半径（ROE）值。15mg/m³（10ppm）的暴露半径（ROE）值表示硫化氢连续释放8h平均时间和瞬时释放1min平均时间的暴露半径

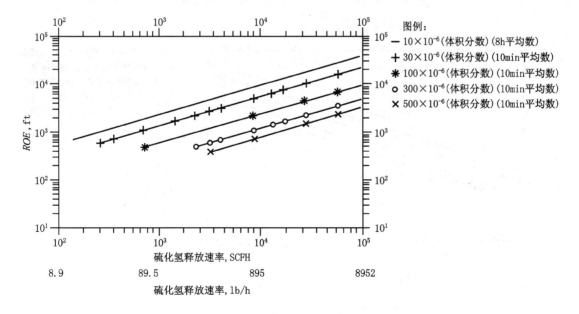

图例：
— 10×10⁻⁶（体积分数）(8h平均数)
＋ 30×10⁻⁶（体积分数）(10min平均数)
＊ 100×10⁻⁶（体积分数）(10min平均数)
○ 300×10⁻⁶（体积分数）(10min平均数)
× 500×10⁻⁶（体积分数）(10min平均数)

图 E.1 白天持续释放硫化氢的预测暴露半径 [PG D 级——风速 8.045km/h（5mile/h）]

（ROE）值。45mg/m³（30ppm），150mg/m³（100ppm），450mg/m³（300ppm），750mg/m³（500ppm）的暴露半径（ROE）值表示硫化氢连续释放10min平均时间和瞬时释放1min平均时间的暴露半径（ROE）值。对硫化氢连续释放，模拟了4.536kg/h～4536kg/h（10lb/h～10000lb/h，111.8 SCFH～111768 SCFH）的速率。对硫化氢瞬时释放，模拟了0.454kg～454kg（0.1lb～1000lb，1.1 SCF～11177 SCF）的释放量。如果硫化氢的释放量以磅为单位，可以通过乘以转换因子11.2转换为标准立方英尺（SCF）。

注2：图E.1～图E.4中的暴露半径（ROE）均为依据硫化氢的释放量绘制的曲线。对于含有多种成分气流的释放，应使用实际的硫化氢释放量确定暴露半径（ROE）。

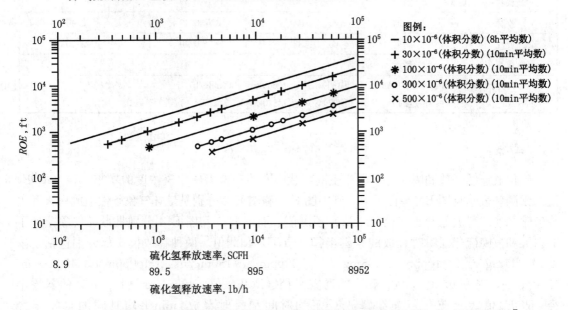

图E.2　夜晚持续释放硫化氢的预测暴露半径［PG F级——风速3.540km/h（2.2mile/h）］

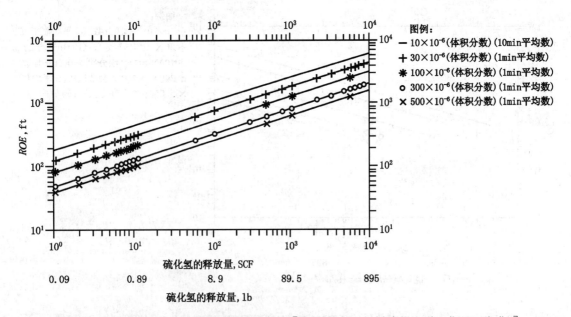

图E.3　白天瞬时释放硫化氢的预测暴露半径［Slade A级——风速8.045km/h（5mile/h）］

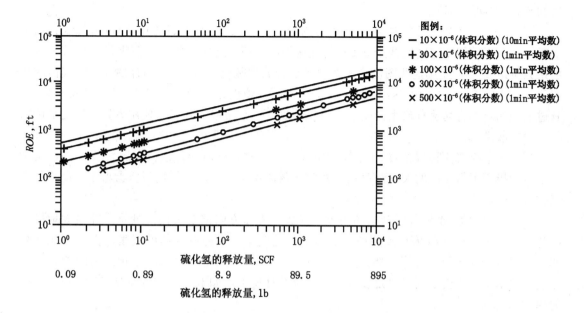

图 E.4　夜晚瞬时释放硫化氢的预测暴露半径〔Slade B 级——风速 3.540km/h（2.2mile/h）〕

表 E.1 描述了下风向时硫化氢浓度及其释放的量/速率所对应的暴露半径（ROE）数学预测的线性回归系数，方程式见 E.8。这些系数只有在图 E.1～图 E.4 中所给出的范围内才可以采用，如果用外推法，将导致对暴露半径（ROE）值过于保守的估计。任何超过 15min 以上的释放应视为连续释放。本附录中模型建立基于气象条件是稳定的假设。长平均时间（8h）和长下风距离预测出的暴露半径（ROE）值是保守的，这是因为不可能在此其间气象条件一直不变。

E.4　其他考虑

本附录中建模工作是假设平衡浮力的气态硫化氢稳定的气象条件下释放在平坦的乡村地形。图 E.1～图 E.4 所示的暴露半径（ROE）值代表包括各种场所和释放条件下硫化氢释放的一般情况。实际暴露半径（ROE）值取决于具体释放类型、释放条件和场所。如在有较多建筑物等的城区附近的场所硫化氢释放的暴露半径（ROE）值将大大减小，这是由于建筑物导致的紊流所致。一些其他可能明显影响实际暴露半径（ROE）值的情况包括：液体/气体悬浮物的释放、密集的云雾、烟羽抬升、喷射释放、不稳定释放（井喷、管线破裂等）和复杂的地形等。如果有上述任何一种情况存在，应建立更加严格的模式。

当扩散的硫化氢和携带气混合物的密度比空气重得多，并且释放速度很慢时，图 E.1～图 E.4 中的暴露半径（ROE）曲线不能用。如果硫化氢和携带气混合物的相对密度高于 1.2 左右，图 E.1～图 E.4 可能不能对所有释放速度和气象条件都给出保守的暴露半径（ROE）。在石油工业中经常遇到的硫化氢，通常在携带气体，如天然气或二氧化碳中含量都较低。二氧化碳的相对密度是 1.52。硫化氢/二氧化碳混合物的扩散预测，低速释放的情况下，使用密集气体模式有时会得到过低的硫化氢暴露半径（ROE）预测值。低速率的气体释放应包括初始速度低于 60.96m/s（200ft/s）和因气体从释放源喷射出撞击附近表面而使喷射动力下降的高于 60.96m/s（200ft/s）的释放。同样地，图 E.1～图 E.4 不能用于潜在的含有气溶胶的硫化氢/携带气体的释放。

图 E. 1～图 E. 4 也可能过高地预测暴露半径（ROE）。对于当硫化氢/携带气混合物比空气轻得多（例如相对密度低于 0.8）的低速释放，使用这些图例其暴露半径（ROE）的高估系数可达 2～3。使用这些图例会导致对高速释放的硫化氢/携带气混合物［例如气体释放速率大于 60.96m/s（200ft/s）］暴露半径（ROE）值的过高预测，无论其释放方向如何。其过量预测对垂直高速释放十分明显，可以达到 2 个数量级的差异。使用者宜参考更加严格的大气扩散模式。

当计算危险气体稀释浓度的暴露半径（ROE）时，可能导致过高的预测。例如，实际上不可能指望下风方向的大气浓度高于稳定释放流束中的浓度。使用者宜参考更加严格的大气扩散模式。

总之，硫化氢/携带气混合物的组成、释放速率和方向都是关键的变量，能极大地影响硫化氢的暴露半径（ROE）预测值。当然，其他变量，如释放气体的温度、含有硫化氢溶解液的闪蒸和气溶胶形成等，都会对暴露半径（ROE）预测产生大的影响。精确的大气扩散模拟技术十分必要，同时也是复杂的。在某些环境下，如上所述，可能要求建立更加严格的模型。

已有一些参考资料和模型可用于描述特定的释放情况。E. 5 和 E. 6 列出了部分可用于这些情况的模型。美国石油学会（API）没有认可任何具体模型。可从模型开发者或该领域内有经验的人士处获得有关模型选择和使用的更多指导。加拿大艾得蒙顿的阿尔伯塔大学机械工程系的 Wilson，D. J. 所著 "Release and Dispersion of Gas from Pipeline ruptures" 是有关井喷和管线破裂的参考资料。

当使用者计算出的硫化氢的释放量低于图 E. 1～图 E. 4 的范围时，暴露半径（ROE）曲线可以延伸到最小的暴露半径（ROE）值 15.24m（50ft）。在某些情况下，15.24m（50ft）以下的值可以由外推曲线的方法得出。图 E. 1～图 E. 4 由一个假设的释放高度加上 3.048m（10ft）烟羽抬升高度而得出。若实际不是 3.048m（10ft）的释放高度将会得到不同的暴露半径（ROE）。

如果用户计算的硫化氢释放量低于图 E. 1～图 E. 4 所显示的范围，允许暴露半径（ROE）曲线延伸到最低暴露半径（ROE）值 15.24m（50ft）。在某些情况，低于 15.24m（50ft）的暴露半径（ROE）可通过外推曲线而得出。采用假设释放高度加上 3.048m（10ft）的上升热柱，发展了图 E. 1～图 E. 4。实际释放高度导致不同的暴露半径（ROE）。

E. 5 专利扩散模型

注 3：使用者宜仔细地评估这些模型对主导条件的适用性。

以下为可以用于特定场合的一些专利模型：

CHARM（Radian Corporation）：CHARM 是一个可以用于连续地或瞬时地释放气体或液体的 Gausssian 模型。该模型设计为处理悬浮、平衡悬浮和重于空气的化学物的扩散。重质气体的扩散由 Eidsvik 模型估算。本模型组件的来源包括壳牌公司的 SPILLS 模型的改进版本（Radian Corp.，850 MOPAC Blvd.，Austin，TX 78759）。

FOCUS（Quest Consultants，Inc.）：FOCUS 是一个包括发散速率模型（两相排出、储存池蒸发、喷气释放排出等）和用于平衡悬浮和致密气体烟羽扩散模型的软件包。该模型可以分别使用或联合使用（Quest Consultants，Inc.，908 26th Avenue，NW，Suite 103，

Norman，OK 73069 – 6216)。

TRACE（Dupont）：TRACE 使用多重的 Lagrangian Wall 扩散模型处理间歇和连续释放。可以将风道结合考虑，也可以将液体蒸发和悬浮效果考虑进去（E. I. Dupont de Nemours & Company，5700 Corea Avenue，Westlake Village，CA 91362)。

WHAZAN（Technical International）：WHAZAN 是一个用于平衡悬浮和致密气体烟羽扩散模型的软件包。它同时含有可以处理两相排出、蒸发和自由喷射式蒸气扩散的子模型。这些模型可以单独运行也可以连接运行（Technical International Associates，Inc.，Box 187，Woodstock，GA 30128 – 4420)。

E. 6　公众可以获得的模型

注 4：使用者宜仔细的评估这些模型对主导条件的适用性。

以下为公众可以获得的一些可以用于特定场合的模型：

DEGADIS（美国海岸警卫队）：DEGADIS 为重于空气气体的扩散模型。它可以用于液体池蒸发气体的扩散和喷射扩散。基本上是一个稳态的，但却是用系列稳态计算的方法模拟过渡态。蒸气产生的速率、池的面积、气象参数等都是重要的输入数据。可以由美国商务部的 NTIS（国家技术情报中心）获得有关资料，Springfield，VA 22161。

HEGADAS（Shell Research B. V.）：HEGADAS 是一个用于平衡悬浮和致密气体扩散的模型。其基本的模型是对平流/扩散方程式和标准形式的高斯扩散模型求解。该模型的适用范围宽，包括瞬时水平喷射。可以由美国商务部的 NTIS（国家技术情报中心）获得有关资料，Springfield，VA 22161。

SLAB（Lawrence Livemore National Laboratory）：SLAB 设计用于由溢出液体所产生的致密气体发散，该模型考虑了在垂直于羽状中心线的截面处的浓度聚集。计算了下风方向的浓度变化。溢出液体所产生的致密气体发散的量和速率是模型要求输入的数据，可以从 Lawrence Livermore National Laboratory，Box 808，Livermore，CA 94550，或 API，Health & Environmental Sciences Department，1220 L Street，NW，Washington，DC 20005 获得有关资料。

E. 7　图 E. 1～图 E. 4 的计算示例

下列的计算式可用于当已知总体积及其硫化氢含量时，估算硫化氢的体积和质量：

对连续释放：

假设：释放 141584m³（5000000 SCFD）的天然气，所含硫化氢为 12000mg/m³（8000ppm)。

注 5：用户必须知道天然气体积（或流动速率）和硫化氢浓度，以便有效利用图 E. 1～图 E. 4。

为了计算以 SCFH（标准立方英尺每小时）为单位的硫化氢释放量，需进行下式计算：

$$硫化氢的释放率 = \frac{5000000 \times 8000 \times 10^{-6}}{24000000}$$

$$= 1667 \ SCFH（47.21m^3/h)$$

为了计算以磅每小时（lb/h）为单位的硫化氢释放量，需按下式计算：

$$硫化氢的释放速率 = \frac{5000000 \times 8000 \times 10^{-6}}{267605634}$$

$$= 150 \text{ lb/h} \ (68.04 \text{kg/h})$$

对瞬时释放：

假设：释放 2831.68m³（100000 SCFD）的天然气，所含硫化氢为 12000mg/m³（8000ppm）。同样假设在白天释放，风速为 8.045km/h（5mile/h）（见图 E.3）。

为了计算以 SCF（标准立方英尺）为单位的硫化氢释放量，需按下式计算：

$$硫化氢的释放速率 = \frac{100000 \times 8000 \times 10^{-6}}{1000000}$$

$$= 800 \text{ SCF} \ (22.64 \text{m}^3)$$

在通过适当的计算和已知的参数得到硫化氢释放的速率或释放量后。参考图 E.1～图 E.4 或 E.8 的方程式（E.9～E.12 给出计算示例）可获得暴露半径（ROE）数据。

以下公式是把硫化氢的体积分数转化成 ppm。

硫化氢的体积分数×10000 = ppm

使用 E.8 的方程式时，表 E.1 中的系数取：$A = 0.40$；$B = 2.40$。

E.8 暴露半径（*ROE*）的计算

使用表 E.1 中的系数 "*A*" 和 "*B*"，经过下列方程式的数学计算，可以得到各种硫化氢释放率（硫化氢）下的暴露半径（*ROE*）：

$$ROE = \lg^{-1} \left[A\lg (硫化氢) + B \right]$$

对连续释放，输入的硫化氢释放速率（硫化氢）为 SCFH，对瞬时释放输入的硫化氢的释放量（硫化氢）为 SCF。

E.9 计算示例——连续释放（白天）

白天（稳定性为 PG D 级），风速为 8.045km/h（5mile/h）时，100％的硫化氢连续释放，计算在释放速率为 316.33m³/h（11170 SCFH）时的 ROE_{100ppm}。使用表 E.1，适用的系数值为：$A = 0.58$，$B = 0.45$，代入 E.8 中的方程式：

$$ROE_{100ppm} = \lg^{-1} \left[0.58 \times \lg 11170 + 0.45 \right] = 628\text{ft} \ (191.41\text{m})$$

E.10 计算示例——连续释放（夜晚）

夜晚（稳定性为 PG F 级），风速为 3.540km/h（2.2mile/h）时，100％的硫化氢连续释放，计算在释放速率为 316.33m³/h（11170 SCFH）时的 ROE_{100ppm}。使用表 E.1，适用的系数值为：$A = 0.66$，$B = 0.69$，代入 E.8 中的方程式：

$$ROE_{100ppm} = \lg^{-1} \left[0.66 \times \lg 11170 + 0.69 \right] = 2300\text{ft} \ (701.04\text{m})$$

E.11 计算示例——瞬间释放（白天）

白天（稳定性为 Slade A 级），风速为 8.045km/h（5mile/h）时，100％的硫化氢瞬时释放，计算在释放速率为 31.63m³（1117 SCF）时的 ROE_{100ppm}。使用表 E.1，适用的系数

值为：$A = 0.39$，$B = 1.91$，代入 E. 8 中的方程式：

$$ROE_{100ppm} = \lg^{-1} \left[0.39 \times \lg 1117 + 1.91 \right] = 1255 \text{ft} \ (373.38 \text{m})$$

E. 12 计算示例——瞬间释放（夜晚）

夜晚（稳定性为 Slade B 级），风速为 3.540km/h（2.2mile/h）时，100% 的硫化氢瞬时释放，计算在释放速率为 31.63m³（1117 SCF）时的 ROE_{100ppm}。使用表 E.1，适用的系数值为：$A = 0.40$，$B = 2.40$，代入 E. 8 中的方程式：

$$ROE_{100ppm} = \lg^{-1} \left[0.40 \times \lg 1117 + 2.40 \right] = 4161 \text{ft} \ (1268.27 \text{m})$$

E. 13 高斯模型和瞬时扩散模型概述

E. 13. 1 概述

应急反应的高斯模型和瞬时扩散筛选模型用于预测在稳定的气象条件下，平衡悬浮的、稳态点源的气态物的下风向扩散（羽状中心线及与下风向距离相关的地面水平浓度和最大地面水平烟羽宽度）。由 EPA（美国国家环保局）批准的经典高斯扩散理论被用于此模型中。该程序在 BASIC 中被设计为个人电脑使用。该程序在使用中应该使用对生命或健康有即时危险的浓度（IDLH）、ERPG-2、阈限值（TLV）和短期暴露极限（STEL）等作为浓度水平，因为这些是人们所关注的浓度。两个程序中的以上浓度水平都可以通过输入替代的浓度所代替。可以向美国石油学会（API）的勘探与生产部（700 North Pearl Street，Suite 1840，Dallas，Texas 75201-2845）索取示例程序清单和计算机演算实例。

E. 13. 2 高斯模型

该模型计算在稳定的气象条件下，平衡悬浮的、羽状中心线、地面水平浓度和最大地面水平烟羽宽度的稳态单一点源的连续扩散，其稳态气象条件和下风向距离由计算者给出。该模型使用标准的高斯模型并采用 Pasquill-Gifford 扩散系数。使用者输入释放率、有效释放高度（释放高度加烟羽抬升）、名义风速、计算所用的各段递增的下风向距离、释放物的类型和稳定度等级。该模型目前可以处理的物质有 8 种。另外需要加入时，可以采用将模型中已有的物质替代的方法加入。模型的预设稳定性等级为 D。但 Pasquill-Gifford 稳定性等级的所有 6 个等级（A、B、C、D、E 和 F；A 为最不稳定，F 为最稳定）都可以输入使用。

E. 13. 3 瞬时释放模型

该模型计算在稳定的气象条件下，平衡悬浮的、羽状中心线、地面水平浓度和最大地面水平烟羽宽度的稳态单一点源的瞬时扩散，其稳态气象条件和下风向距离由计算者给出。该模型使用标准的高斯模型并采用 Slade 扩散系数。计算者所需要输入的量值，除输入释放的总量而不是释放率外，其他都和高斯模型一样。模型可以接受的稳定性等级为 3 个（A、B 和 C；A 为最不稳定，C 为最稳定）。

附 录 F

（资料性附录）

酸性环境的定义

F.1 酸性环境

酸性环境[7]定义为含有液态水和硫化氢含量超过 F.1.1 和 F.1.2 中规定值的流体，这些环境可能适成敏感性材料的硫化物应力开裂（SCC）。

注意：应该指出，高敏感性的材料可能会在比上述条件好的环境下失效。SCC 现象受到一系列复杂参数的相互作用影响，包括：

a）化学组成、强度、热处理和材料微观结构；

b）环境的氢离子浓度（pH）；

c）硫化氢浓度和总压；

d）总拉伸应力；

e）温度；

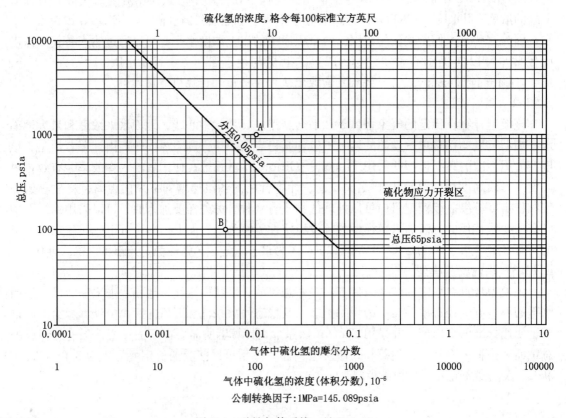

图 F.1 酸性气体系统（见 F.1.1）

7）引自 NACE MR0175－94，Standard Material Requirements Stress Cracking Resistant Metallic Materials for Oilfield Equipment。

＊F.1.1 和 F.1.2 中以及图 F.1 与图 F.2 所给出的临界硫化氢水平由低合金钢数据得出。——译者

f) 时间。

使用者应该判明，所处的环境条件是否属于本标准的所述范围之内*。

F.1.1　酸性气体

当被处理气体的总压达到或高于 0.4MPa（65psia），并且其中所含的硫化氢分压高于 0.0003MPa（0.05psia）时，应选用抗 SCC 材料或对该环境进行控制。系统的总压低于 0.4MPa（65psia），或者其中所含的硫化氢分压低于 0.0003MPa（0.05psia）时，则不在本标准的范围之内。分压由系统的总压乘以硫化氢的摩尔分数而得到。图 F.1 给出一个确定在酸性环境中硫化氢分压是否超过 0.0003MPa（0.05psia）的简便方法。以下是两个例子：

　　a）在一个系统中，硫化氢的摩尔分数为 0.01％［150mg/m³（100ppm）或 6.7 格令每 100 标准立方英尺］，总压为 7MPa（1000psia），其硫化氢的分压超过 0.0003MPa（0.05psia）（图 F.1 中的点 A）。

　　b）在一个系统中，硫化氢的摩尔分数为 0.005％［75mg/m³（50ppm）或 3.3 格令每 100 标准立方英尺］，总压为 1.4MPa（200psia），其硫化氢的分压不超过 0.0003MPa（0.05psia）（图 F.1 中的点 B）。

F.1.2　酸性油和多相流体

在酸性原油系统中，当只有原油，或含有油、水、气的两相或三相流体时，使用标准设备能够满意地运行，且具备下列的条件，则不在本标准的范围内：

　　a）最大气油比为 1000m³/t ［5000 SCF：bbl（原油重量单位桶）］；

　　b）气相中硫化氢的体积含量最高为 15％；

　　c）气相中硫化氢的分压最高为 0.07MPa（10psia）；

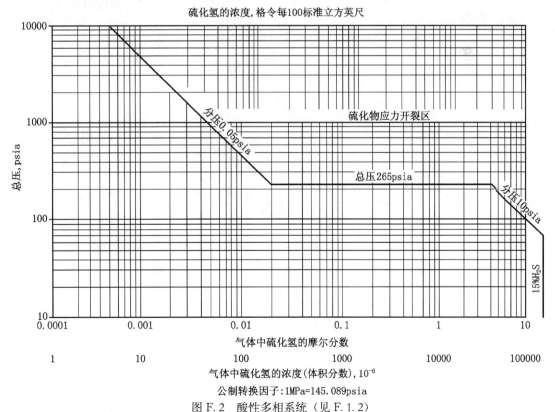

公制转换因子：1MPa=145.089psia

图 F.2　酸性多相系统（见 F.1.2）

d) 地面操作压力最高为 1.8MPa（265psia）（见图 F.2）；

e) 当操作压力超过 1.8MPa（265psia）时见 F.1.1。

一般认为，标准设备在这些低压系统中之所以能够满意地运行是因为油的缓蚀作用和低压条件下所处的低应力两者的原因。

附录部分复习题

一、填空题

1. 井下作业井控工作的内容包括：设计的井控要求，（　　），（　　），防火、防爆、防硫化氢措施和井喷失控的紧急处理，（　　）及井控管理制度六个方面。

2. 施工设计应根据所提供的地质设计、工程设计、修井井史等资料和有关技术要求，选择合理的（　　），并选配相应压力等级的（　　），以满足现场作业安全的要求。

3. 施工单位应复核在井场周围一定范围的居民住宅、学校、厂矿等工业与民用设施情况，并制定具体的（　　）。

4. 井控装备包括（　　）、简易防喷装置、（　　）、内防喷工具、防喷器控制台、压井管汇、节流管汇及相匹配的闸门等。

5. 现场井控工作要以（　　）为主，按（　　）进行演练，作业过程中要有专人观察井口，做到及时发现（　　）显示和井喷预兆，发出准确（　　），正确关井或装好井口。

6. 不连续作业时，必须关闭（　　），防止井喷。

7. 抽汲作业前应认真检查抽汲工具，装好（　　）、（　　）。

8. 高压油气层替喷应采取（　　）的方法。

9. 井场必须按消防规定备齐（　　）。

10. 一旦发生井喷失控，要迅速启动（　　），成立现场抢险领导小组，统一领导。

11. 作业队应该按（　　），（　　），起下钻铤、工具时，井内少量管串时，（　　），空井时发生溢流的六种工况分岗位、按程序定期进行防喷演习。

12. 井控管理工作中各级负责人按（　　）的原则，恪尽职守，做到职、权、责明确到位。

13. 井下作业的地质设计、工程设计、（　　）中必须有相应的井控要求或明确井控设计。

14. 新井、（　　）、高温高压井、气井、大修井、压裂酸化措施井的施工作业必须安装（　　）。

15. 作业队应（　　）、（　　）、（　　）对井控装置、工具进行检查、保养，并认真填写运转、保养和检查记录。

16. 井控装备、井控工具要实行专业化管理，由（　　）负责井控装备和工具的站内检查（验）、修理、试压，并负责现场技术服务。

17. 不连续作业时，井口必须安装（　　）。

18. 及时发现（　　）是井控的关键环节，因此在作业过程中要有专人观察井口。

19. 井场必须按消防规定备齐（　　），并定岗、定人、定期检查维护保养。

20. 发生井喷事故时，要（　　）逐级汇报，2h之内要上报到油气田主管领导。

21. 新井、老井新层、高温高压井、气井、取套及疑难大修井、压裂酸化措施的施工作业必须做（　　）设计。

22. 一旦发生井喷失控，应迅速（　　）、（　　）、（　　），并设置警戒线。

23. 防喷器安装必须（　　），各控制阀门、压力表应（　　），连接螺栓。

二、选择题（每题 4 个选项，只有 1 个是正确的，将正确的选项填入括号内）

1. 防喷演习警报声根据所发声音的长短间隔时间不同分为三种，其中（　　）为指挥关闭防喷器的警报声。

(A) 发出不间断的长音气笛声　　　　(B) 发出中间间隔两声短音的气笛声
(C) 发出中间间隔的三声短音的气笛声　(D) 发出中间间隔一声短音的气笛声

2. 压力等级为 14MPa 和 21MPa 时，其防喷器组合有（　　）形式供选择。

(A) 两种　　　(B) 三种　　　(C) 四种　　　(D) 五种

3. 装简易防喷器的井，必须配备快速抢装井口装置，做到能随时控制并关闭井口。快速抢装井口装置主要由（　　）等组成。

(A) 提升短节、阀门或旋塞、油管挂　(B) 提升短节、阀门及旋塞
(C) 阀门、旋塞及油管挂　　　　　　(D) 提升短节、油管挂

4. 液压防喷器控制系统必须采取防冻、防堵、防漏措施，安装在距井口（　　）以远，保证灵活好用。

(A) 20m　　(B) 35m　　(C) 30m　　(D) 25m

5. 放喷管线安装在当地风向的下风向，接出井口（　　）以远，通径不小于 62 mm。

(A) 20m　　(B) 35m　　(C) 30m　　(D) 25m

6. 若放喷管线接在四通套管阀门上，放喷管线一侧紧靠套管四通的阀门应处于（　　）状态。

(A) 常开　　(B) 常闭　　　(C) 半开　　(D) 随意

7. 双阀门采油（气）树在正常情况下使用（　　），有两个总阀门时先用上面的阀门。

(A) 内阀门　　(B) 外阀门　　　(C) 下面的阀门　　(D) 上面的阀门

8. 作业队要定期按（　　）三种工况，分岗位按程序进行防喷演习。

(A) 起下钻铤时、空井时、旋转作业时　　　　(B) 起下管柱时、空井时、电缆射孔时
(C) 起下钻铤时、井内少量管串时、电缆射孔时 (D) 起下管柱时、空井时、旋转作业时

9. 放喷管线每隔（　　）用地锚或水泥墩固定牢靠。

(A) 10～15m (B) 5～15m　　(C) 5～10m　　(D) 15～20m

10. 发电房和储油罐距井口不小于（　　），且相互间距不小于 20m。

(A) 20m　　(B) 35m　C) 30m　　(D) 25m

11. 作业队（　　）召开一次由队长主持的以井控为主的安全会议。

(A) 每季　　(B) 每月　　(C) 每旬　　(D) 每周

12. 井下作业分公司（　　）召开一次井控例会，检查、总结、布置井控工作。

(A) 每季　　(B) 每月　　(C) 每旬　　(D) 每周

13. 对持有井控操作证者，每（　　）由井控培训部门复培一次，培训考核不合格者，取消井控操作证。

(A) 半年　　(B) 一年　　(C) 两年　　(D) 三年

三、判断题（对的画√，错的画×）

（　　）1. 施工单位应复核在井场周围一定范围内的居民住宅、学校、厂矿等工业与民用设施情况，并制定具体的预防和应急措施。

（　　）2. 正常情况下，严禁将防喷器当采油树使用。

（　　）3. 严禁在未打开闸板防喷器的情况下进行起下管柱作业。

（　）4. 液压防喷器的控制手柄都应标识，不准随意扳动。

（　）5. 双闸门采油树在正常情况下，下闸门保持全闭状态。

（　）6. 现场井控工作要以班组为主，按应急计划进行演练。

（　）7. 发现溢流后要及时发出警报信号，按正确的关井方法及时关井，其关井最高压力不得超过施工层位目前最高地层压力和所使用的套管抗内压强度，以及套管四通额定工作压力三者中的最小值。

（　）8. 发电房、锅炉房等应在井场盛行季节风的上风处。

（　）9. 一旦发生井喷要立即报告该队所在井下作业公司，2 h 内要上报到油气田主管领导，48 h 内上报到集团公司和股份公司有关部门。

（　）10. 井下作业公司每半年召开一次井控工作例会，总结、协调、布置井控工作。

（　）11. 井下作业设计应按规定程序进行审批，未经审批不准施工。

（　）12. 现场安装前要认真保养防喷器，并检查闸板芯子尺寸是否与所使用管柱尺寸相吻合，检查配合三通的钢圈尺寸、螺孔尺寸是否与防喷器、套管四通尺寸相吻合。

（　）13. 在起下封隔器等大尺寸工具时，控制起下速度，防止产生抽汲。

（　）14. 在起下管柱过程中，必要时向井内补灌压井液，保持液柱压力。

（　）15. 井喷失控施工可以随时进行。

（　）16. 对持证人员的培训要到具有井控培训资质的部门进行培训，其他人员也应在本单位进行井控知识培训，达到全员培训要求。

（　）17. 作业班每周进行一次不同工况下的防喷演习，并做好防喷演习讲评和记录工作。

（　）18. 井场电器设备、照明器具及输电线路的安装应符合 SY 5087《井下作业井场用电安全要求》。

四、简答题

1. 做好井控管理工作必须牢固树立的指导思想是什么？

2. 制定《中国石油天然气集团公司石油与天然气井下作业井控规定》的目的是什么？

3. 井下作业井控工作包括哪些内容？

4. 井下作业井控设计的原则是什么？

5. 井下作业现场实施诱喷作业的注意事项有哪些？

6. 井下作业施工设计主要应做好哪些工作？

7. 井控工作七项管理制度分别是什么？

8. 井下作业过程中发生溢流的六种工况分别是什么？

9. 防喷演习记录包括哪些内容？

复习题参考答案

第 一 章

一、名词解释

1. 井控：是指对油气水井采取一定的方法控制井内压力，基本保持井内压力平衡，以保证井下作业的顺利进行。

2. 井侵：当地层压力大于井底压力时，地层中的流体侵入井筒液体内的现象。

3. 溢流：当井侵发生后，地层流体过多地侵入井筒内，使井内流体自行从井筒内溢出的现象。

4. 井涌：井内液体过多地溢出井口，出现涌出的现象。

5. 井喷：地层流体无控制地涌入井筒，喷出地面的现象。

6. 井喷失控：井喷发生后，无法用常规方法控制井口而出现敞喷的现象。

7. 初级井控：依靠井内液柱压力来控制平衡地层压力，使得没有地层流体侵入井筒内，无溢流产生。

8. 静液压力：由静止液体重力产生的压力。

9. 地层压力：地下岩石孔隙内流体的压力。

10. 井底压力：指地面和井内各种压力作用在井底的总压力。

二、填空题

1. 人们根据井涌的规模和采取的控制方法不同，把井控作业分为三级，即（初级井控）、（二级井控）和（三级井控）。

2. 三级井控是指发生井喷，失去控制，使用一定的技术和设备恢复对井喷的控制，也就是平常所说的（井喷抢险）。

3. 在井下作业时要力求使一口井经常处于（初级井控）状态，同时做好一切（应急）准备，一旦发生溢流、井涌、井喷，能迅速地做出反应，加以解决，恢复正常修井作业。

4. 压力系数是指某深度的（地层压力）与该深度的（静水柱压力）之比。

5. 异常地层压力不同于正常地层压力，它分为（异常高压）和（异常低压）。

6. 在进行井下作业时，压井液压力的下限要能够保持与（地层压力）平衡，而其上限则不应超过地层的（破裂压力）以避免压裂地层造成井漏。

7. 井底压力以（井筒液柱静液压力）为主，其他还有环空流动阻力、抽汲压力、激动压力、地面压力等。

8. 压差是指（井底压力）和（地层压力）之间的差值。

9. 抽汲压力就是由于（上提）管柱而使井底压力（减少）的压力。

10. 激动压力就是由于（下放）管柱而使井底压力（增加）的压力。

三、判断题

1. ×做好井控工作，既要保护油气层又要防止井喷、井喷失控或着火事故的发生。

2. √。

3. √。

4. ×在作业过程中控制井底压差是十分重要的，井下作业就是在井底压力稍大于地层压力，保持最小井底压差的条件下进行的，既可提高起下管柱速度，又可达到保护油气层的目的。

四、选择题

1.（A）2.（A）3.（C）4.（D）5.（D）6.（C）

五、简答题

1. 地层压力的表示方法有哪几种？

答：（1）用压力的具体数值表示；（2）用地层压力梯度表示；（3）用修井液当量密度表示；（4）用地层压力系数表示。

第 二 章

一、填空题

1. 及时发现（溢流），并采取正确的操作，迅速（控制井口），是防止发生井喷的关键。

2. 天然气泡侵入井内的特点是（向上运移）和（体积膨胀）。

二、判断题

1. √。

2. ×抽汲作用总是要发生的，无论起管柱速度多么慢抽汲作用都会产生。

3. ×在起大直径管柱时，应尽量慢提，以防造成抽汲现象，出现井喷。

4. ×造成溢流的原因有多种，压井液密度过低只是原因之一。

5. ×地层漏失也能产生溢流。

6. √。

7. √。

8. ×修井液气侵后，会使井底压力小于地层压力，而发生溢流、井涌和井喷，必须及时关井。

9. ×在浅气井作业时，气侵使井底压力的减小程度比深井大。

10. √。

三、选择题

1. A　2. B　3. A　4. C

四、简答题

1. 起管柱时减少抽汲作用至最小程度的原则是什么？

答：（1）环形空间间隙要适当；（2）用降低起管柱速度来减小抽汲作用至最小程度。

2. 下管柱时如何发现溢流？

答：（1）返出的修井液体积大于下入管柱的体积；（2）停止下放时井口仍外溢修井液；（3）井口不返修井液，井内液面下降。

3. 洗井时如何发现溢流？

答：（1）修井液出口流速增加；（2）修井液循环罐液面升高；（3）停泵后出口管修井液外溢；（4）返出的修井液发生变化。

4. 起管柱时如何发现溢流？

答：（1）灌入井内的修井液体积小于起出管柱的体积；（2）停止起管柱时，出口管外溢修井液；（3）修井液循环罐液面不减少或者升高。

5. 空井时如何发现溢流？

答：（1）井口外溢修井液；（2）修井液循环罐液面升高；（3）井口液面下降。

6. 井喷失控的原因是什么？

答：（1）井控意识不强，违章操作；①井口不安装防喷器；②井控设备的安装及试压不符合要求；③空井时间过长，无人观察井口；④洗井不彻底；⑤不能及时发现溢流或发现溢流后不能及时正确的关井；

（2）起管柱时产生过大的抽汲力；

（3）起管柱时不灌或没有灌满修井液；

（4）施工设计方案中片面强调保护油气层而使用的修井液密度偏小，导致井筒液柱压力不能平衡地层压力；

（5）井身结构设计不合理及完好程度差；

（6）地质设计方案未能提供准确的地层压力资料，造成使用的修井液密度低，致使井筒液柱压力不能平衡地层压力；

（7）发生井漏后，未能及时处理或处理措施不当；

（8）注水井不停注或未减压。

7. 井喷失控的危害有哪些？

答：（1）损坏设备；（2）造成人员伤亡；（3）浪费油气资源；（4）污染环境；（5）油、气井报废；（6）造成重大经济损失。

第 三 章

简答题

1. 井下作业地质设计中井控内容包括哪些？

答：地质设计中井控内容主要包括：

（1）应提供井身结构、套管钢级、壁厚、尺寸、水泥返高等资料；

（2）提供油气水层基本数据和压力数据，注水井注水连通情况；

（3）提供固井质量情况，浅气层情况，异常高压层情况；

（4）提供有毒有害气体状况；

（5）对高危区提出具体井控要求。

2. 井下作业工程设计中井控内容包括哪些？

答：工程设计中井控内容主要包括：

（1）提供本井历次作业简况；

（2）明确提出压井液类型、性能、施工压力参数；

（3）明确提出防喷器的型号、数量、压力等级，内防喷工具类型；

（4）提出本井或邻井在生产和历次作业中硫化氢等有毒有害气体的检测情况；

（5）对作业过程中提出具体井控及安全环保要求。

3. 井下作业施工设计中井控内容包括哪些？

答：施工设计中井控内容包括：

（1）现场勘察井场周围的环境状况；

（2）配套相应压力等级的井控装置，包括井控设备、工具、材料的明细及有关要求；

（3）按工程设计的要求准备压井液，现场检测密度和数量；

（4）明确井控装置的操作要求；

（5）明确单井应急预案；

（6）高危井的防范要求。

第 四 章

一、名词解释

1. 压井：从地面向井筒注入密度适当的液体，使井筒里液柱在井底造成的回压与地层的压力平衡，恢复和重建压力平衡的作业。

2. 反循环法压井：压井液从油套环行空间泵入井内，使井内液体从油管管柱上升到井口并循环的过程。

3. 灌注法压井：向井筒内灌注一段压井液，用井筒液柱压力平衡地层压力的压井方法。

4. 放喷降压：在注水井作业之前，控制油管（套管）闸门，让井筒内以至地层内的液体按一定的排量喷出地面，直到井口压力降至零的过程。

5. 关井降压：修井前一段时间注水井关井停注，使井内压力逐渐扩散而达到降压的目的的方法。

6. 初喷率：开始放喷时单位时间内的喷水量。

7. 压井液：在井下作业施工中，用来控制地层压力的液体。

8. 不压井作业：在带压环境中由专业技术人员操作特殊设备起下管柱的一种作业方法。

二、填空题

1. 现场常用的压井方法有（循环法）、（灌注法）、（挤注法）三种。

2. 循环法压井按压井液的循环方式不同分为（正循环法）和（反循环法）两种。

3. 在注水井上进行修井施工时，一般采用（放喷降压）或（关井降压）来代替压井，满足作业施工要求。

4. 注水井放喷降压的方式有（油管放喷）和（套管放喷）两种。

5. 注水井放喷降压是具有（压井）作用和（洗井解堵）作用。

6. 不压井作业机根据不同使用工况及装备投入，主要有（独立作业型）不压井作业机、（与井架配合使用的）不压井作业机、（与液压修井机配合使用的）不压井作业机。

三、选择题

1. A　2. C　3. D.　4. C　5. B　6. C

四、判断题

1. ×压井液的基本作用不只是将井底脏物带到地面，而且还控制油层压力。

2. ×压井的原理是利用井筒内的液柱压力来平衡地层压力。

3. √。

4. √。

5. √。

6. ×压井中途不可以随意停泵。

7. √。

8. √。

9. √。

10. √。

11. √。

12. ×高压和放喷管线不可以采用弯头、软管及低压管线。

13. ×施工单位按施工设计要求安装的防喷器，未经试压，不可以使用。

14. √。

15. ×所有的管线、闸门、法兰等配件的额定工作压力必须与防喷装置的额定工作压力配套。

16. ×压井方法有循环法、灌注法、挤注法。常用的是循环法。

五、简答题

1. 选择压井液的原则是什么？

答：（1）根据油层物性选择对油层损害程度最低的压井液；（2）在有条件情况下应优先选用无固相压井液。

2. 哪些现象说明井被压住？

答：（1）井口进口与出口压力近于相等；（2）进口排量等于出口溢量；（3）进口的相对密度约等于出口相对密度；（4）出口无气泡，停泵后井口无溢流。

3. 井喷发生后的安全处理措施有哪些？

答：（1）在发生井喷初始，应停止一切施工，抢装井口或关闭防喷井控装置；（2）一旦井喷失控，应立即切断危险区的电源、火源，动力熄火；（3）立即向有关部门报警，消防部门要迅速到井喷现场值班，准备好各种消防器材，严阵以待；（4）在人员稠密区或生活居住区要迅速通知熄灭火种；（5）当井喷失控，短时间内又无有效的抢救措施时，要迅速关闭附近同层位的注水、注蒸汽井；（6）井喷后未着火井可用水力切割严防着火；（7）尽量避免在夜间进行井喷失控处理施工。

4. 应用不压井作业技术有哪些意义？

答：（1）可以在带压情况下进行管柱起下，完成各种评价测试和改变工作制度等；（2）最大限度保持油气层原始地层状态，正确评价油气藏；（3）最大限度降低作业风险；（4）解决了常规压井作业的一些疑难问题；（5）避免压井液的使用，使产层的开采产量和潜能得以最大的保护；（6）降低勘探开发成本，提高了油气田的生产效率和经济效益；（7）保护环境，避免了压井液对地面的污染。

5. 注水井放喷降压应该注意哪些事项？

答：（1）放喷降压前要做好放水前的准备工作，不得盲目施工造成生产或安全事故；（2）放喷降压时要注意环境保护，不得随意乱放毁坏周围环境；（3）放喷降压期间要有专人负责监控，及时根据喷出水量及水质情况调节喷水方案；（4）放喷降压时具体操作人员不得正对着喷出方向进行操作，应站在水流喷出方向的侧面进行操作。

6. 不压井作业机主要应用于哪些井的修井作业？

答：（1）用于油气田的高产井、重点井；（2）用于注水井；（3）用于欠平衡钻井；（4）实现不压井状态下的分层压裂；（5）实现负压射孔完井；（6）用于带压完成落物打捞、磨铣等修井作业。

六、计算题

1. 解：油层中部深度：

$$H = \frac{1}{2}(1350.5 + 1325.4) = 1337.95\text{m}$$

油井地层压力系数：

$$p_D = \frac{p_{静}}{\rho gh} = \frac{11.6 \times 10^6}{1000 \times 10 \times 1337.95} = 0.87$$

答：该井的地层压力系数为 0.87，小于 1，故只能采用混气水冲砂，才能做到不喷不漏。

2. 解：

$$\rho = \frac{Kp_{油层}}{10H} = \frac{1.1 \times 116.5 \times 10^6}{10 \times 1000} = 1281.5\text{kg/m}^3$$

答：压井液密度为 1281.5kg/m^3。

第 五 章

一、名词解释

1. 井控装置：指为实施油、气、水井压力控制技术而设置的一整套专用的设备、仪表和工具，是对井喷事故进行预防、监测、控制、处理的关键装置。

2. 井口装置：是指油、气井最上部控制和调节油、气井生产的主要设备。

3. 地面防喷器控制装置：是指能储存一定的液压能，并提供足够的压力和流量，用以开关防喷器组和液动阀的控制系统。

4. 防喷器：是井下作业井控必须配备的防喷装置，对预防和处理井喷有非常重要的作用。

5. 内防喷工具：是在井筒内有作业管柱或空井时，密封井内管柱通道，同时又能为下一步措施提供方便条件的专用防喷工具。

二、填空题

1. 井控设备由（防喷设备）、（控制系统）、（井控管汇）及（辅助设备）等组成。

2. 闸板防喷器开关一次所需时间不得超过(8)s。

3. 按壳体内闸板数量分，闸板防喷器分为（单闸板）、（双闸板）、（三闸板）防喷器。

4. 闸板锁紧或解锁到位后要回转手轮（1/4～1/2）圈。

5. 防喷设备选择主要考虑（压力级别）、（通径尺寸）、（组合形式）。

6. 井控装置在工艺上要解决的基本问题：一是（密封问题）、二是（加压问题）。

7. 井控装置主要由（检测设备）、（控制设备）、（处理设备）三部分。

8. 环形防喷器可分为（单环形防喷器）、（双环形防喷器）。

9. 节流压井管汇是由（节流阀）和各种（阀门）、（管汇）及（压力表）组成的专用井控管汇。

10. 节流压井管汇的作用是控制（环空流体排出量）和（井口回压）。

11. 节流管汇通常分为（手动节流管汇）和（液动节流管汇）两种。

12. 手动节流管汇的常用与备用两个（节流阀）都是（手动节流阀），五通上装有（套压表）、（立压表）。

13. 液动节流管汇的常用（节流阀）采用（液动节流阀）并由专用（液控箱）控制其开启程度，备用节流阀仍采用（手动节流阀）。

14. 平板阀分为（手动平板阀）和（液动平板阀）两种。

15. 节流阀按形状分为（针形节流阀）、（筒形节流阀）等。现场多使用（筒形）阀板节流阀。

16. 闸板防喷器按驱动方式可分为（手动闸板防喷器）和（液动闸板防喷器）。

17. 油管头的结构常见的有：（法兰盘挂式）、（锥面悬挂单法兰式）、（锥面悬挂双法兰式）。

18. 采油树按不同的连接方式可分为（法兰连接）的采油树、（螺纹连接）的采油树、（卡箍连接）的采油树。

19. 锥形胶芯防喷器主要由（壳体）、（承托胶芯的支挂筒）、（活塞）、（胶芯）、（顶盖）、（防尘圈）等组成。

20. 筒型胶芯环型防喷器主要由（上壳体）、（胶芯）、（密封圈）、（护圈）、（下壳体）等组成。

21. 液动闸板防喷器在结构上都由（壳体）、（闸板总成）、（油缸与活塞总成）、（侧门总成）、（锁紧装置）等组成。

22. 液动闸板防喷器闸板总成主要由（顶密封）、（前密封）和（闸板体）组成。

23. 液动闸板防喷器闸板锁紧装置分为闸板（手动锁紧）装置和（液动锁紧）装置两种。

24. 液动闸板防喷器实现可靠的封井效果，必须保证四处有良好的密封。这四处密封是（闸板前密封与管柱的密封）、（闸板顶部与壳体的密封）、（侧门与壳体的密封）、（侧门腔与活塞杆间的密封）。

25. 手动锁紧操作的要领是（顺旋）、（到位）、（回旋）。

26. 手动闸板防喷器按连接形式分为（单法兰式）和（双法兰式）两种。

27. 内防喷工具按安装位置可分为（井口内防喷工具）、（井下内防喷工具）、（井筒内防喷工具）。

28. 井口加压控制装置包括（加压支架）、（加压吊卡）、（加压绳）、（安全卡瓦）等。

三、选择题

1. A　2. B　3. A　4. A　5. A　6. C　7. B　8. C　9. C　10. B　11. B　12. D　13. D
14. C　15. B　16. A

四、判断题

1. ×环形防喷器不适于长期封井，否则环形防喷器胶芯易过早损坏，再说环形防喷器无锁紧装置，长时间封井不十分可靠。

2. √。

3. ×严禁用打开闸板的方法来泄井内压力，以免损坏胶芯。

4. √。

5. √。

6. ×液动闸板防喷器可手动关井，但不能手动开井。用液动打开闸板是打开闸板的惟一方法。

7. √。

8. √。

9. √。

10. √。

11. √。

12. √。

13. ×在井口装置中，油管头以上部分称为采油树。

14. ×环形防喷器特别适用密封各种形式和不同尺寸的管柱，也可全封井口，非特殊情况下不用作封闭空井。

15. √。

16. √。

17. √。

18. ×井下内防喷工具包括油管堵塞器、泵下开关、活门等。井口旋塞是井口内防喷工具。

19. √。

五、简答题

1. 锥形胶芯环形防喷器组成？

答：主要由胶芯、活塞、壳体、支持筒、防尘圈和顶盖组成。

2. 简述锥形胶芯环形防喷器工作原理。

答：环形防喷器是靠液压驱动的。关井时，控制系统的液压油通过壳体下进油孔进入关闭腔，推动活塞上行，挤压胶芯。胶芯在顶盖的限定下挤出橡胶进行封井。当需要打开井口时，控制系统的液压油通过壳体上进油孔进入开启腔推动活塞下行，关闭腔中的油回油箱。胶芯在自身弹力作用下恢复原形，井口打开。

3. 球形胶芯环形防喷器有哪些特点？

答：（1）胶芯适应性强，不易翻胶，可承受高压，具有漏斗效应，适应于强行起下管柱，储胶量更大，寿命长，关开防喷器耗油量大，制造加工工艺复杂，成本高；（2）活塞径向截面呈工形，行程短，高度低，径向尺寸大，活塞扶正性能差；（3）密封同锥形胶芯环形防喷器一样，具有定密封和三处动密封。

4. 闸板防喷器的功用是什么？

答：（1）当井内有管柱时，能封闭管柱与套管之间的环空；（2）能封闭空井；（3）在特殊情况下用剪切闸板能剪断管柱并全封井口；（4）在必要时半封闸板能悬挂管柱；（5）在封井情况下，壳体上的旁侧法兰可连接管汇进行节流、压井和放喷等作业；（6）封井后的两个单闸板防喷器的配合下，可进行强行起下作业。

5. 闸板防喷器组成？

答：闸板防喷器主要由壳体、侧门、闸板轴、油缸、活塞、锁紧轴、缸盖、二次密封装置、锁紧装置等组成。

6. 闸板锁紧装置的作用是什么？

为了封井可靠，闸板防喷器必须配有闸板锁紧装置，当液压失效时可用其手动关井，当需闸板防喷器进行较长时间封井时，可用该装置锁紧闸板，卸去闸板防喷器控制油压。

7. 闸板锁紧装置在使用中应注意哪些问题？

答：（1）封井后锁紧及解锁判断。（2）锁紧后要挂牌标明，以免误操作。（3）开井前必须解锁。（4）为了确保闸板的浮动密封性能和再次使用灵活，锁紧或解锁手轮均不得强行搬紧，搬到位后要回转手轮 1/2～1/4 圈。（5）在打开闸板后，应从锁紧处判断闸板是否已打开，以防损坏闸板或管柱。（6）由于结构的限制，手动锁紧装置只能实现手动关井，不能进行手动开井。在进行手动关井时，应先将远程控制台相应换向阀手柄搬至关位，否则难以实现手动关井。

8. 如何判断闸板的锁紧状况？

答：（1）滑套丝杠式锁紧装置。销钉在滑套槽孔外端时为锁紧，如销钉在滑套槽孔内端时解锁。（2）如无滑套丝杠式锁紧装置，则可观察闸板锁紧轴外露部分有无光亮部分露出，如露出和活塞行程等长度的光亮部分为锁紧，否则为解锁。（3）花键轴套式锁紧装置，其锁紧情况不能从外表上直观看出，所以对该锁紧装置只能在锁紧、解锁或手动关井时严格按照锁紧处标明的圈数操作手轮。

9. 我国液压防喷器按额定工作压力共分哪五个等级？

答：14MPa，21MPa，35MPa，70MPa，105MPa。

10. 节流管汇的功用是什么？

答：（1）通过节流阀的节流作用实施压井作业，制止溢流；（2）通过节流阀的泄压作用，降低井口压力，实现"软关井"；（3）通过放喷阀的泄流作用，降低井口套管压力，保护井口防喷器组。

11. 压井管汇的功用是什么？

答：（1）当用全封闸板全封井口时，通过压井管汇强行实施压井作业；（2）当已发生井喷时，通过压井管汇往井口强注清水，以防燃烧起火；（3）当已井喷着火时，通过压井管汇往井筒里强注灭火剂，能助灭火。

12. 解释节流管汇的型号意义：

答：

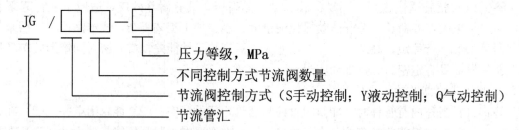

13. 开启和关闭平板阀时的动作要领是什么？

答：开启平板阀的动作要领是：逆旋手轮，阀板上行到位，回旋手轮 1/4～1/2 圈；关闭平板阀的动作要领是：顺旋手轮，阀板下行到位，回旋手轮 1/4～1/2 圈。

14. 为了保证液压闸板防喷器各项功能的实现，在技术上必须合理解决什么问题？

答：（1）关开井液压传动控制问题；（2）与闸板相关的四处密封问题；（3）井压助封问题；（4）自动清砂与管柱自动对中问题；（5）关井后闸板的手动或液动锁紧问题；（6）与井口、环形防喷器或溢流管的安装连接问题。

15. 半封封井器的使用要求是什么？

答：（1）芯子手把应灵活，无卡阻现象，要求能够保证全开或全关；（2）胶皮芯子无损坏，无缺陷，并随时检查，有问题及时更换；（3）使用时不能使芯子关在油管接箍或封隔器等下井工具上，只能关在油管本体上；（4）正常起下时，要保证处于全开状态；（5）冬季施工时应用蒸汽加热后再转动丝杠，以免半封内结冰，拉脱丝杠；（6）开关半封时两端开关圈数应一致。

16. 加压吊卡的工作原理是什么？

答：加压吊卡下部与普通吊卡相似，当活门处于开口位置时，将油管放入，使油管接箍正好位于吊卡上下两部分之间，靠上部壳体下面直径 92mm 的台肩压住油管接箍。加压吊卡左右两端的滑轮与加压绳连接，转动手柄使其抱住油管，起扶正作用。开动修井机既可将管柱压入井内。在起油管时，加压系统起控制作用。

六、解释符号

1. 2FZ35—21 为双闸板防喷器，通径 35cm，工作压力 21MPa。

2. FH35—35 为环形防喷器，通径 35cm，工作压力 35MPa。

第 六 章

简答题

1. 防喷演习的目的是什么？

答：通过演习规范队伍现场防喷操作行为，增强防喷意识，培养防喷应急能力。十分熟练地掌握使用防喷设施，一旦现场发生井喷，能够熟练进行抢喷作业。

2. 防喷演习的程序主要内容有哪些？

答：明确防喷演习目的，建立防喷演习组织机构，明确防喷演习人员职责，做好防喷演习的准备，按防喷演习实施程序进行演练，做好演习的讲评。

3. 应急预案的主要内容有哪些？

答：（1）总则；（2）基本情况；（3）危险分析；（4）组织机构及其职责；（5）事故信息的接收、处理、发布；（6）应急救援；（7）应急预案的更新、维护。

4. 编制应急预案的原则是什么？

答：（1）遵循预防为主，常备不懈的方针；（2）局部服从整体、一般性工作服从应急工作；（3）贯彻统一领导、分级负责、及时反应、就近救助、措施果断、加强合作的原则；（4）维护公司的整体利益和长远利益；（5）确保人身和财产安全或最大限度地减少人身和财产损失；（6）确保公司和相关单位经营业务不受影响或最大限度地减少影响。

第 八 章

一、名词解释

1. 假死：触电者失去知觉，面色苍白、瞳孔放大、脉搏和呼吸停止的现象。

2. 火灾：火灾是指在时间或空间上失去控制的燃烧所造成的灾害。

3. 晕厥：突然发生的暂短的、完全的意识丧失称为晕厥。

4. 休克：以突然发生的低灌注导致广泛组织细胞缺氧和重要器官严重功能障碍为特征的临床综合症称为休克。

5. 多发伤：指在同一伤因的打击下，人体同时或相继有两个或两个以上解剖部位的组织或器官受到严重创伤，其中之一即使单独存在创伤也可能危及生命。

6. 中暑：由于高温环境或烈日曝晒，引起人的体温调节中枢功能障碍、汗腺功能衰竭和水、电解质丢失过多，从而导致代谢失常而发病的现象。

7. 淹溺：指人淹没于水或其他液体中，由于液体充塞呼吸道及肺泡或反射性引起喉痉挛，发生窒息和缺氧的现象。

8. 灾难：任何能引起设施破坏、经济受损、人员伤亡、健康状况及卫生服务条件变化的事件，如其规模已超出事件发生社区的承受能力而不得不向社区外部要求专门援助时，称其为灾难。

二、填空题

1. 在企业生产过程中，容易发生的触电有（单相触电）、（两相触电）和跨步电压触电。

2. 装设接地线是防止突然来电的惟一可行的安全措施，必须先接（接地端），后接（导体端），接触必须良好。拆接地线的顺序与此相反。

3. 燃烧的三项基本条件是（可燃物）和（助燃物）共同存在，构成一个系统，同时要有导致着火的火源。

4. 在硫化氢含量超过安全临界浓度的污染区进行必要的作业时，必须（配带防护器具），而且至少有两人同在一起工作，以便相互救护。

5. 在油气层和油气层以上起管柱时，前 10 根管柱起钻速度应控制在（0.5m/s）以内。

6. 常用的灭火方法有（隔离法）、（冷却法）、（窒息法）、（抑制法）。

7. 过滤型防毒面具一般只能（短时间）应用，使用时间一般为（30min）。

8. 滤毒罐应储存于（干燥）、清洁、空气流通的库房，严防（潮湿）、过热，有效期为（五年），超过（五年）时应重新鉴定。

9. 单人心肺复苏法，每做（15）次胸外心脏按压，人工呼吸两次；双人心肺复苏法，每按压心脏（5）次，人工呼吸一次。

10. 救护人员不使用工具而只运用技巧搬运伤病员的徒手搬运法包括（单人搀扶）、（背驮）、（双人搭椅）、（拉车式）及（三人搬运）等。

11. 在低压配电系统中，单相触电时，人体承受的电压约为（220V），危险性大。

12. 跨步电压触电事故，主要发生在（故障设备的接地点）附近，或者雷击时（避雷针接地体）附近。

13. 石油火灾在灭火后未切断（可燃气体）、易燃可燃液体的（气源）或（液源）的情况下，遇到火源或高温将产生（复燃）、（复爆）。

14. 天然气火灾的灭火方法分为两大类，它们是（物理灭火）和（化学灭火）。

15. 按照爆炸的瞬时燃烧速度的不同，爆炸可分为（轻爆）、（爆炸）和（爆轰）三种类型。

三、选择题

1.B　2.A　3.D　4.C　5.A　6.B　7.D　8.B　9.C　10.A　11.A　12.C　13.C

四、判断题

1.√。

2.√。

3.×在低压线路上带电工作搭接导线时，应先接地线，后接火线。

4. ×井场所用的电线严禁用电话线代替。

5. ×石油火灾爆炸中,有时是物理性与化学性爆炸交织进行。

6. √。

7. √。

8. √。

9. ×压裂酸化施工作业的最高压力应大于承压最低部件的额定工作压力。

10. √。

11. √。

12. ×压井管线至少有一条在季节风的上风方向,以便必要时放置其它设备(如压裂车等)作压井用。

13. √。

14. ×油气井作业时,严禁在井场30米以内吸烟及用火。

15. √。

16. √。

17. √。

18. ×接地线的截面积不可小于 25mm²。

19. √。

20. ×井场作业人员做 H_2S 防护演习,H_2S 报警器发出警报时,如果有不必要的人员在井场,他们须戴上呼吸器离开现场。

五、简答题

1. 发生触电后,现场急救是十分关键的,急救包括哪几个方面?

答:(1)迅速脱离电源;(2)对症救治;(3)人工呼吸;(4)人工体外心脏挤压;(5)外伤处理。

2. 防火的基本技术措施有哪些?

答:(1)消除着火源;(2)控制可燃物;(3)隔绝空气;(4)防止形成新的燃烧条件,阻止火灾范围的扩大。

3. 压裂酸化施工作业后的安全要求有哪些?

答:(1)按设计要求装好油嘴,观察油管、套管压力,控制放喷;(2)查看出口喷势和喷出物时,施工人员应位于上风处,通风条件较差或无风时,应选择地势较高的位置;(3)作业完毕应用清水清洗泵头内腔,防止被酸、碱、盐等残留物腐蚀;(4)禁止乱排乱放施工液体,从井口返出的酸液应排放到预先准备好的池内。

4. 预防食物中毒应注意哪些事项?

答:(1)认真清洗食物,不吃变质、过期、腐败食品;(2)把住采购关,不采购"三无"、污染食品;(3)食品要煮熟,合理加工;(4)剩余食品必须加热处理后才食用。

5. 预防急性腰扭伤有哪些措施?

答:(1)操作前,腰部做适应活动;(2)扛重物时,腰、胸挺直,髋、膝弯曲;(3)提重物时,半蹲位、腰挺直、身体尽量接近物体;(4)集体扛物时,听指挥、迈步要稳;(5)负荷不应超过自己的能力(切勿不堪重负);(6)强劳动(举重、负重)时可用护腰带。

附录部分复习题

一、填空题

1. 井下作业井控工作的内容包括：设计的井控要求，（井控装备），（作业过程的井控工作），防火、防爆、防硫化氢措施和井喷失控的紧急处理，（井控培训）及井控管理制度六个方面。

2. 施工设计应根据所提供的地质设计、工程设计、修井井史等资料和有关技术要求，选择合理的（压井液），并选配相应压力等级的（井控装置），以满足现场作业安全的要求。

3. 施工单位应复核在井场周围一定范围的居民住宅、学校、厂矿等工业与民用设施情况，并制定具体的（预防和应急措施）。

4. 井控装备包括（防喷器）、简易防喷装置、（采油（气）树）、内防喷工具、防喷器控制台、压井管汇、节流管汇及相匹配的闸门等。

5. 现场井控工作要以（班组）为主，按（应急计划）进行演练，作业过程中要有专人观察井口，做到及时发现（溢流）显示和井喷预兆，发出准确（警报信号），正确关井或装好井口。

6. 不连续作业时，必须关闭（井口控制装置），防止井喷。

7. 抽汲作业前应认真检查抽汲工具，装好（防喷管）、（防喷盒）。

8. 高压油气层替喷应采取（二次替喷）的方法。

9. 井场必须按消防规定备齐（消防器材）。

10. 一旦发生井喷失控，要迅速启动（应急预案），成立现场抢险领导小组，统一领导。

11. 作业队应该按（起下管、杆时），（旋转作业时），起下钻铤、工具时，井内少量管串时，（电缆射孔时），空井时发生溢流等六种工况，分岗位、按程序定期进行防喷演习。

12. 井控管理工作中各级负责人按（"谁主管，谁负责"）的原则，恪尽职守，做到职、权、责明确到位。

13. 井下作业的地质设计、工程设计、（施工设计）中必须有相应的井控要求或明确井控设计。

14. 新井、（老井新层）、高温高压井、气井、大修井、压裂酸化措施井的施工作业必须安装（防喷器）。

15. 作业队应（定岗）、（定人）、（定时）对井控装置、工具进行检查、保养，并认真填写运转、保养和检查记录。

16. 井控装备、井控工具要实行专业化管理，由（井控车间（站））负责井控装备和工具的站内检查（验）、修理、试压，并负责现场技术服务。

17. 不连续作业时，井口必须安装（控制装置）。

18. 及时发现（溢流）是井控的关键环节，因此在作业过程中要有专人观察井口。

19. 井场必须按消防规定备齐（消防器材），并定岗、定人、定期检查维护保养。

20. 发生井喷事故时，要（从下至上）逐级汇报，2h之内要上报到油气田主管领导。

21. 新井、老井新层、高温高压井、气井、取套及疑难大修井、压裂酸化措施的施工作业必须做（单井井控）设计。

22. 一旦发生井喷失控，应迅速（停机）、（停车）、（断电），并设置警戒线。

23. 防喷器安装必须（平正），各控制阀门、压力表应（灵活可靠），连接螺栓。

二、选择题

1. B 2. C 3. A 4. D 5. C 6. A 7. B 8. D 9. A 10. C 11. D 12. B 13. C

三、判断题

1. √。

2. √。

3. √。

4. √。

5. ×双闸门采油树在正常情况下，下闸门保持全开状态。

6. √。

7. ×发现溢流后要及时发出警报信号，按正确的关井方法及时关井，其关井最高压力不得超过井控装备额定工作压力、套管实际容许抗内压强度两者中的最小值。

8. √。

9. ×一旦发生井喷要立即报告该队所在井下作业公司，2h 内要上报到油气田主管领导，24h 内上报到集团公司和股份公司有关部门。

10. ×井下作业公司每季度召开一次井控工作例会，总结、协调、布置井控工作。

11. √.

12. √.

13. √。

14. √。

15. ×井喷失控施工尽量避免在夜间进行。

16. √。

17. ×作业班每月进行一次不同工况下的防喷演习，并做好防喷演习讲评和记录工作。

18. ×井场电器设备、照明器具及输电线路的安装应符合 SY5727《井下作业井场用电安全要求》。

四、简答题

1. 做好井控管理工作必须牢固树立的指导思想是什么？

答：安全第一、预防为主、以人为本。

2. 制定《中国石油天然气集团公司石油与天然气井下作业井控规定》的目的是什么？

答：做好井下作业井控工作，有效地预防与防止井喷、井喷失控和井喷着火或爆炸事故的发生，保证人身和财产安全，保护环境和油气资源，遵从国家有关法律法规。

3. 井下作业井控工作包括哪些内容？

答：设计的井控要求，井控装备，作业过程的井控工作，防火防爆防硫化氢措施和井喷失控的紧急处理，井控培训及井控管理制度等六个方面。

4. 井下作业井控设计的原则是什么？

答：科学、安全、可靠、经济。

5. 井下作业现场实施诱喷作业的注意事项有哪些？

答：（1）抽汲作业前应认真检查抽汲工具，装好防喷管、防喷盒；（2）发现抽喷预兆后应及时将抽子提出，快速关闭闸门；（3）预计为气层的井不应进行抽汲作业；（4）用连续油管进行气举排液、替喷等项目作业时，必须装好连续油管防喷器组。

6. 井下作业施工设计主要应做好哪些工作？

答：施工设计应根据所提供的地质设计、工程设计、修井井史等资料和有关技术要求，选择合理的压井液，并选配相应压力等级的井控装置，以满足现场作业安全的要求。

7. 井控工作七项管理制度分别是什么？

答：（1）井控分级责任制度；（2）井控操作证制度；（3）井控装置的安装、检修、现场服务制度；（4）防喷演习制度；（5）井下作业队干部24h值班制度；（6）井喷事故逐级汇报制度；（7）井控例会制度。

8. 井下作业过程中发生溢流的六种工况分别是什么？

答：（1）起下管、杆（钻杆及抽油杆）时；（2）旋转作业时；（3）起下钻铤、工具时；（4）井内少量管串时；（5）电缆射孔时；（6）空井时。

9. 防喷演习记录包括哪些内容？

答：组织人、班组、时间、工况、演习速度、参加人员、存在问题、讲评等。

参 考 文 献

1　孙振纯，夏月泉，徐明辉编．井控技术．北京：石油工业出版社，1997

2　孙振纯，王守谦，徐明辉编．井控设备．北京：石油工业出版社，1997

3　聂海光，王新河主编．油气田井下作业修井工程．北京：石油工业出版社，2002

4　《井下作业技术数据手册》编写组编．井下作业技术数据手册．北京：石油工业出版社，2001

5　万仁浦，罗英俊主编．采油技术手册（修订本）第一分册　自喷采油技术．北京：石油工业出版社，1994

6　吴奇主编．井下作业监督（第二版）．北京：石油工业出版社，2003

7　胡博仲主编．井下作业机械化配套装置．北京：石油工业出版社，1998